AF358012

FAUNE BELGE.

Imprimerie et Lithographie de H. Dessain.

FAUNE BELGE,

1ʳᵉ Partie,

INDICATION MÉTHODIQUE

DES

MAMMIFÈRES, OISEAUX, REPTILES ET POISSONS

OBSERVÉS JUSQU'ICI EN BELGIQUE

PAR

Edm. DE SELYS-LONGCHAMPS,

MEMBRE CORRESPONDANT DE L'ACADÉMIE ROYALE DES SCIENCES ET BELLES-LETTRES
DE BRUXELLES ; DE L'ACADÉMIE ROYALE DES SCIENCES DE TURIN ;
DE L'ACADÉMIE R. DE METZ ; DE L'ACADÉMIE I. ET R. DES GEORGOFILI
DE FLORENCE ; DE LA SOCIÉTÉ LINNÉENNE DE NORMANDIE ;
DE LA SOCIÉTÉ HELVÉTIQUE DES SCRUTATEURS DE
LA NATURE ; DE LA SOCIÉTÉ D'HISTOIRE
NATURELLE DE LA MOSELLE ; DE LA
SOCIÉTÉ ROYALE DES SCIENCES
DE LIÉGE , ETC.

LIÉGE,

H. DESSAIN, IMPRIMEUR LIBRAIRE, PLACE S' LAMBERT.

BRUXELLES,

A LA LIBRAIRIE NATIONALE ET ÉTRANGÈRE DE C. MUQUART,
RUE MONTAGNE DE LA COUR

1842

AVANT-PROPOS.

En rédigeant cette partie de la Faune de notre Pays, je me suis proposé deux buts différents à atteindre : faire connaître d'abord aux Belges les productions de leur pays, leur en faciliter la recherche et les engager à compléter et à rectifier les parties défectueuses de mes observations à cet égard. — Ensuite fournir aux naturalistes étrangers un document détaillé sur la géographie zoologique de la Belgique, pour servir à ceux d'entre eux qui s'occupent de la géographie générale des animaux.

Ces deux catégories de lecteurs ne réclamant pas toujours le même genre de documents, je crains que les uns et les autres ne me reprochent tour à tour d'avoir donné çà et là des renseignements inutiles ou peu intéressants, mais cet écueil me semble à peu près inévitable par la nature même du sujet. Pour les régnicoles : j'ai indiqué souvent d'une manière très-circonstanciée les localités de la Belgique où les espèces habitent, les moyens de se les procurer ; en joignant souvent des notes sur les Pays d'où elles nous arrivent, la nourriture, etc. Pour les étrangers : je donne parfois des détails que les lecteurs Belges me reprocheront peut-être d'être connus d'eux tous, comme les chasses les plus en usage, l'époque d'apparition des espèces communes, l'indication de celles qu'on élève pour l'agrément, celles qui servent à la consommation, les préjugés populaires répandus relativement à plusieurs d'entre elles, etc.

En un mot, le travail que je publie aujourd'hui contient particulièrement :

1° L'indication de toutes les espèces d'animaux vertébrés qui ont été reconnus jusqu'ici en Belgique.

2° Les localités du pays où on les rencontre ordinairement, celles où elles ont été observées accidentellement, leurs habitudes.

3° L'époque de l'année où les espèces voyageuses paraissent chez nous.

4° Quelques notes critiques sur les points douteux de la science, les variétés locales ou accidentelles, la synonymie, plusieurs indications pour distinguer les espèces rares, peu caractérisées ou mal décrites.

5° L'indication des espèces observées près de nos limites, c'est-à-dire, dans la Flandre française, la Picardie, l'Ardenne française, la Lorraine, les provinces Rhénanes et la Hollande.

En produisant sous la forme de *notes* les espèces *additionnelles* de cette dernière catégorie, mon travail a l'avantage de pouvoir embrasser, si on le désire, une région géographique naturelle bornée par l'Océan, le Wahal, le Rhin, la Moselle, l'Ardenne méridionale et la Somme. On comprendra en effet, que pour avoir quelque valeur, un document de géographie scientifique ne peut pas se renfermer absolument dans des limites artificielles qui ont si souvent changé; (*)

____

(*) Le prince C. Bonaparte est aussi de cet avis : *non potendo le mobilissime condizioni politiche le geografiche trasmutare giammai.* (Préface de la Fauna Italica).

il y a la Belgique de César, qui n'est pas celle de Constantin ; celle des comtes de Flandre et de Hainaut, des princes de Liége, des ducs de Limbourg, différente de la Belgique des ducs de Bourgogne ; celle de Charles-Quint, différente de celle de Charlemagne (*), enfin celle de 1839 la dernière en date qui n'est déjà plus celle de 1830, époque du rétablissement de notre nationalité.

Mon plan avait été d'abord de rédiger en même temps des *diagnoses* ou descriptions courtes et *comparatives* des genres et des espèces pour les faire reconnaître facilement en Belgique sans que mes lecteurs eussent besoin de recourir à plusieurs ouvrages considérables et dispendieux sur les diverses classes d'animaux qui sont traitées ici. Le temps m'a manqué pour accomplir aujourd'hui ce projet, mon intention n'étant pas de me borner à copier les descriptions données par les auteurs, mais bien d'en rédiger comme je viens de le dire de très-concises, exactes, et comparatives. (**) Je m'occuperai incessamment de ce travail

---

(*) On sait que ces deux grands hommes naquirent dans notre pays et en firent pour ainsi dire le centre, la pierre angulaire de leur puissance presque surnaturelle !

(**) A ceux qui désireraient dès-maintenant étudier nos Vertébrés ou du moins la plupart d'entre eux dans des ouvrages descriptifs j'indiquerai : 1° Pour les mammifères : la Monographie des *Vespertilionides* par M. Temminck — les Etudes de Micromammalogie que j'ai publiées en 1839. — L'histoire des Cétacés par Fréd. Cuvier ;

2° Pour les Oiseaux : le Manuel des oiseaux d'Europe par M. Temminck ;

3° Pour les Reptiles : l'histoire des Reptiles par Duméril et Bibron, les *Amphibia Europæa* du pr. C. Bonaparte ;

4° Pour les Poissons de mer : *British Fishes* par M. Yarrell et pour les espèces communes, le Règne animal de Cuvier.

qui fera l'objet d'un second volume, et ce délai me mettra à même de publier en même temps les additions et rectifications dont la *Faune* ne manquera pas de s'enrichir d'ici là, surtout par rapport aux Poissons de mer dont je ne puis fournir aujourd'hui qu'une liste très-incomplette, seulement comme pierre d'attente à de nouvelles recherches.

Relativement à la partie la plus importante de la nomenclature, la désignation latine des espèces qui est destinée à servir de terme de comparaison aux naturalistes étrangers, voici les principes qui m'ont dirigé : j'ai pris pour point de départ la nomenclature binaire de Linné — puis j'ai adopté pour les espèces non comprises dans le *Systema naturæ* les noms imposés par les Zoologistes qui les ont décrites les premiers.

La reconnaissance du droit de priorité (*) me parait le seul moyen de s'entendre et d'empêcher que la Zoologie ne devienne d'ici à peu un inextricable çahos, une véritable Babel et qu'ainsi on ne perde le fruit d'un siècle d'observations, au moment où le nombre de ces observations commence à rendre possible la connaissance exacte de la plupart des espèces Européennes.

(*) En le fixant, bien entendu, à 1760, époque de l'établissement de la nomenclature binaire par Linné et de la publication de l'ouvrage de Brisson pour les genres non adoptés par Linné. Car je ne comprends pas comment un Ornithologiste aussi distingué que M. G. R. Gray a pu imaginer d'en reculer les bornes à Ray, à Mœrrhing, enfin à des auteurs qui n'avaient aucune idée de la nomenclature fixe et absolue que nous reconnaissons tous maintenant. En adoptant un pareil système comme le remarque très-bien M. Strickland, on introduit le chaos dans la nomenclature, car il n'y a aucune raison pour s'arrêter dans cette marche rétrograde et pour ne pas réclamer la priorité pour Pline, Aristote, Homère ou même Moïse.

(v)

En ce qui concerne les genres, j'ai aussi reconnu le droit
de priorité sauf de très-rares exceptions où il m'aurait fallu
reprendre des noms qui n'ont été que proposés, qui sont
tombés en oubli et qui eussent ainsi changé entièrement
la nomenclature usitée, ce que je ne me suis pas permis de
faire, surtout dans une Faune locale.

J'arrive à la question de la Nomenclature française : je
n'ai pu m'empêcher d'y faire beaucoup d'innovations, 1° en
la présentant *toujours* sous la forme *binaire* qui, du reste,
s'établit chaque jour davantage dans les ouvrages français
récents ; 2° en adoptant, autant que possible, pour noms
spécifiques la traduction du nom latin ou un équivalent. Je
ne me suis écarté de cette marche que lorsque les noms
scientifiques traduits littéralement en français auraient produit un contresens ou bien qu'il s'agissait d'espèces dont
l'appellation vulgaire est trop connue et trop uniformément
adoptée pour pouvoir être changée dans un travail de ce
genre. J'ai d'ailleurs eu soin lorsqu'une innovation m'a paru
indispensable de donner en synonymie le nom vulgaire afin
que ce changement ne cause aucun embarras.

On trouvera également indiqué en synonymie les noms Wallons (ancienne langue Romane) usités dans le pays de Liége et
sur les bords de la Meuse. J'aurais voulu y joindre ceux que
ces mêmes espèces portent en Flamand et en Wallon du
Hainaut, mais j'y ai renoncé, n'ayant pas assez séjourné
dans la partie flamande du pays et craignant d'appliquer
mal à propos quelques-uns des noms qu'on m'aurait indiqués. Je désire vivement qu'un naturaliste exact et chasseur remplisse bientôt cette lacune dans mon travail.

Je préviens comme je l'ai fait dans un précédent ouvrage (*)

____

(*) Monographie des Libellulidées d'Europe, page 59.

que je cite toujours après le nom spécifique latin , le nom
de l'auteur qui l'a imposé sans faire attention s'il plaçait
l'espèce dans un autre genre. C'est une règle toute d'équité
que je me réjouis de voir adoptée maintenant par plusieurs
auteurs recommandables, (*) c'est un moyen de ne pas voir
augmenter encore le nombre des nouveaux genres, ce qui ne
manquerait pas d'arriver s'il suffisait d'en proposer comme on
l'a souvent fait pour mettre des *nobis* à la suite de chaque espèce anciennement connue qu'on y classe et de faire tomber
ainsi en oubli le nom de celui qui a eu réellement la peine
et le mérite de l'établissement de ces espèces. — Cette
marche n'a aucun inconvénient capable de contrebalancer
de tels avantages , puisqu'en recourrant à la synonymie des
genres , on trouvera sous quel nom générique les espèces
qui les composent ont été primitivement décrites par chaque auteur.

C'est ici le lieu de parler de la manière dont je considère
les *Genres* et les *Espèces :*

Je crois à l'existence propre des espèces dans la nature,
mais je pense qu'il faudra encore de longues recherches pour
s'assurer positivement de celles qui existent réellement
comme telles et de celles qui ne sont que des modifications
locales ou climatiques d'une même souche et qui ne méri-
tent que le nom de races. Dans l'état actuel de nos connaissances il est bon, je crois, de les isoler toutes pour appeler
sur elles l'attention tout en prévenant qu'elles doivent être
revues et que plusieurs seront écartées à mesure qu'on aura
reconnu positivement leur identité et leur type primitif.

(*) Entre autres par MM. le comte Keyzerling et le professeur Blasius
par M. le docteur Boisduval , etc.

Ainsi, par exemple, les *Fringilla domestica* et *montana* et les *Lanius excubitor* et *minor* seront toujours regardées comme espèces distinctes bien que voisines, tandis qu'il est assez probable que les *Fringilla Cisalpina* et *Hispaniolensis* seront reconnues pour des races climatiques de la *F. Domestica* et le *Lanius meridionalis* du *L. excubitor*. (*)

En histoire naturelle, c'est en définitive par l'observation des faits que tout se résout et c'est, je pense, pour avoir voulu faire plier tous les faits sous la rigueur des termes d'une définition que des Zoologistes en sont venus à douter de l'existence des espèces en montrant comme sujet à exception le criterium proposé, c'est-à-dire, de regarder comme *espèces* : des animaux qui se reproduisent toujours les mêmes entre eux sans produire de métis féconds avec d'autres espèces.

Il est vrai que les animaux qui réunissent ces deux qualités, sont réellement distincts, mais il ne s'ensuit pas que ceux qui produisent des métis *féconds* soient de la même espèce (exemple : le serin avec plusieurs Fringilles, les

---

(*) Parmi les animaux dont il est question dans la Faune Belge, voici l'indication des espèces sur la séparation définitive desquelles on pourrait conserver quelques doutes et qui mériteraient de faire l'objet d'investigations physiologiques :

Mammifères : *Mustela Martes* et *Foina* — *Sorex fodiens* et *Ciliatus* — — *Phoca vitulina* et *discolor*.

Oiseaux : — *Buteo variegatus* et *Albidus* — *Aquila Albicilla* et *Leucocephala* — *Circus Cinerasceus* et *pallidus* — *Pyrrhula vulgaris* et *Coccinea* — *Fringilla Linaria*, *Canescens* et *Borealis* — *Loxia Curvirostra* et *Pythiopsittacus* — *Motacilla flava*, *flaveola*, *melanocephala* et *Cinereocapilla*. — *Motacilla Alba* et *Yarrelli* — *Anthus obscurus* et *rupestris*. — — *Anthus pratensis* et *tristis* — *Calamoherpe Arundinacea*

Oies , etc.) — Réciproquement parce qu'une race se reproduira toujours la même *dans la même localité*, il ne faut pas en conclure que ce soit une espèce distincte ; il faut pour en juger la faire produire dans le même climat et sous les mêmes influences que l'espèce typique dont on soupçonne qu'elle peut provenir (exemple : le moineau Cisalpin dont M. Florent Prévost m'a assuré avoir obtenu le moineau ordinaire en le faisant nicher à Paris).

S'il semble évident que les *Espèces* existent , il n'en est pas ainsi des *Genres*, et c'est ce qui rend difficile de ramener tout le monde à la même appréciation du degré d'affinité qui doit les constituer. Je suis convaincu que le nombre immense de nouveaux genres que l'on crée chaque jour, souvent , il faut le dire sur les caractères les plus frivoles et les moins appréciables est un des plus grands obstacles aux pro-

---

et *palustris* — *Tringa Cinclus* et *Schinzi* — *Limosa Lapponica* et *Meyeri* — *Gallinago Scolopacinus* et *Peregrinus* — *Anas Moschata* et *purpureoviridis* — *Fuligula Clangula* et *Barrovii* — *Anser segetum* et *brachyrhynchos* — *Sterna Nigra* et *Leucoptera* — *Larus Ridibundus* et *Capistratus* — *Sterna Hirundo* et *Arctica* — *Uria Troile* et *Lacrymans* *Podiceps auritus* et *Arcticus.* —

Reptiles : Toutes nos espèces de Reptiles semblent bien distinctes.

Poissons : *Cyprinus Carpio* , *Regina* , *elatus* et *striatus* — *Cyprinus Carassius* , *Gibelio* et *Moles.* — *Leuciscus Idus* et *Neglectus* — *Leuciscus rutilus* , *Rutiloides* , *Jeses* , et *Selysii.* — *Anguilla latirostris* et *mediorostris.* (Je n'ai pas examiné sous ce rapport nos Poissons de mer.)

Ce serait sur environ 500 espèces , 58 espèces sur lesquelles on aurait de nouvelles recherches à faire et dont une moitié assez probablement ne conserverait que le nom de races climatiques ou locales. On voit par cet aperçu approximatif que la connaissance des *Espèces* n'est pas aussi vague que quelques naturalistes l'ont pensé.

grès et à la diffusion de la science. Cette foule de noms nouveaux charge la mémoire, effraye l'imagination en créant une double nomenclature, car on en est en quelque sorte arrivé à isoler génériquement chaque espèce et à créer une famille ou sous-famille pour chaque genre, et alors à quoi bon la nomenclature binaire, cette grande invention du génie de Linné? N'y aurait-il pas plus de franchise à l'abolir et à donner à chaque espèce un nom générique sans nom trivial?

Je conviens qu'on ne peut plus se renfermer dans le petit nombre de genres établis par le grand naturaliste suédois, mais je crois qu'il ne faudrait guère admettre de nouveaux genres que lorsque les animaux offrent entre eux des disparités constantes et marquées à la fois dans leurs caractères physiques et dans leurs mœurs. J'ai cependant cru devoir adopter les genres qui ne présentaient pas en même temps ces deux caractères lorsque les formes étaient notablement tranchées, bien que les habitudes fussent à peu près les mêmes (*) — plus rarement (et pour me conformer aux usages reçus, j'ai admis quelques genres dont les caractères physiques sont peu marqués, il est vrai, mais dont les mœurs sont tout-à-fait différentes de celles des groupes voisins. (**)

(*) Ex. les genres Coccothraustes isolé des *Fringilla* — Plectrophanes des *Emberiza* — Pica des *Corvus*, — Hippolaïs des *Sylvia*, — Crex des *Rallus*, — Lobipes des *Phalaropus*, — Calidris et Machetes des *Tringa* — Nycticorax des *Ardea* — Rhynchaspis des *Anas*, — *Mergulus* des *Uria*.

(**) Exemples : les différents genres de Falconidées isolés des *Falco* et des *Aquila* — les Petrocincla, Saxicola, Ruticilla, Accentor, Sylvia, Phyllopneuste, et Calamoherpe isolés des *Turdus*. — Mecistura et Calamophilus des *Parus* — Anser et Cygnus des *Anas*.

Parmi les Mammifères, je n'ai point d'exemples à citer, tous nos genres sont établis d'une manière satisfaisante, j'aurais plutôt à me justifier de

Il me reste maintenant un devoir bien agréable à remplir : celui de remercier les naturalistes qui m'ont prêté leur appui pour cette Faune, appui sans lequel elle serait restée très-imparfaite. Presque tous mes compatriotes m'ont communiqué leurs observations avec la plus louable générosité, et les étrangers quelques objets de comparaison et des renseignements qui m'ont été fort utiles pour assurer la bonne détermination des espèces que je garantis. Lorsqu'il existe quelque doute j'ai eu soin de le mentionner.

M. Heckel, Inspecteur du Musée de Vienne (Autriche), m'a fait un superbe envoi de Poissons du Danube qui m'a servi à les comparer aux nôtres et m'a fourni des notes im-

---

ne pas en avoir admis, quelques-uns de plus, 1° parmi les Vespertilionidées — si je n'avais eu sous les yeux que la Noctule et l'Oreillard, je n'aurais pas hésité à les isoler génériquement, mais il y a un tel passage d'une forme à l'autre par les nombreuses sections que j'ai indiquées et par les espèces exotiques dont la dentition n'est pas toujours connue exactement, que j'ai cru devoir laisser, pour le moment, la question intacte sauf à adopter plus tard, s'il y a lieu, les genres *Vespertilio* — *Plecotus* *Barbastellus* et *Pipistrellus*; 2° le genre *Crossopus* — je ne l'ai point admis quoique l'on puisse le faire à la rigueur — cela par les nombreux rapports qu'il a avec les *Sorex* et que j'ai signalés dans les études de Micromammalogie; 3° je n'ai pas adopté le genre *Martes* comme distinct des *Mustela*, les habitudes de ces animaux étant identiques et leurs formes les mêmes, sauf une légère différence dans le nombre des petites dents incisives.

Je n'ai que peu d'observations à faire sur les genres des Reptiles, j'ai la conviction d'avoir bien fait en n'adoptant pas les subdivisions proposées dans les *Lacerta*, les *Coluber*, les *Bombinator* et les *Triton*, groupes qu'un Erpétologiste a souvent peine à distinguer et qui ont pour résultat de créer autant de genres que d'espèces.

Quant aux Poissons, n'ayant étudié un peu sérieusement que les caractères des espèces et non la classification des groupes, je me suis borné à adopter les coupes génériques proposées par Cuvier et Agassiz.

portantes sur ceux de la Belgique que j'avais soumis à son jugement.

M. le prince Charles Bonaparte de Canino, m'a donné également son avis sur nos Cyprins ainsi que M. le Professeur Agassiz.

M. de Meezemaker, à Bergues, m'a remis une foule de notes précieuses sur les Oiseaux de mer et de marais de la Flandre et sans lui, je le déclare hautement, j'aurais dû me borner à citer le nom de plusieurs espèces sans aucune indication accessoire, car je regrette de le dire, aucun amateur des Flandres Belges n'a pu me fournir de renseignements détaillés.

J'ai recueilli des renseignements sur plusieurs oiseaux en visitant M. Temminck, directeur du Musée des Pays-Bas à Leyden, les Musées de MM. Baillon et de Lamotte à Abbeville, et du Dr. Degland à Lille, excellents observateurs très-riches en oiseaux indigènes. Je ne saurais trop proclamer le zèle scientifique de ces Zoologistes et l'appui qu'ils m'ont prêté. Je dois beaucoup à M. Holandre, ancien bibliothécaire de Metz, pour la connaissance des Vertébrés de la Lorraine et de nos frontières. M. Fournel, professeur d'histoire naturelle dans la même ville, m'a également prêté l'appui de sa bonne volonté.

M. Van Haesendonck fils, chirurgien à Tongerloo (Campine anversoise) en me communiquant sa collection de Reptiles et de Poissons de l'Escaut, m'a mis à même de commencer l'énumération de nos Poissons de mer.

Je dois encore des renseignements :

A M. Dumortier : sur nos Cétacés.

A M. le professeur Morren : sur plusieurs classes et notamment sur les Reptiles de la Flandre.

A M. Alex. Carlier, (de Liége), sur les Reptiles et les Poissons de l'Ourthe.

A MM. le professeur Van Bénéden et le vicomte F. de Spoelbergh, à Louvain, ainsi qu'à M. le baron de Pitteurs Buddingen, à Namur, des renseignements sur les Oiseaux; enfin à Mademoiselle Marie Libert, Botaniste à Malmédi, des recherches sur les petits Mammifères de l'Ardenne dont elle m'a fait un envoi fort important pour la géographie des espèces.

Quelques autres personnes m'ont livré des observations que l'on trouvera consignées dans le cours de l'ouvrage : qu'elles restent persuadées de ma vive gratitude !

FAUNE BELGE.

1re PARTIE.

CLASSE I. MAMMIFÈRES.

En laissant de côté pour un instant la classification méthodique , nous répartirons ainsi qu'il suit les mammifères de la
Belgique.

1° Espèces terrestres que l'on trouve dans presque toutes les
parties du pays :

Meles taxus.
Canis vulpes.
Mustela foina.
— putorius.
— erminea.
— vulgaris.
Lutra vulgaris.
Rhinolophus ferrum equinum.
Vespertilio Daubentonii.
— mystacinus.
— emarginatus.
— Nattereri.
— murinus.
— auritus.
— serotinus.
— noctula.
— pipistrellus.
Talpa europæa.

Sorex tetragonurus.
— fodiens.
— ciliatus.
Crocidura aranea.
Erinaceus europæus.
Myoxus nitela.
Mus decumanus.
— rattus.
— musculus.
— sylvaticus.
— minutus.
Arvicola amphibius.
— subterraneus
— arvalis.
— rubidus.
Lepus timidus.
— cuniculus.

2° Espèces terrestres qui sont restreintes à quelques parties
boisées ou montagneuses :

Canis lupus.
Felis catus.
Mustela martes.
Sus scrofa.

Cervus elaphus.
— capreolus.
Sciurus vulgaris.
Myoxus Avellanarius.

3° Espèces terrestres observées dans quelques parties restreintes du pays :

Vespertilio Beichsteinii.
— dasycnemus
— barbastellus.
Rhinolophus hippocrepis.

Sorex pygmeus.
Crocidura leucodon.
Cricetus frumentarius.
Arvicola agrestis.

4° **Espèces marines se trouvant habituellement sur nos côtes :**

Phoca vitulina.
Delphinus delfis.

Phocæna communis.

5° **Espèces marines paraissant accidentellement sur nos côtes :**

Phoca discolor.
Delphinorhynchus micropterus.
Delphinus rostratus.
— melas.
— orca.

Hyperoodon rostratum.
Physeter macrocephalus.
Balænoptera boops.

6° **Espèces domestiques :**

Canis familiaris.
Felis domestica.
Mustela furo.
Sus scrofa.
Equus caballus.
— asinus.

Bos taurus.
Ovis aries.
Capra hircus.
Cavia cobaya.
Lepus cuniculus.

Nous rappelons que dans la liste raisonnée qui va suivre les
mammifères sont classés d'après la méthode du prince Charles
Bonaparte, avec cette modification toutefois que je répartis en
trois divisions (onguiculés, pinnés, ongulés) la série compacte
de ses *educabilia* et que je n'admets ses sous-familles, ou *tribus*
comme je les appelle, que lorsqu'une famille en renferme plusieurs.

CLASSE 1ère
MAMMIFÈRES.

MAMMALIA L.

SOUS-CLASSE DES PLACENTAIRES.

SECTION I. EDUCABLES.

DIVISION. I. ONGUICULÉS.

ORDRE 1.

PRIMATES. — *PRIMATES* L.

SOUS-ORDRE DES BIMANES.

Famille des Hominidées.

GENRE HOMME, *Homo L.*

N° 1. HOMO SAPIENS. *L.* — L'Homme.

Loin de voir la dignité de l'homme abaissée en le comprenant dans une liste zoologique, je trouve que c'est lui rendre témoignage que de le placer en tête de la série des êtres animés auxquels le Créateur lui a permis de commander après l'avoir doué d'une âme immatérielle et d'une intelligence raisonnable qui le distinguent des autres êtres et qui le rendent supérieur à tous, bien que par ses forces physiques il soit inférieur à beaucoup d'entre-eux.

Pour ne pas laisser cet article sans aucun renseignement ethnographique je rappellerai :

1° Que la nation Belge composée d'environ quatre millions

d'âmes appartient à la race *blanche*, aussi nommée *caucasique*
ou *européenne*.

2° Que cette population se décompose en variété *blonde* ou
germanique et en variété *brune* ou *celtique*. Ces derniers pourraient provenir du mélange de l'ancienne population aborigène
avec les colonies romaines qui les refoulèrent dans leurs forêts
alors impénétrables. (*) Ils parlent généralement la langue wallonne ou ancien français et habitent surtout les bords de la
Meuse depuis la France jusque près Maestricht, s'étendant dans
les provinces de Namur, Hainaut, Liége, la plus grande partie
du Luxembourg et une certaine portion de celle de Brabant.
Ils se subdivisent en plusieurs petites peuplades sous les noms
de Liégeois, Hesbignons, Ardennais, etc.

La variété blonde pourrait bien ne s'être établie dans la
Belgique qu'après la chûte de la domination romaine dans le
cinquième siècle de notre ère. Elle se subdivise en Flamands et
en Allemands selon l'espèce de dialecte germanique qu'ils parlent. Les Allemands très-peu nombreux ne se trouvent que
dans quelques parties du Luxembourg et du Limbourg qui tou-
chent aux frontières des provinces rhénanes. Les Flamands au
contraire occupent toute la Belgique occidentale depuis les bords
de la mer, en y comprenant les provinces de Flandre Orientale
et Occidentale, d'Anvers et la plus grande partie du Brabant
et du Limbourg. Ils sont nommés Flamands, Brabançons,
Campinaires, etc. — Il est digne de remarque que, du Nord au
Sud, ils sont séparés des Allemands dont ils proviennent par la
famille Wallonne ou Celtique. Ceci explique comment les Flamands et les Wallons n'ont pas tous conservé des caractères
tranchés (**) Il est bon aussi de faire remarquer qu'il existe

---

(*) C'est de ces populations que César a écrit en parlant des Gaulois en général : *Horum omnium fortissimi sunt Belgæ.*

(**) Il est aussi à noter que cette pointe triangulaire formée par la langue
wallonne entre le confluent du Geer et de la Meuse vers Maestricht est le

dans les deux Flandres certains types très-noirs que l'on doit rapporter à la famille Espagnole qui les a occupés vers l'époque de la renaissance , et dont beaucoup de membres ont continué à sejourner dans le pays ce que prouve aussi la conservation de leurs noms.

---

point le plus septentrional où un dialecte dérivé du latin , c'est-à-dire des langues du midi soit parlé. Cette limite est près de Tongres où les Romains avaient un grand établissement à l'extrémité de la chaussée romaine , qui du Nord au Sud de la Belgique ne traverse encore aujourd'hui que les provinces wallonnes c'est-à-dire celles où la civilisation romaine avait poussé des racines assez profondes pour que la langue survécût à la conquête faite par les Francs.

Le point dont nous venons de parler est situé par 50 degrés 50 minutes de latitude nord ; au reste cette latitude est à peu près la même que celle de St.-Omer où commence aussi en France la langue flamande. En tirant de cette ville et par Lille, une ligne droite sur Maestricht on obtient à peu près la limite septentrionale exacte des deux langues. Comme en descendant une ligne de Maestricht sur Metz, c'est-à-dire du Nord au Sud, on a la frontière occidentale de la langue allemande. Ces deux faits sont fort remarquables.

Feu M. Raoux a fait des recherches très-intéressantes sur la séparation des deux langues flamande et wallone ; mais il me semble qu'il eut singulièrement éclairci la question, s'il eût tenu compte des caractères zoologiques. Il ne l'a malheureusement envisagée que sous les rapports historique et linguistique.

(Voyez quant aux ossements humains découverts par M^r le professeur Morren dans les tourbières de la Flandre , son mémoire dans le Messager des sciences de Gand ; et sur les restes fossiles des cavernes des environs de Liége , l'ouvrage de feu le docteur Schmerling.

ORDRE II.

CARNASSIERS. — *FERÆ* L.

Famille 1. Ursidées.

GENRE BLAIREAU , *Meles. Briss.*

(*Ursus L*).

2. MELES TAXUS *Schreb.* — Blaireau Tesson.

Ursus meles L.
En wallon *Taisson*.
Assez commun en Belgique. Vit dans des terriers assez profonds d'où il ne sort que la nuit et où il s'engourdit pendant environ trois mois d'hiver. Sa nourriture consiste principalement en glands, en racines et en miel de bourdons; il est peu carnivore. Les chasseurs par un ancien préjugé s'imaginent qu'il y en a deux espèces : l'une à groin de cochon, l'autre à gueule de chien. La graisse et le poil de Blaireau sont recherchés pour divers usages. On s'empare de l'animal en le déterrant de son trou ou bien on le tue à l'affut avec des chevrotines ou du très gros plomb, car il a la peau épaisse et la vie très dure.

Famille 2. Félidées.

Tribu 1. Canines.

GENRE CHIEN, *Canis* L.

* *Canis.*

3. CANIS LUPUS *L.* — Chien Loup.

En wallon *Leu*.
Sédentaire dans les grandes forêts des Ardennes et dans celle de Hertogen-Wald. Les loups se cachent en été, mais l'hiver pendant la neige, se trouvant tourmentés par la faim, ils se

répandent en Ardenne, se rapprochent des habitations et pous-
sent assez souvent leurs migrations dans tout le pays boisé et
montagneux à la droite de la Meuse. On a même quelques exemples d'individus égarés tués en Campine, en Brabant et jusque
dans les plaines de la Hesbaye; mais cela devient de plus en plus
rare, l'espèce diminuant sans cesse par suite des défrichements
qui se sont faits et des traques nombreuses qui ont été organisées.
En Ardenne on détruit aussi les loups au moyen de grands trous
recouverts de branches légères où ils viennent tomber. Il y a au
Musée de Bruxelles une belle variété *fauve isabelle*.

N. B. M. Baillon mentionne le Loup noir, *Canis Lycaon* L.
comme ayant été trouvé en Picardie; mais il est douteux que ce
soit le véritable *Lycaon* qui n'existe guère que dans les Pyrennées. Il est plus vraisemblable qu'il s'agit de quelque variété
accidentelle du *C. Lupus*.

** *Vulpes* Bonap.

4. CANIS VULPES L. — Chien Renard.

En wallon *Rna*.

Commun dans toute la Belgique; habite dans des terriers;
s'empare souvent de ceux du Blaireau, détruit beaucoup de gibier
et de volailles. On diminue le nombre des Renards en les tuant
à l'affut et dans les traques, en les déterrant ou les enfumant
dans leur trou ou les en faisant sortir avec de petits chiens
bassets dressés à cette chasse. On les prend enfin au moyen d'un
sep à ressort, mais ils sont fort défiants.

Il existe deux variétés principales : l'une *Canis Vulpes* de
Linné a le pelage fauve, le ventre blanc et le bout de la queue
blanc. L'autre *Canis Alopex* L. ou Renard charbonnier que Linné
croyait distinct a le pelage plus foncé, le ventre noirâtre et le
bout de la queue brun ou noirâtre. On trouve des individus
intermédiaires pour la couleur. Je regrette de devoir dire que
je n'ai pu me former une opinion tout à fait définitive sur ce
Canis Alopex. En tout cas on s'est trompé en disant que les vieux

seuls ont le bout de la queue blanc car j'ai vu ce caractère chez de très–jeunes individus, comme chez des adultes. Il existe aussi des individus de taille plus ou moins forte bien que très–adultes.

Indépendamment de ces variétés ou races, on voit très–rare‑ment en Ardenne une variété accidentelle *blanche* et plus fré‑quemment une variété dont l'extrémité des poils est d'un cendré clair ; les chasseurs la nomment *renard argenté*.

Tribu 2. Félines.

GENRE CHAT, *Felis*, *L.*

5. FELIS CATUS. L.—CHAT SAUVAGE.

En wallon *Savage chet*.

Cet animal n'est pas très–rare dans les bois de l'Ardenne et dans quelques–uns de ceux du Condroz. Je crois qu'il se trouve aussi dans la forêt de Soigne. On le tue ordinairement dans les traques. Quelquefois dans sa fuite il se réfugie dans des terriers, plus habituellement il grimpe sur un arbre. Il at‑teint en Belgique une taille très–forte. Vit de lapins, lièvres, oiseaux, rongeurs, etc.

N. B. Il ne faut pas le confondre avec quelques chats domes‑tiques fuyards qui vivent isolément dans les bois. Ceux‑ci n'ont pas un pelage uniforme et proviennent d'une espèce (le *Felis Maniculata* Tem.) qui n'est sauvage qu'en Egypte d'où elle s'est répandue dans le monde entier avec l'homme dont elle est deve‑nue le commensal. On a plusieurs fois tenté en Ardenne d'élever de très-jeunes chats sauvages, mais leur caractère indomptable ne tarde jamais longtemps à reprendre le dessus.

Tribu 3. Mustélines.

GENRE BELETTE, *Mustela L.*

6. MUSTELA MARTES L.—BELETTE MARTE.

En wallon *Madrai*.

D'après les recherches que j'ai faites il semble que la vraie Marte (que l'on confond trop souvent avec la Fouine et le Putois) ne se trouve guère que dans l'Ardenne. Elle y habite les grands bois et n'est pas rare aux environs de St-Hubert. Elle a l'habitude de grimper sur les arbres et les chasseurs en profitent pour la capturer. Ils la poursuivent en hiver jusqu'à ce qu'elle s'y réfugie et la tuent alors facilement tandis que la Fouine se retire dans son terrier. Cette dernière a un plastron blanc sous la gorge au lieu que la Marte a cette partie d'un jaune terne. C'est à peu près la seule différence extérieure entre ces deux espèces voisines.

7. MUSTELA FOINA L. — Belette Fouine.

En wallon *Foenne* et *Madrai.*

Très-commune partout : vit dans les granges, les greniers, les pigeonniers, les jardins ; détruit beaucoup de volailles et d'œufs, mange aussi les souris et plusieurs espèces de fruits noirs à noyaux. On la prend avec un sep amorcé d'un œuf, mais c'est un animal très-méfiant. Sa fourrure d'hiver est très-estimée ainsi que celles de la Marte et du Putois.

** *Putorius* Cuv.

8. MUSTELA PUTORIUS L. — Belette Putois.

En wallon *Wicha* et *Madrai.*

Assez commun partout : vit dans les jardins et les bois. Habite des terriers peu profonds qu'il se creuse ordinairement près des eaux, souvent aussi dans les garennes de lapins. Se nourrit comme la Fouine. C'est le fléau des poulaillers : s'il s'y introduit il étrangle toutes les poules avant d'en manger une seule et se borne ordinairement à leur sucer le sang à la gorge. Cet animal qui ressemble beaucoup au Furet entre également dans les garennes de lapins et les dépeuplerait si l'on ne parvenait à le tuer ou à l'éloigner. J'ai observé aussi qu'il prend beaucoup de poissons et qu'il établit souvent son terrier à fleur d'eau comme la Loutre.

9. MUSTELA ERMINEA L. — Belette Hermine.

En wallon (l'hiver) *Blank marcotte.*

Se trouve dans toute la Belgique bien qu'en petit nombre. On ne la remarque guère que dans son pélage blanc d'hiver ; l'été on la confond avec la Belette commune. L'Hermine habite les granges, les haies, les prairies et se nourrit surtout de campagnols. Elle n'est blanche que depuis le mois de novembre jusqu'à la fin de mars. On voit souvent au printemps et en automne des individus à livrée mélangée : Les uns ont le pélage blanc mais le dos nuancé de roussâtre comme en été — d'autres ont le dessous et les côtés du corps comme en été mais le dos offre une bande blanche de pélage d'hiver. — Souvent encore le dessus de la tête reste roussâtre en toute saison. On ne fait point dans notre pays de chasse particulière à l'Hermine, cet animal étant rare.

10. MUSTELA VULGARIS L. — Belette commune.

En wallon *Marcotte.*

Commune en Belgique dans les jardins, les bois, et les champs. Lorsque les campagnols abondent elle s'établit dans les champs et en tue un grand nombre. Je suis d'avis que ce petit mammifère fait plus de bien que de mal et qu'il ne faudrait point le détruire. On l'a peut-être trop souvent rendu responsable des destructions de volaille qui étaient le fait du Putois ou de la Fouine. Son terrier est très-peu profond ; on l'y prend facilement.

N. B. Je n'ai pas compris ici le Furet (*Mustela Furo* L.) espèce domestique dont quelques individus fuyards s'égarent de temps en temps dans les garennes de lapins mais sans s'y multiplier.

GENRE LOUTRE, *Lutra Erxleb.*

(*Mustela* L.)

11. LUTRA VULGARIS *Erxl.*—LOUTRE COMMUNE.

En wallon *Lotte.*

Commune sur les bords de presque toutes les rivières poissonneuses de la Belgique. Vit dans des terriers dont l'orifice est à fleur d'eau; se nourrit de poissons; nage et plonge bien. C'est le plus grand fléau des étangs de la Campine. On la prend avec des seps ou bien on l'affûte, mais c'est un animal très-méfiant. Elle acquiert chez nous une taille très-forte.

DIVISION II. PINNÉS.

ORDRE III.

PINNIPÈDES. — *PINNIPEDIA*. ILLIG.

Famille des Phocidées.

GENRE PHOQUE. *Phoca L.*

(*Calocephalus* Fr. Cuv.)

12. PHOCA VITULINA *L.* — Phoque Veau-marin.

Vulgairement *Chien de mer*.

Assez commun sur nos côtes maritimes aux environs de Nieuport et de Blankenberg ainsi qu'à l'embouchure de l'Escaut. Vit en troupes.

13. PHOCA DISCOLOR. *Fréd. Cuv.* — Phoque Discolor.

Comme le précédent mais plus rare. MM. Keyrerling et Blasius y rapportent les *Phoca annellata* Nilsson et *Fœtida* Fabr. ce dernier nom devrait dans ce cas prévaloir.

N. B. M. Baillon indique sur les côtes de Picardie le *Phoca Leporina* Lepech. ou Phoque Lièvre. J'ignore si cette espèce des mers Arctiques se trouve accidentellement sur nos côtes. MM. Blasius et Keyzerling le regardent comme identique avec le *Phoca Barbata* de Müller.

ORDRE IV.

CÉTACÉS , — *CETÆ* L.

Famille I. Delphinidées.

GENRE DELPHINORHYNQUE, *Delphinorhynchus Blainv.*
(*Delphinus* Cuv.)

14. DELPHINORHYNCHUS MICROPTERUS. *Cuv.* — DELPHINORHYNQUE MICROPTÈRE.

Espèce décrite par Cuvier sur un seul individu échoué au Hâvre en septembre 1825. — Un second individu est venu échouer aussi vivant le 21 août 1835 à l'ouest de l'entrée du port d'Ostende à l'endroit même où l'on prend les bains de mer. Il a fait l'objet d'un mémoire intéressant de M. Dumortier, imprimé dans le tome XII des Mémoires de l'Académie royale des Sciences de Bruxelles et accompagné de bonnes figures de l'animal et du squelette. Ce dernier fait partie de la collection de M. Parret à Ostende. On ne connaît pas encore l'habitation ordinaire de cette espèce rare.

GENRE DAUPHIN, *Delphinus* L.

15. DELPHINUS ROSTRATUS *Cuv.* — DAUPHIN A BEC.

Cette espèce fait le passage des vrais Dauphins aux Delphinorhynques par la forme de ses machoires. C'est le *Rostratus* de Cuvier qui l'avait d'abord confondu avec le *Frontatus* (*Delph. Geoffroyi* Desm.) Fischer dans sa compilation le place parmi les Delphinorhynques sous le nom de *Bredanensis* Cuv., citation qui semble inexacte car je n'ai trouvé ce nom nullepart dans les ouvrages de Cuvier. Il parait que M. le prof. Van Breda qui avait envoyé la tête de cette espèce à Cuvier l'avait recueilli sur les côtes de Belgique où elle paraîtrait très-accidentellement. Elle a été également prise à Brest en 1825.

16. DELPHINUS DELPHIS L. — Dauphin ordinaire.

Observé plusieurs fois sur nos côtes maritimes notamment à Nieuport.

N. B. M. Baillon mentionne le *Delphinus Tursio* Bonnaterre, comme se trouvant en Picardie.

GENRE MARSOUIN, *Phocæna Cuv.*

(*Delphinus* L.)

17. PHOCÆNA COMMUNIS *Fr. Cuv.* — Marsouin commun.

Commun sur nos côtes et à l'embouchure de l'Escaut. Il remonte fréquemment ce fleuve jusqu'à Anvers.

18. PHOCÆNA ORCA *Desm.* — Marsouin Orque.

L'Épaulard. Cuv.

Rare sur nos côtes d'après M. Dumortier. Cette espèce ne se trouve habituellement que dans les mers arctiques. Un individu de 25 pieds de long a été pris à la côte de Hollande, en novembre 1841 près de Velser, selon les journaux.

19. PHOCÆNA MELAS *Traill.* 1809. — Marsouin noir.

C'est le *Globiceps* de Cuvier (1812) et le *Deductor* de Scoresby (1820). Je lui restitue à l'exemple des Anglais son véritable nom de *Melas* qui est antérieur aux autres. Ce Marsouin est commun dans la pleine mer au nord de l'Ecosse et vient échouer fréquemment sur les côtes de France. M. Dumortier me l'indique comme ayant été vu sur celles de Belgique.

N. B. M. Baillon indique encore comme ayant été trouvé accidentellement sur les côtes de Picardie le *Phocæna Griseus* de Cuvier.

GENRE HYPEROODON, *Hyperoodon Lacep.*
(*Balœna* Chemnitz — *Heterodon* Blainv.)

20. HYPEROODON ROSTRATUM *Chemnitz* — Hyperoodon
A BEC.

M. le professeur Wesmaël a publié un mémoire sur un individu de cette espèce échoué à Borgsluis près de Ziericzée en Hollande le 16 septembre 1840 après une tempête. Il lui a restitué avec raison le nom de *Rostratum* donné par Chemnitz qui a la priorité sur celui d'*Edentulus* de Schrebers et surtout sur ceux de *Bidentulus* de *Hunteri*, de *Sowerbensis* de *Chemnitzianum* et de *Dalei* créés inutilement par MM. Fischer, de Blainville et Desmarest. Ce mémoire important de M. Wesmaël ainsi qu'une très-bonne figure qui l'accompagne fait partie du XIIIᵉ volume des mémoires de l'académie de Bruxelles, publié en 1840. L'animal est déposé dans le musée de cette ville. L'Hyperoodon a aussi été observé sur les côtes de France et d'Angleterre mais son habitat ordinaire est l'Océan septentrional.

GENRE CACHALOT, *Physeter L.*
(*Physalus* Lacep.)

21. PHYSETER MACROCEPHALUS. L. — Cachalot Macro-
CÉPHALE.

Un individu de cette espèce échoué en 1577 non loin d'Anvers et long de 58 pieds a été figuré dans ce temps par Ambroise Paré. C'est sans doute la plus ancienne image du Cachalot. Un second exemplaire décrit par Clusius a été observé à Berchey en Hollande en 1598. Un troisième individu pris dans la baie de la Somme en Picardie le 19 janvier 1769 est indiqué par Bonnaterre sous le nom de double emploi de *Physeter Trumpo.* — Le Cachalot habite l'Océan glacial arctique.

Famille 2. Baleinidées.

GENRE BALEINOPTÈRE, *Balænoptera Lacep.*
(*Rorqualus* Fred. Cuv. *Balæna* L.)

22. BALÆNOPTERA BOOPS. L. — BALEINOPTÈRE JUBARTE.

Le 5 novembre 1827 on en trouva un énorme individu mort sur la côte à Ostende. Il avait 80 pieds de long. M. le prof. Van Bréda a rédigé à ce sujet un mémoire qui est reproduit dans l'histoire des Cétacés de Fr. Cuvier. Il regrette vivement que la science n'ait pu profiter que fort peu d'une capture si importante et qu'il ne lui ait pas été permis de disséquer l'animal qui vendu à des spéculateurs ignorants a été vandalement détruit à l'exception du squelette.

M. le prof. Schlegel a publié un mémoire sur un autre individu échoué en 1826 dans le nord de la Hollande et long de 36 pieds. Précédemment, en 1811 un exemplaire était échoué dans le Zuyderzée. Il fait partie du Musée de Leyde. Le *Boops* vit dans l'Océan glacial.

N. B. La *Balænoptera Physalus* L. Baleinoptère Gibbar de Lacépède est une espèce très douteuse. M. Baillon dit qu'il en échoua un individu sur les côtes de Picardie le 7 février 1812.

N. B. Ce serait ici la place du genre *Baleine*, et de l'espèce du nord *Balæna Mysticetus* L. ou Baleine Franche, mais cet animal retiré aujourd'hui dans les mers polaires ne parait jamais sur les côtes de l'Europe tempérée, bien que dans le moyen âge il semble qu'on la voyait encore sur celles de France et de Hollande.

DIVISION III. ONGULÉS.

ORDRE V.

PACHYDERMES. *BELLUÆ* L.

Famille des Suidées.

GENRE COCHON. *Sus. L.*

23. SUS SCROFFA *L. var. aper.* — COCHON SANGLIER.

— En wallon *Singli.*

Assez commun dans les bois montagneux de la rive droite de la Meuse, surtout en Ardenne; aussi sur ceux des bords de l'Ourthe jusqu'à Colonster et Kimkempois près de Liége. Les sangliers vivent en troupe et font beaucoup de ravages dans les moissons et les plantations. On les chasse en les traquant. Dans les hivers rigoureux lorsque la Meuse est gelée on en a souvent vu passer le fleuve; quelques individus s'égarent même jusque dans les bois de la Campine et plus rarement dans les plaines de la Hesbaye. Les très vieux, à l'âge de dix à douze ans, vivent isolément et sont d'une défiance extrême. On les nomme *sangliers solitaires.* Elevés en domesticité et pris jeunes ils sont d'abord doux et intelligents, mais ils finissent toujours par devenir avec l'âge méchants et même furieux.

ORDRE VI.

RUMINANTS. — *PECORA* L.

Famille des Cervidées.

GENRE CERF. *Cervus* L.

24. CERVUS ELAPHUS *L.* — CERF HIPPÉLAPHE.

En wallon *Cier*.

Le Cerf qui était autrefois répandu en grand nombre dans les forêts de la Belgique est sur le point de disparaître de la liste des animaux de ce pays. Chaque jour son espèce diminue : il faut maintenant le chercher dans la forêt des Ardennes entre S^t. Hubert et Bouillon (prov. de Luxembourg) et dans celles de Hertogenwald et Samrée (prov. de Liége) vers la frontière des provinces rhénanes et encore y est-il rare. Quelques individus isolés s'égarent de loin en loin en Condroz et sur les bords de l'Ourthe. Le Cerf de ce pays est de très grande taille, il appartient à la race nommée *Hippelaphus* ou Cerf des Ardennes.

25. CERVUS CAPREOLUS *L.* CERF CHEVREUIL.

En wallon *Chivrou*.

Habite les bois montagneux de la rive droite de la Meuse ; assez commun dans l'Ardenne et le Hertogenwald ; il commence à devenir rare en Condroz où les braconniers le prennent au moyen de lacets nommés bricois. On cite quelques exemples de Chevreuils qui chassés par des traques ont traversé la Campine et même la Hesbaye.

N. B. On avait indiqué le Cerf Daim *Cervus Dama* L. comme se trouvant accidentellement en Belgique, mais il paraît que l'individu tué en Ardenne était échappé d'un parc où on le nourrissait.

SECTION II. INÉDUCABLES.
ORDRE VII.

CHEIROPTÈRES. — *CHIROPTERA*. Illig.
Famille des Vespertilionidées.

GENRE RHINOLOPHE, *Rhinolophus* Geoffr.
(*Vespertilio* L.)

26. RHINOLOPHUS FERRUM EQUINUM *L.* — Rhinolophe. Fer a cheval.

Cette espèce ne se trouve que dans quelques localités ; commune dans les carrières de Maestricht en hiver, mais en sort de bonne heure au printemps. Quelquefois aussi dans les greniers des vieux édifices et dans les cavernes.

27. RHINOLOPHUS HIPPOCREPIS *Herm.* Rhinolophe Hippocrêpe.

Je ne l'ai encore observée que dans les carrières de Maestricht et dans les caves du château de Colonster sur les bords de l'Ourthe. Elle habite sans doute d'autres cavernes.

GENRE CHAUVE-SOURIS, *Vespertilio*. L.

En wallon *Chawe-Soris*.

* *Cappacinius* Bonap.

28. VESPERTILIO DASYCNEMUS *Boie.* — Chauve-Souris Dasycnême.

Vesp. Limnophilus Tem.

Je l'ai trouvée en hiver dans les carrières de Maestricht et des environs ; M. D'Omalius l'a recueillie dans celles de Faulx-les-Caves ; aussi en Hollande. Voltige sur le bord des eaux à la nuit close pendant la belle saison. Sa stridulation est forte. Diffère de *Vesp. Daubentonii* par sa taille plus forte , ses ongles très grands et ses pieds encore moins engagés dans la membrane.

29. VESPERTILIO DAUBENTONII. *Leisler*. — CHAUVE-SOURIS DE DAUBENTON.

Se trouve en hiver dans les carrières de Maestricht. Assez commune en Hesbaye , où je l'ai souvent tuée lorsqu'elle voltigeait le soir sur les étangs ou sur le Geer, en été. Elle ressemble au *Vesp. Mystacinus* mais ses pieds plus dégagés de la membrane et le dessus de son corps brun noirâtre laineux l'en distinguent de suite.

* *

30. VESPERTILIO MYSTACINUS. *Leisler*. — CHAUVE-SOURIS A MOUSTACHES.

Commune dans presque toute la Belgique ; voltige le soir près des eaux ou dans les allées ombragées des jardins , s'introduit dans les caves ouvertes pour manger les cousins ; se tient cachée pendant le jour dans les greniers. Je l'ai aussi trouvée l'hiver dans les carrières de Maestricht. Cette espèce varie un peu : certains individus ont tout le dessus du corps d'un brun fauve soyeux ; d'autres ont les épaules ou l'origine des ailes noires : ceux-ci sont des jeunes de l'année et ce sont eux que M. Baillon a décrits sous le nom de *Vesp. Humeralis*. Elle est presqu'aussi petite que la Pipistrelle , mais son poil long et soyeux et son oreillon droit, subulé l'en distinguent au premier coup d'œil.

31. VESPERTILIO EMARGINATUS. *Geoffr*. — CHAUVE-SOURIS ECHANCRÉE.

Je n'ai encore trouvé cette espèce que dans peu de localités. Je l'ai d'abord rencontrée assez communément dans les carrières de Maestricht où elle passe l'hiver ; au commencement de mai un grand nombre d'individus étaient encore tout engourdis et pres-

que froids. Depuis elle a été retrouvée dans les greniers du château de Vogelsanck près de Hasselt et M. Van Bénéden l'a recueillie à Louvain. MM. Baillon et Holandre l'indiquent en Picardie
et à Metz ; elle est commune en Hollande. Cette espèce habite de
préférence les pays marécageux et voltige sur les eaux. Trente
individus que j'ai pris dans un grenier à la fin de juin étaient
tous des femelles pleines ou venant de mettre bas.

Il est singulier que MM. Keyzerling et Blasius la confondent avec
le *Mystacinus*, elle ressemble plutôt au *Nattereri*, mais elle est
distincte de ces deux espèces par son poil laineux, roux clair sur
le dos et s'étendant notablement sur la membrane interfémorale ;
par ses oreilles très échancrées, son gros museau etc. La couleur
de l'*Emarginatus* est à peu près celle du *Serotinus*.

32. VESPERTILIO NATTERERI *Kuhl.* — CHAUVE-SOURIS DE NATTERER.

J'ai observé cette espèce dans les carrières de Maestricht. Elle y
est plus rare que toutes ses congénères. Elle existe aussi aux environs de Bruxelles. M. Holandre l'a trouvée dans les arbres creux
aux environs de Metz Elle diffère de l'Emarginatus par son ventre
blanc, le dessus du corps cendré et non roussâtre, l'oreillon plus
long, falciforme, par la présence d'un fort cartilage à bords crénelés
partant du tarse et longeant la membrane interfémorale etc. La
couleur de cette espèce est à peu près celle du *V. murinus*.

*** *Vespertilio.*

33. VESPERTILIO MURINUS *Auct.* — CHAUVE-SOURIS MURIN.

Commune dans certaines localités comme la grotte de Han en
Condroz et les carrières de Maestricht où elle s'engourdit l'hiver,
mais qu'elle abandonne au printemps. Très rare et presqu'accidentellement dans la Hesbaye et dans la plupart des villes. C'est
la plus grande espèce du genre, reconnaissable à ses oreilles

grandes, ovales, à ses pieds presqu'aussi dégagés de la membrane que ceux du *V. Daubentonii* etc.

34. VESPERTILIO BEICHSTEINII *Leisler*. — Chauve-Souris de Beichstein.

Observée dans les arbres creux des vergers voisins des bois au dessus de Saulny (Moselle) par M. Holandre. Je ne l'ai pas encore vue en Belgique, mais il me semble plus que probable qu'on l'y trouvera, au moins dans la province de Luxembourg. Sa taille et sa couleur sont celles de l'Oreillard. Elle est remarquable par ses oreilles plus grandes que celles du Murin et un peu plus petites que chez l'Oreillard, mais ne se touchant pas à la base comme dans cette espèce.

******** *Plecotus* Geoffr.

35. VESPERTILIO AURITUS *L*. — Chauve-Souris Oreillard.

Assez commune autour des habitations. Elle entre le soir dans les caves ouvertes et dans les chambres. Vole à la nuit close ; rare dans les carrières de Maestricht en hiver. Distincte de toutes ses congénères par ses oreilles énormes presqu'aussi longues que le corps, réunies à leur base, à oreillon grand en feuille de saule.

********* *Barbastellus* Gray.

36. VESPERTILIO BARBASTELLUS. *Schreb*. — Chauve-Souris Barbastelle.

Très-rare en Belgique où elle a été observée pour la première fois par M. le professeur Van Bénéden qui en a recueilli un individu à Louvain. Elle habite dit-on les vieux édifices. M. Holandre dit qu'elle se trouve à Metz l'hiver dans les souterrains de la forteresse. Très-rare en Picardie. Distincte de toutes les autres espèces par la forme des oreilles qui sont assez larges et courtes notablement réunies à leur base et à oreillon court, courbé en S. Le pélage est brun noirâtre, la taille plus petite que celle de l'*auritus*.

⁕ ⁕ ⁕ ⁕ ⁕ ⁕ *Vesperus* Keyz. et Blasius.

37. VESPERTILIO SEROTINUS *Schreb.* — Chauve-Souris Sérotine.

Peu commune mais répandue presque partout. Voltige dans les allées ombragées lorsque la nuit est venue. Vit dans les arbres creux et dans les clochers d'église. Taille de la Noctule dont elle diffère surtout par son oreillon droit, subulé, et par la nature du poil du dos qui est long, non uniforme ni luisant. Chez la plupart des individus la nuance est roussâtre terne ; chez une variété elle est brun noirâtre.

⁕ ⁕ ⁕ ⁕ ⁕ ⁕ ⁕ *Pipistrellus*, Bonap.

38. VESPERTILIO PIPISTRELLUS *Schreb.*

Très commune autour des habitations. Vole au crépuscule. Elle se loge dans les greniers sous les planches des toits et dans les fentes des murailles. C'est la plus petite espèce de notre pays. Elle se distingue du *Mystacinus* par sa taille plus petite, son pélage court marron foncé, son oreillon très court à pointe arrondie tournée en dedans.

Je n'ai jamais vu la variété noire qu'on dit exister et que M. Baillon indique à Abbeville. Le *Vesp. Brachyotos* de ce naturaliste est un individu roussâtre qui offrait accidentellement une tache noire en arrière du cou.

La pipistrelle voltige quelquefois en plein midi surtout vers les premiers beaux jours de mars, époque de son réveil au printemps.

******** *Vesperugo* Keyz. et Blas.

39. VESPERTILIO NOCTULA *Schreb*. —Chauve-Souris Noctule.

Commune presque partout, vit dans les arbres creux ; en sort de bonne heure , souvent avant le coucher du soleil. Je l'ai même vue fréquemment voltiger dans les jardins à l'ardeur du soleil et raser les eaux à la manière des hirondelles. Elle a une stridulation très-aigue. Son odeur musquée est forte. Je crois que sa nourriture consiste souvent en *géotrupes stercorarius*. Cette espèce de grande taille est facile à reconnaître à son pélage court , lisse , d'un marron vif uniforme en dessus, et à son oreillon court, en cœur.

ORDRE VIII.

INSECTIVORES. — *BESTIÆ* L.

Famille I. Talpidées.

GENRE TAUPE. *Talpa* L.

40. TALPA EUROPÆA *L.* — Taupe d'Europe.

En wallon *Foyon*.

Très commune partout aussi bien dans les bois que dans les prairies et les champs. Pendant les inondations de la vallée de l'Ourthe M. Alex. Carlier a observé que les Taupes se réfugiaient au sommet des vieilles haies.

On trouve parfois les variétés accidentelles :

α. Blanche.

β. Jaunâtre.

γ. Cendrée.

δ. A tâches blanches.

ε. A ventre fauve.

Famille 2. Soricidées.

GENRE MUSARAIGNE, *Sorex* L.

* *Sorex* Wagler.

41. SOREX TETRAGONURUS. *Herm.* Musaraigne Carrelet.

En wallon *misouette* comme les autres Soricidées.

Très commune dans les haies et les bois ; aussi dans les prairies humides. Très souvent on la trouve morte dans les allées des jardins surtout à l'arrière saison soit qu'elle y vienne périr , soit qu'elle y reste abandonnée par les animaux qui la tuent mais éprouvent de la répugnance à la manger à cause de la forte odeur de musque qu'elle répand. J'ai reconnu que le *Sorex Labiosus*

(Jenyns) est établi sur des individus dont le séjour dans l'Alcohol avait fait dilater le museau et les pieds. Le *Sorex Castaneus* trouvé en Angleterre par le même auteur me semble une variété accidentelle du *Tetragonurus*, caractérisée par la nuance fauve-clair et vif de son pélage. Quant au *Sorex Rusticus* il se rapporte en partie à de jeunes Tetragonurus et en partie au *Sorex Hibernicus* espèce propre aux Iles Britanniques.

42. SOREX PYGMEUS *Laxmann*. — Musaraigne Pygmée.

Très-rare en Belgique. J'en ai recueilli un individu à Longchamps-sur-Geer, au milieu des campagnes et j'en ai reçu un autre exemplaire de St-Hubert par les soins de M. Warlomont, Inspecteur de l'Enrégistrement.

Cette espèce, le plus petit des mammifères d'Europe après la *Crocidura Etrusca* d'Italie n'avait pas encore été observée de ce côté-ci du Rhin. On la distingue du *Tetragonurus* à sa taille une fois plus petite, à sa queue aussi longue que le corps et plus épaisse, à son museau plus long et à son pélage gris roussâtre uniforme en dessus. (Voyez une note sur cette espèce que j'ai publiée dans le Bulletin de l'Acad. de Bruxelles, en novembre 1841.)

** *Crossopus* Wagler.

43. SOREX FODIENS *Pallas*. — Musaraigne d'eau.

Habite le long des ruisseaux et des rivières dans les jardins et les prairies humides ; aussi dans les montagnes de l'Ardenne. Cette espèce est peu commune ou du moins difficile à se procurer.

44. SOREX CILIATUS *Sowerby*. — Musaraigne porterame.

La plupart des auteurs qui ont écrit sur les Musaraignes depuis la publication de mes études de Micromammalogie réunissent cette espèce au *S. Fodiens*. — Moi-même dans l'ouvrage cité j'avais été tenté d'adopter la même manière de voir considérant que les formes de ces deux espèces sont semblables et que certains individus semblent intermédiaires. Je dois dire aujourd'hui, après avoir examiné un grand nombre de nouveaux individus que je ne puis encore regarder la question comme suffisamment approfondie : je suis même plus disposé qu'auparavant à regarder les deux espèces comme distinctes et peut-être les individus à pélage plus ou moins intermédiaires quant à la coloration du ventre sont-ils des hybrides ou simplement des variétés accidentelles.

Il est certain que le *S. Ciliatus* (remifer *Geoffr.*) n'a pas encore été trouvé dans le midi et que dans le nord la plupart des individus de ces deux espèces ou races voisines sont très bien caractérisés. En Belgique le *Ciliatus* est beaucoup plus commun que le *Fodiens* dont il a toutes les habitudes sauf que je ne l'ai pas encore rencontré en Ardenne. Il existe en grand nombre sur les bords de l'Escaut.

GENRE CROCIDURE. *Crocidura.* Wagler.

45. CROCIDURA ARANEA *Schreb.* — CROCIDURE ARANIVORE.

Se trouve autour des habitations et le long des murs des jardins. Elle est assez commune en Belgique mais moins que le *Tetragonurus*. Nous sommes à peu près à l'extrême limite septentrionale du genre *Crocidura* car il n'existe point en Angleterre, en Hollande ni en Dannemarck.

46. CROCIDURA LEUCODON *Herm.* — CROCIDURE LEUCODE.

Cette espèce est très rare en Belgique. Elle n'a encore été observée que dans les prairies des bords de l'Escaut aux environs de Tournay et d'Espierres. Elle est assez commune dans la Lorraine aux environs de Metz d'après M. Holandre. M. Baillon l'a recueillie en Picardie. Elle existe aussi aux environs de Lille.

N. B. Elle a le pélage du *Sorex Fodiens* mais en diffère par ses dents blanches, sa queue ciliée, ses pieds non ciliés, etc.

Famille 3. Erinaccidées.

GENRE HÉRISSON, *Erinaceus L.*

47. ERINACEUS EUROPÆUS *L.* — HÉRISSON D'EUROPE.

En wallon *Leurson*.

Commun dans les vieilles haies et dans les bois. En hiver il s'endort dans des tas de fagots ou de feuilles mortes. C'est un animal très innocent mais qui a le malheur d'être considéré comme très malfaisant. On croit généralement qu'il s'attache au pis des vaches, les tette jusqu'au sang et rend leurs mammelles stériles. Malgré toutes mes recherches et en remontant aux sources des histoires qu'on me racontait à cet égard je n'ai jamais pu trouver une personne digne de foi qui m'ait dit avoir *vu* un hérisson tettant une vache. Il est à remarquer cependant que bien que le hérisson vive d'insectes et de pommes tombées des arbres j'ai pu m'assurer qu'il aime passionnément à boire du lait comme le chat et les chiens qui à l'état sauvage n'ont pas plus occasion que lui de satisfaire cet appétit. Je ne regarde donc pas comme tout à fait impossible qu'un hérisson et surtout un jeune hérisson ait pu chercher à tetter une vache mais ce serait en tout cas un fait entièrement exceptionnel et anomal et ce ne serait pas une raison pour traquer ce pauvre animal comme une bête féroce et enragée ainsi qu'on le fait chez nous. On suppose aussi qu'il existe des hérissons à groin de cochon et d'autres à gueule de chien. Je suis convaincu que cela est tout aussi peu fondé que ce qu'on a débité de semblable relativement au Blaireau. Tous ceux que j'ai vus avaient le museau conformé de même.

ORDRE IX.

RONGEURS. — *GLIRES* L.

Famille 1. Muridées.

Tribu 1. Sciurins.

GENRE ECUREUIL, *Sciurus*, L.

48. SCIURUS VULGARIS *L.* — Ecureuil commun.

En wallon *Spirou*.

Commun dans les bois de la rive droite de la Meuse ; rare dans ceux de sapin de la Campine. — Aussi dans la forêt de Soigne. Se nourrit de noisettes, de fênes de hêtre, glands, cônes de pins, etc.

Variété : Alpine. La plupart des individus des parties élevées de l'Ardenne et notamment des environs de St-Hubert sont noirâtres ou cendré–noirâtre en dessus, notamment la queue. C'est de cette variété commune dans les Alpes et les Pyrennées que Frédéric Cuvier a fait une espèce sous le nom de *Sciurus Alpinus*. On trouve quelquefois aussi de ces individus noirs dans les autres parties du pays mais ils y sont très rares. J'ai eu la preuve matérielle que ce n'est pas une espèce distincte ayant vu un nid qui contenait un individu noirâtre (semblable à ceux des Pyrennées) et deux individus d'un roux vif comme ils le sont presque toujours en plaine.

Une autre variété accidentelle a le dos grisâtre en hiver et ressemble ainsi au *petit gris* du nord. L'albinisme est excessivement rare chez l'Écureuil.

J'ai remarqué dans les Musées anglais que les individus de ce pays sont presque tous roux avec la queue plus ou moins noirâtre.

GENRE LOIR, *Myoxus* Schreb.
(*Mus. L.*)

* *Muscardinus.*

49. MYOXUS AVELLANARIUS *L*: — LOIR CROQUE-NOISETTE.

En wallon *Crohe-neux*. Le *Muscardin* (Buffon).

Assez commun dans les bois de la rive droite de la Meuse ; aussi dans la forêt de Soigne ; jamais dans les petits bois ni dans les jardins du centre de la Belgique. On le prend facilement au printemps au moment où il sort des arbres creux dans lesquels il s'engourdit l'hiver. Ce charmant petit animal est doux et peut s'élever en cage, mais il est difficile de le conserver pendant l'hiver. Sa nourriture consiste en noisettes et en glands. Il construit un nid en mousse dans le genre de celui de l'Écureuil.

** *Myoxus.*

50. MYOXUS QUERCINUS, *L*. — LOIR DES CHÊNES.

Myoxus nitela Schreb. — Selys (pag. 1 de cet ouvrage.)

En wallon *Sot doirmant*. — Le *Lérot* (Buffon).

Se trouve dans presque toute la Belgique ; très commun dans les vignobles et les espaliers des collines qui bordent la Meuse ; plus rare dans les bois et les villages des plaines. M. Cantraine m'écrit qu'il n'existe pas en Flandre.

Se nourrit de fruits ; s'engourdit pendant l'hiver. C'est le fléau des pommiers et des autres arbres fruitiers. On le prend avec des piéges à pincettes ; il mord avec fureur et dévore les mammifères plus petits avec lesquels on le renferme.

N. B. Le Loir proprement dit, *Myoxus Glis* L. se trouve, bien qu'en petit nombre dans les bois de Vaux et Moyeuvre (Moselle) selon M. Holandre. Plusieurs personnes m'ont aussi assuré l'avoir vu en Belgique ; je ne nie pas absolument que cette espèce méridionale puisse s'y rencontrer mais j'en douterai jusqu'à ce que j'en

aie *vu* des individus pris dans notre pays. Tous ceux qu'on m'a
envoyés sous ce nom étaient des Lérots.

Tribu 2. Murins.

GENRE RAT, *Mus* L.

* *Omnivores.*

51. MUS DECUMANUS *Pall.* — RAT SURMULOT.

En wallon *Rat-d'aiwe.*

Trop commun partout ; vit dans les caves, les canaux souterrains ; sur le bord des rivières et des étangs. Très rarement il
monte aux étages supérieurs des maisons. C'est l'un des animaux
les plus nuisibles que l'on puisse imaginer. Il dévore la volaille,
les jeunes canards, les œufs, les fruits, les provisions ; mine les
fondements des bâtiments en traversant les murailles de ses
nombreuses garennes. Originaire de l'Inde il a été introduit en
Europe vers 1730. On ignore à quelle époque il s'est impatronisé
en Belgique où il sera sans doute parvenu par Anvers ou bien
en remontant la Meuse.

52. MUS RATTUS *L.* — RAT NOIR.

En wallon *Rat.*

Beaucoup moins commun que le précédent qui semble l'avoir
en grande partie chassé du pays. Il s'est retiré dans les greniers
élevés, les granges des fermes et les étages supérieurs des bâtiments des villes.

Var. Blanche. C'est un véritable albinisme qui atteint souvent le rat. Je l'ai observé dans les fermes de la Hesbaye où elle
se reproduit quelquefois pendant plusieurs années de suite et en
assez grand nombre.

N. B. On voit quelquefois en Belgique des troupes nombreuses
de Rats voyageant pendant la nuit. Je ne sais s'il faut les rapporter au Rat noir ou au Surmulot.

53. MUS MUSCULUS *L.* — Rat Souris.

En wallon *Sori*.

Très commune partout dans les maisons ; aussi dans les bois et dans les meules de blé.

Var. α. *Albine*, on l'élève comme objet de curiosité.

Var. β. *Tapirée* de blanc et de noir.

Var. γ. *Toute noire*, ces trois premières variétés sont très rares et accidentelles à l'état sauvage.

Var. δ. *Roussâtre,* cette variété dont l'intensité varie ressemble presqu'au mulot par la coloration du dos mais on la reconnaît de suite en ce qu'elle n'a pas le ventre blanc et que les pieds postérieurs sont beaucoup plus courts.

54. MUS SYLVATICUS *L.* — Rat Mulot.

Très commun dans les bois ; aussi mais moins habituellement dans les champs et les meules de blé. En hiver il s'introduit dans les granges, dans les caves, et attaque les provisions. Il a l'habitude de faire des magasins ce qui le rend beaucoup plus nuisible que la souris.

Var. α. *Albine*
Var. β. *Jaunâtre clair* } très rares.
Var. γ. *Cendré jaunâtre* en dessus.

Il varie aussi pour la taille et pour la longueur de la queue. Je crois inutile de répéter ici les raisons qui m'ont déterminé à regarder le *Mus campestris* de plusieurs auteurs comme une variété à peine définissable du Mulot et fondée uniquement sur des individus un peu plus petits.

** *Granivores.* (*Micromys* Denhe).

55. MUS MINUTUS *Pallas.* — Rat nain.

Assez commun dans les jardins et les champs ; construit un nid suspendu dans les seigles ; se retire en hiver dans les meules de blé. C'est là qu'on se procure le plus facilement ce joli petit animal qui est doux, sociable, et que l'on peut nourrir en captivité comme les souris blanches qu'il surpasse beaucoup en gentillesse. Il ne se multiplie pas de manière à devenir nuisible.

J'en ai recueilli une variété jaune clair avec le milieu du dos un peu roussâtre ; c'est un albinisme accidentel. J'ai reçu de M. Carlo Porro de Milan un individu tout blanc.

Tribu 5. Cricetins.

GENRE HAMSTER, *Cricetus* Pallas.
(*Mus* L.)

56. CRICETUS FRUMENTARIUS *Erxleb.* — Hamster des blés.

Se trouve en petit nombre dans la province de Liége entre Herve et Limbourg ; habite les environs d'Aix-la-Chapelle. On m'a assuré qu'il existe aussi aux environs de Venlo sur la rive droite de la Meuse. Il se nourrit de froment ; c'est un animal très-nuisible.

Famille 2. Castoridées.

GENRE CAMPAGNOL, *Arvicola* Lacép. —
(*Mus* L. — *Myodes* Pall. — *Hypudæus* Illig. — *Lemmus* Fr. Cuv.)

* *Hemiotomys* Selys.

57. ARVICOLA AMPHIBIUS *L.* — Campagnol amphibie.

En wallon *Ratte*, *Grosse ratte*.

Habite le bord des étangs, les jardins, et les prairies humides. Cause de grands dommages en rongeant les racines des plantes potagères et des arbres fruitiers. On le prend avec de petits piéges à pincettes. C'est le *Rat d'eau* de Buffon ; il ne faut pas le confondre avec le Surmulot nommé à tort Rat d'eau en Belgique.

5

Var. α *Noire* (*Arvicola ater* Macgillivray). Depuis la publication des *Études de Micromammalogie* j'ai observé plusieurs fois cette variété tantôt noire, tantôt noirâtre sur le Geer et dans quelques autres localités. Elle n'est pas constante.

Var. β. *Blanche*; elle a été recueillie aux environs de Huy par Mr. le prof. Wesmaël ; aussi dans le département du Nord. Très rare.

** *Microtus* Selys , Schranck.

58. ARVICOLA SUBTERRANEUS *Selys*. — CAMPAGNOL SOUTERRAIN.

En wallon *petile ratte, petit leu de terre.*

Commun dans les jardins potagers humides de presque toute la Belgique et du nord de la France ; quelquefois aussi dans les prairies. Mlle Libert m'en a envoyé des environs de Malmedy et Mr. Warlomont de St-Hubert. J'ignore s'il se trouve dans l'Ardenne allemande. En tout cas il n'existe pas en Lorraine. Commun en Picardie.

Vit de racines de céleris, carottes, artichauds. (Voyez sur ses mœurs et sur celles de ses congénères les Études de Micromammalogie ; supprimez seulement le synonyme douteux de *Mus agrestis* Linné , qui appartient à une autre espèce). C'est par erreur que j'ai attribué 6 mammelles à cette espèce. Elle n'en a que quatre comme l'*arvicola savii* qui est de la même section.

*** *Arvicola* Selys. Lacep·

59. ARVICOLA ARVALIS *Pallas*. — CAMPAGNOL DES CHAMPS.

En wallon *Sori d'champs.*

Cette espèce qui se nourrit de céréales principalement vit dans les champs. Elle est si commune dans certaines années qu'elle détruit presqu'entièrement les récoltes.

Var. α. *Albine.*
β. *Tapirée* de blanc.

N. B. Dans deux monographies précédentes j'ai décrit un Campagnol sous le nom d'*Arvicola Fulvus* (Geoffr.) D'après un individu du musée de Strasboug et un autre recueilli par moi à Longchamps-sur-Geer avec beaucoup d'*Arvalis* dont il différait 1° en ce que ses oreilles externes étaient presque nulles ; 2° son pelage d'un fauve jaunâtre un peu plus clair.

N'ayant pu retrouver d'individu semblable j'ai conçu quelques doutes sur l'existence de cette espèce et maintenant après un examen scrupuleux tant de l'individu de ma collection que d'un exemplaire à peu près semblable qui fait partie du musée de Strasbourg *que j'ai été revoir en 1840 dans le but d'éclaircir cette question* je suis convaincu que je me suis trompé en indiquant ces *Fulvus* comme espèce distincte et que ce ne sont que des individus de l'*Arvalis* dont l'oreille externe a été détruite et cicatrisée accidentellement.

Quant à l'*Arvicola Fulvus* de M. Geoffroy, décrit par M. Desmarest ce pourrait être le même que le *Rubidus* mais la description ne serait en aucun cas reconnaissable puisqu'il est dit *oreilles à peine visibles* tandis que le *Rubidus* les a plus grandes que les autres campagnols.

J'invite donc à supprimer de mes ouvrages cette espèce nominale d'*Arvicola Fulvus* que je regrette d'avoir conservée précédemment.

60. ARVICOLA AGRESTIS *L.* — Campagnol Agreste.

DIAGNOSE. Taille notablement *plus forte que celle de l'Arvalis* un peu moindre que celle du *Terrestris*. Oreilles plus longues que le poil, velues, noirâtres. Yeux gros, proéminents. Queue un peu plus longue que le tiers du corps, bicolore, noirâtre en dessus. Pelage d'un brun terreux ou ferrugineux obscur en dessus cendré en dessous. Pieds cendrés. (15 paires de côtes).

DIMENSIONS :

	p.	l.
Longueur totale.	5	8
Corps.	4	2
Queue (sans le pinceau long de 2 l.)	1	6
Pied postérieur.		8
Tête.	1	1
Oreille, longueur.		5
— largeur.	»	4
Du museau au coin postérieur de l'œil.	»	6
Diamètre du globe de l'œil.	»	1

SYNONYMIE : MUS AGRESTIS L. *Faun. Succ. édit.* 2.

   ARVICOLA AGRESTIS. Selys. *Bulletin de l'académie de Bruxelles,* septembre 1841.

   ARVICOLA BAILLONII, (*partim*) Selys. *Congrès de Turin* 1840.

   LEMMUS ARVALIS var β. Buffonii? Fischer. *Syn. Mamm.*

   ARVICOLA NEGLECTA? Thompson. Jenyns. 1840.

   MUS TERRESTRIS? Erxleb.

Oreilles assez grandes, noirâtres, garnies de poils grossiers assez longs bruns entourées à leur base de poils longs qui les font paraître un peu cachées, surtout quand l'animal est en vie.

Yeux proéminents assez gros (comparés à ceux du *Subterraneus* ou de l'*Amphibius*). Queue un peu plus longue que le tiers du corps, couverte de poils lustrés courts, noirâtres en dessus cendré-clair en dessous, formant un pinceau de 2 lignes à son extrémité. Ces poils cachent les anneaux écailleux au nombre de 65 environ (il n'y en a que 55 chez l'*Arvalis*). Pieds revêtus de petits poils lisses cendrés clairs, non hérissés. Pelage des parties supérieures et des côtés d'un brun terreux plus ou moins mêlé de ferrugineux obscur. Dessous du corps cendré uniforme. 8 mammelles dont 4 pectorales.

Les très jeunes individus ont déjà la coloration des adultes mais leurs oreilles sont très-courtes et leurs pieds épais.

Quelquefois l'extrémité des poils du ventre est légèrement glacée de jaune foncé comme chez l'*Amphibius*.

Ce qui suit est la reproduction, à quelques additions près, d'une note que j'ai lue en septembre 1841 à l'Académie des sciences et belles-lettres de Bruxelles et qui est insérée dans le Bulletin du même mois :

 « Les auteurs qui ont parlé du Campagnol des champs (*Mus*
» *arvalis* Pallas, Schrebers) y ont rapporté soit positivement soit
» avec doute le *Mus agrestis* de la 2ᵉ édition de la Fauna succica.
» Ayant reconnu que l'indication de la couleur : *corpore nigro-*
» *fusco, abdomine cinerascente* ne pouvait convenir à l'*Arvalis*
» j'en ai éloigné ce synonyme en le rapportant avec doute à l'A.
» *subterraneus* jusqu'à ce qu'on ait pu examiner des exemplaires
» de Suède. Je viens d'en recevoir un en peau par l'intermédiaire

» de M. le professeur Carl Sundevall directeur du muséum d'his-
» toire naturelle de Stockholm. Grâce à la pièce de conviction que
» je dois à l'obligeance de ce naturaliste je puis affirmer mainte-
» nant que ce *Mus agrestis* forme une espèce très distincte de tous
» les autres campagnols d'Europe que j'ai décrits dans les *Études*
» *de Micromammalogie.*

» Il semble intermédiaire entre l'*Arvalis* et le *Rubidus*. Il dif-
» fère de l'*Arvalis* 1° par sa taille beaucoup plus forte, 2° par sa
» queue proportionnellement plus longue, bicolore comme celle
» du *Rubidus*, mais moins longue que chez ce dernier. 3° par ses
» oreilles noirâtres revêtues de poils grossiers brun-roussâtre
» assez longs et épais, et par la longueur du pelage à la base des
» oreilles, 4° par ses pieds cendrés, à poils lisses non hérissés et
» à doigts plus longs et déliés. 5° Par la couleur du pelage qui est
» d'un brun foncé terreux en dessus à peu près comme celui de
» l'*Amphibius* et cendré en dessous.

» Le *Rubidus* diffère de l'*Agrestis* par sa queue plus longue,
» son pelage mêlé de roux vif en dessus, blanchâtre en dessous,
» ses pieds blancs, etc.

» Je crois donc nécessaire de rétablir cette espèce sous le nom
» d'*Arvicola Agrestis.*

» J'ai recueilli en août 1841, à Longchamps-sur-Geer dans
» les prairies humides, un couple adulte, le nid construit en
» mousse dans les herbes et cinq petits âgés d'environ 15 jours,
» de ce Campagnol qui avait échappé jusqu'ici, chose étonnante
» à mes recherches faites dans cette localité depuis dix années, et
» je comptais le décrire comme nouveau, lorsque l'envoi de
» M. Sundevall est venu me prouver qu'il est de la même espèce
» que l'*Agrestis* de Suède.

» C'est aussi à cette espèce que se rapporte un individu d'âge
» moyen que j'ai indiqué dans les actes du Congrès de Turin en
» 1840 sous le nom d'*Arvicola Baillonii* (*).

(*) J'avais aussi rapporté à l'*A. Baillonii* un campagnol des environs de Zurich

» Enfin il est possible qu'il faudra encore réunir à l'*Agrestis :*

» 1° L'*Arvicola Neglecta* Thompson , découvert en Ecosse par
» cet auteur en 1840 et dont le révérend Léonard Jenyns a donné
» une excellente description en juin 1841 dans les *annals and*
» *magazin of natural history.* N'ayant pas encore vu d'exem-
» plaire de cet *Arvicola neglecta,* je ne puis me prononcer défini-
» tivement , surtout que, d'après la description il existerait
» quelque disparité dans la coloration , dans les dimensions du
» crane, etc.

» 2° Un *Arvicola* que je n'ai pas encore décrit et que je dési-
» gne sous le nom d'*Arvicola Arenicola.* Je l'ai vu cette année
» (1841) au musée de Leyde. Cette espèce qui a été recueillie
» dans les digues de la Hollande par les soins de M. Temminck
» directeur du Musée Royal , diffère de l'*Agrestis* par ses pieds
» plus longs, plus robustes, sa queue plus longue à poils gros-
» siers (la queue a plus de 2 pouces , les pieds postérieurs près de
» 10 lignes). Ici il faut attendre de nouveaux renseignements
» pour pouvoir prononcer avec certitude.

» Je me réserve d'examiner plus tard ces différents Campa-
» gnols et de donner une bonne description de leur squelette en
» général et de leur crane en particulier. Le squelette de l'*Agres-*
» *tis* proprement dit est d'ailleurs très-différent de celui de
» l'*Arvalis* surtout par les proportions. Le nombre des vertèbres
» est de 47 ou 48 selon les individus, une ou deux de plus que
» chez l'*Arvalis.* (Le *Subterraneus* en a 48). Les vertèbres cau-
» dales intérieures ont à peu près la même forme que chez le
» *Rubidus.*

---

qui ressemble à l'*Agrestis* par son pélage, mais la forme de ses pieds et des ver-
tères caudales sont à peu près celles de l'*Arvalis.* Conséquemment le *Baillonii*
de Picardie étant un jeune *Agrestis,* je propose de réserver ce nom de *Baillonii*
à l'espèce de Suisse, très voisine de l'*Arvalis* par ses formes et qui est encore à
étudier , n'étant connue que par une peau que je dois à M. le professeur Schinz

» Qu'il suffise aujourd'hui d'avoir signalé les principaux carac-
» tères et les faits qui ont servi à la reconnaissance d'une espèce
» nouvelle pour la Faune européenne espèce qui tout à l'heure
» était inconnue ou confondue avec l'*Arvalis* et que nous savons
» maintenant se trouver en Belgique aussi bien qu'en Suède, en
» Picardie, et assez probablement en Écosse et en Hollande. »

La taille et la couleur pourraient faire confondre l'*Agrestis*
avec le *Schermaus* et les jeunes de l'*Amphibie*, mais on l'en distin-
guera facilement en examinant la forme des oreilles et des pieds
qui en font un vrai campagnol terrestre.

**** *Myodes* Selys, Pallas.

61. ARVICOLA RUBIDUS *Baillon*. — CAMPAGNOL ROUSSATRE.

Répandu presque partout en Belgique, mais de préférence dans
les bois humides près des ruisseaux—aussi dans ceux de l'Ardenne. Ne se multiplie jamais en grand nombre. Vit de racines
et de petites baies. L'ayant élevé en captivité je me suis assuré
qu'il refuse constamment les graines de céréales.

Famille 3. Léporidées.

GENRE LIÈVRE, *Lepus* L.

62. LEPUS TIMIDUS L. — LIÈVRE CRAINTIF.

En wallon *Live*.
Habite les champs, les prairies et les bois de toute la Belgique.
Ceux des Polders sont les plus grands et les moins estimés ; ceux
de l'Ardenne les meilleurs. On en voit accidentellement des variétés blanchâtres.

63. LEPUS CUNICULUS *L.* — Lièvre Lapin.

En wallon *Conin* et *Robette*.

Le Lapin qu'on dit originaire du midi de l'Europe se multiplie à l'état sauvage dans presque toute la Belgique. Il habite des garennes qu'il se creuse soit dans les bois, soit dans les fossés élevés, soit dans les grandes buttes nommées tombes romaines qui en Hesbaye servent aussi d'habitation au Blaireau et au Renard. A l'état sauvage la variété blanche et la noire sont très-rares.

N. B. Il existe au Musée de Tournay un animal singulier qui pourrait être un hybride du Lièvre et du Lapin, à ce que soupçonne M. Dumortier.

APPENDIX AUX MAMMIFÈRES.

ESPÈCES DOMESTIQUES.

A. GENRE CHIEN, *Canis* L.

1. CANIS FAMILIARIS *L.* — Chien domestique.

En wallon *Cheingn*.

On élève le chien de Berger pour les troupeaux, le Dogue pour la garde, le Lévrier pour le courre du lièvre en plaine, le chien courant pour le courre dans les bois et l'Epagneul pour la chasse à l'arrêt. On chasse le Renard dans ses terriers avec le Basset à jambes torses; depuis quelques années le chien d'arrêt *Pointer* anglais est introduit en Belgique. Les autres variétés de chiens ne sont guère élevées chez nous que par des amateurs et isolément.

Le chien semble un animal hybride produit principalement par le Chacal (*Canis aureus*) de l'Orient et mélangé avec les *Canis Lupus*, *Corsac* et même *Vulpes*.

La rage se développe assez fréquemment chez les chiens en Belgique : cette maladie leur arrive au moins aussi souvent pendant les gelées que dans les grandes chaleurs. — On connaît dans une grande partie de l'Europe la réputation qu'a acquise la ville de St-Hubert où les personnes menacées d'hydrophobie se rendent en pélerinage — c'est même à ce fait que se rattache la fondation et l'accroissement de la capitale des Ardennes.

B. GENRE CHAT, *Felis* L.

2. FELIS DOMESTICA *Brisson.* — Chat domestique.

En wallon *Chet*.

Le chat domestique semble provenir du *Felis Maniculata* (Rüppel) d'Egypte, plus ou moins mélangé avec le *F. Catus* L.

Sa variété la plus remarquable est le chat tricolore blanc tacheté de fauve et de noir dont on ne voit jamais que des femelles. — En Belgique le chat d'Angora est presqu'inconnu.

C. GENRE BELETTE, *Mustela* L.

MUSTELA FURO *L.* — Belette Furet.

Originaire d'Afrique. Quelques personnes en élèvent pour la chasse aux lapins.

D. GENRE COCHON, *Sus* L.

4. SUS SCROFFA *L.* — Cochon ordinaire.

En wallon *Pourçai*, *Cosset*, *Vera*.

Les cochons domestiques qu'on nourrit en Belgique appartiennent à la variété blanche ordinaire. On en voit rarement de noirs. On exporte beaucoup de cochons sur l'Allemagne et la Hollande. (Voyez l'article de cet animal à l'état sauvage.)

E. GENRE CHEVAL, *Equus* L.

5. EQUUS CABALLUS *L.* — Cheval ordinaire.

En wallon *Chwa* = la jument *Cavalle*.

Originaire des steppes d'Asie.

Il y a en Belgique trois races principales de chevaux. 1° *Ceux de l'Ardenne :* ils sont petits, légers, ont le cou court, les allures vives ; ils sont infatigables, courageux, et propres à l'usage d'un pays de montagnes. Ordinairement ils sont alezans, quelquefois noirs.

2° *Ceux du Plat pays :* de la Hesbaye, du Brabant, etc. Ils sont énormes, leur cou est également très-court. Leurs jambes sont épaisses et leurs pieds d'une grande largeur. Ces chevaux sont forts mais froids et leurs allures lentes et lourdes. On les emploie particulièrement pour le roulage, le labourage, et les Français les achètent pour remorquer les bateaux sur les grandes rivières, pour la Saône notamment. Ils sont le plus souvent alezans foncés ou bais clair avec les crins plus pâles ; quelquefois gris rouant. Une race mieux conformée et plus svelte est gris-pommelé.

3°. Les *Chevaux de Gueldre* à cou et jambe plus longs, à pélage ordinairement noir. Cette variété n'est guère multipliée que dans la province de Limbourg près des frontières de Hollande. Leur allure est plus légère ; ils conviennent pour l'attelage des voitures.

6. EQUUS ASINUS *L.* — CHEVAL ANE.

En wallon *Baudet*.

Originaire de Perse.

On employe particulièrement l'âne dans les parties montagneuses de la rive droite de la Meuse et en Flandre. Il est de petite taille. On le connaît à peine dans les plaines du centre de la Belgique. Nulle part on n'élève de mulets.

E. GENRE BOEUF, *Bos* L.

7. BOS TAURUS *L.* — BOEUF TAUREAU.

En wallon, *Taurai*, *Vache*, *Amaie*.

Probablement originaire des anciennes forêts de l'Europe centrale et des Alpes ; peut-être aussi de l'Ardenne car rien n'indique que l'*Urus* des Romains fut plutôt l'Auroch (*Bos Urus L.*) que notre bœuf (*Bos Taurus*). — Le Bétail est beau et bon en Belgique, sa couleur est presque toujours pie (noir et blanc) quelquefois fauve et blanc, rarement noir ou fauve uniforme. Il ne sert au labourage et à l'attelage que dans l'Ardenne et encore y fait-on travailler indistinctement les taureaux et les vaches car on n'élève que fort peu de bœufs. La Météorisation et la Pneumonie sont des maladies qui règnent épidémiquement sur la race bovine depuis plusieurs années et font de grands ravages dans le pays.

G. GENRE MOUTON, *Ovis* Gm.

8. OVIS ARIES *L.* —Mouton Belier.

En wallon *Berbis*.
Originaire de l'Orient.

Les moutons d'Ardenne sont petits ; ceux de la Hesbaye sont énormes ainsi que ceux des Flandres. Ces derniers vivant dans des prairies humides sont sujets à diverses maladies notamment la Galle et le Charbon. On les exporte en grand nombre sur Paris. —Dans les bruyères de l'Ardenne on nourrit d'immenses troupeaux qui servent en partie par leur toison à alimenter les fabriques de draps de Verviers. Depuis plusieurs années quelques agronomes ont introduit les moutons mérinos.

H. GENRE CHÈVRE, *Capra* L.

9. CAPRA HIRCUS *L.*—Chèvre Bouc.

En wallon *Gate*.
Originaire de l'Orient.

On ne l'élève en troupeaux que dans les parties montagneuses de la rive droite de la Meuse. Dans les plaines elle n'existe qu'en petit nombre et isolément.

I. GENRE CABIAI, *Cavia* L.

10. CAVIA COBAYA *L.*—Cabiaï Cobaye.

Vulgairement *Cochon d'Inde*.
Originaire du Brésil. Plusieurs personnes l'élèvent dans les maisons On peut le manger.

J. GENRE LIÈVRE, *Lepus* L.

11. LEPUS CUNICULUS *L.*—Lièvre Lapin.

(Voyez l'article de cet animal à l'état sauvage.)
On l'élève en domesticité mais moins fréquemment qu'en France. On nourrit aussi quelques lapins d'Angora.

CLASSE II. OISEAUX.

Pour donner une idée générale des Oiseaux qui ont été observés jusqu'ici en Belgique nous les distribuons ainsi qu'il suit d'après leurs habitudes :

A Oiseaux terrestres.

(Ordres des Rapaces, Chelidons, Passereaux, Alcyons, Grimpeurs, Colombes, Gallinacées).

1° Espèces terrestres sédentaires ou semi-sédentaires (celles marquées d'un astérisque ne nichent que dans quelques parties restreintes du Pays et sont de passage dans les autres ou ne s'y trouvent même pas).

Falco Tinnunculus.
Astur Nisus.
* Buteo variegatus.
* Circus rufus.
Strix Noctua.
  — Bubo.
  — Otus.
  — flammea.
* Lanius excubitor.
Pica caudata.
Garrulus glandarius.
Corvus Monedula.
  — Corone
  — Corax
  — Frugilegus,
Sturnus vulgaris.
Fringilla carduelis.
* — Cannabina.
  — Coelebs.
  — Chloris.
* Coccothraustes vulgaris.
* Pyrrhula vulgaris
Pyrgita montana.
  — domestica

Emberiza citrinella.
Alauda arvensis.
* Motacilla Boarula.
* Cinclus aquaticus.
* Turdus Merula.
Accentor modularis.
Ruticilla Rubecula.
Mecistura caudata.
Parus major.
  — palustris.
* — cristatus.
  — coeruleus.
* Sitta europaea.
Certhia familiaris.
Troglodytes europaeus.
Alcedo Ispida.
Picus viridis.
* — major
Columba Palumbus.
* — Livia.
Perdix cinerea.
* Tetrao Urogallus.
* — Tetrix.
* — Bonasia.

2. Espèces terrestres séjournant l'été et se propageant chez nous, émigrant en hiver (celles marquées d'un astérisque ne nichent que dans quelques parties restreintes du pays et sont de passage dans les autres.)

* Aquila Haliætos.
* Buteo apivorus.
* Circus cinerasceus.
* Strix Aluco.
* Caprimulgus europæus.
Cypselus Apus.
Hirundo urbica.
* — riparia.
— rustica.
Muscicapa griseola.
Lanius collurio.
— rufus.
Oriolus Galbula.
* Emberiza schœniclus.
— Hortulana.
— miliaria.
* Alauda cristata.
Anthus arboreus.
— campestris.
Motacilla flava.
— alba.
* Saxicola OEnanthe.
— Rubetra.
* — rubicola.
* Turdus musicus.
* Ruticilla Cyanecula.
* — Tithys.
* — Phœnicurus.
— Luscinia.
Sylvia atricapilla.
— hortensis.
— cinerea.
— Curruca.
* Phyllopneuste sylvicola.
— rufa.
— Trochilus.
Hippolaïs polyglotta.
Calamoherpe palustris.
* — arundinacea.
* — Turdoïdes.
* — Phragmitis.
* Upupa Epops.
* Yunx Torquilla.
Cuculus canorus.
Columba Turtur.
Coturnix dactylisonans.

3°. Espèces terrestres de double passage c'est-à-dire au printemps et en automne et qui ne nichent pas ordinairement dans notre pays.

Falco Subbuteo.
— OEsalon.
Astur palumbarius.
Milvus regalis.
Circus cyaneus.
Strix brachyotos.
Muscicapa Ficedula.
Fringilla linaria.
Alauda arborea.
Anthus pratensis.
Turdus torquatus.
— Iliacus.
Regulus ignicapillus.
Columba OEnas.

4°. Espèces terrestres séjournant l'hiver en Belgique et disparaissant pendant la belle saison.

Falco peregrinus.
Buteo lagopus.
— albidus.
Corvus Cornix.
Fringilla Spinus.
— montifringilla.
Anthus Spinoletta.
Turdus pilaris.
— viscivorus.
Regulus cristatus.
Parus ater.

5°. Espèces terrestres de passage accidentel ou irrégulier en Belgique et dans les parties limitrophes des Etats voisins.

(Les astérisque indiquent les espèces que je n'ai pas observées encore dans les limites politiques *actuelles* de la Belgique) mais qu'on y trouvera probablement.

* Vultur fulvus.
* Falco Gyrfalco.
Aquila chrysætos.
* — Leucocephala.
* — nævia.
— Albicilla.
— gallica.
* Milvus ater.
* Elanus melanopterus.
* Circus pallidus.
Strix funerea.
* — Nyctea.
* — Tengmalmi.
— Scops.
* Cypselus Melba.
Bombycilla garrula.
Muscicapa albicollis.
Nucifraga caryocatactes.
Acridotheres roseus.
* Orites nivalis.
Fringilla canescens.
— borealis.
— montium.
— Petronia.
Loxia curvirostra.
* — Pythiopsittacus.
— bifasciata.
* Pyrrhula enucleator.
— coccinea.
— erythrina.
— Serinus.
* Emberiza Cia.
— Cirlus.

* — chrysophris.
Plectrophanes Lapponica.
— nivalis.
* Alauda alpestris.
* — Calandrella.
Anthus obscurus.
* — rupestris.
* — Richardi.
* — tristis.
* Motacilla flaveola.
— melanocephala.
— cinereocapilla.
— Yarrelli.
Accentor alpinus.
* Turdus aureus.
Petrocincla saxatilis.
Sylvia orphea.
* — melanocephala.
* — Provincialis.
* Phyllopneuste Bonnelli.
* Calamoherpe Locustella.
— aquatica.
Calamophilus biarmicus.
* Ægythalus pendulinus.
* Tichodroma muraria.
* Merops apiaster.
Coracias garrula.
* Picus canus.
* — martius.
— medius.
— minor.
Perdix rubra.

B. Oiseaux aquatiques.

(Ordres des Alectorides, des Echassiers et des Palmipèdes).

6°. Oiseaux d'eau se trouvant régulièrement en Belgique soit en été, soit en hiver soit en double passage (*)

(*) Pour ne pas être dans le cas de répartir inexactement nos oiseaux d'eau je n'ai pas osé les subdiviser selon l'époque de leur apparition, n'ayant pas des données assez complettes sur plusieurs espèces.

Crex pratensis.
— Porzana.
— pusillus.
Rallus aquaticus.
Gallinula chloropus.
Fulica atra.
OEdicnemus crepitans.
Charadrius hiaticula.
— minor.
— Cantianus.
— Morinellus.
— Pluvialis.
Vanellus cristatus.
Strepsilas interpres.
Hæmatopus ostralegus.
Calidris arenaria.
Tringa subarquata.
— Cinclus.
— Temminckii.
— schinzi.
— Canutus.
Machetes pugnax.
Totanus hypoleucos.
— Ochropus.
— fuscus.
— Calidris.
— Glottis.
Limosa Lapponica.
— Ægocephala.
Gallinago major.
— Gallinula.
— Scolopacina.
Scolopax rusticola.
Numenius Arquata.
— Phæopus.
Ciconia alba.
Ardea cinerea.
— purpurea.
— minuta.
— Stellaris.
Nycticorax Gardeni.
Grus cinerea.
Platalea leucorhodia.

Cygnus musicus.
Auser segetum.
— cinereus.
— albifrons.
— leucopsis.
— bernicla.
Anas Tadorua.
— strepera.
— acuta.
— Penelope.
— Querquedula.
— Crecca.
Rhynchaspis clypeata.
Fuligula nigra.
— fusca.
— Nyroca.
— Ferina.
— Marila.
— cristata.
— Clangula.
Mergus merganser.
— Albellus.
— Serrator.
Phalacrocorax Carbo.
Sterna Cantiaca.
— Hirundo.
— minuta.
— nigra.
Larus ridibundus.
— tridactylus.
— canus.
— glaucus.
— marinus.
— fuscus.
— argentatus.
Fratercula arctica.
Alca Torda.
Uria Troïle.
Colymbus septentrionalis.
Podiceps cristatus.
— auritus.
— cornutus.
Podiceps minor.

7°. Oiseaux d'eau de passage accidentel ou irrégulier en Belgique ou dans les parties limitrophes des Etats voisins (Les astérisques indiquent les espèces que je n'ai pas observées encore dans les limites politiques actuelles de la Belgique mais qu'on y trouvera probablement.)

Crex Baillonii.
Otis tarda.

— Tetrax.
* Cursorius Europaeus.

* Glareola pratincola.
Squatarola helvetica.
Himantopus melanopterus.
Recurvirostra Avocetta.
Phalaropus fulicarius.
Lobipes hyperboreus.
* Tringa pygmea.
— minuta.
* — rufescens.
Totanus glareola.
* — stagnatilis.
* Limosa Meyeri.
* — cinerea.
* Gallinago peregrina.
Jbis falcinellus.
Ardea alba.
* — Garzetta.
— ralloides.
Ciconia nigra.
* Phœnicopterus antiquorum.
Cygnus Olor.
— Bewickii.
* Auser brachyrhynchos.
* — ruficollis.
— Ægyptiacus.
Anas purpureoviridis.
Fuligula mollissima.
* — Spectabilis.
* — Perspicillata.
* — Glocitans.
* — Rufina.
— Barrovii.

— glacialis.
* — Histrionica.
* Pelecanus Onocrotalus.
* Phalacrocorax Graculus
Sula Bassana.
Sterna Caspia.
— Anglica.
— Dougalli.
— arctica.
* — Leucoparcïa.
* — Leucoptera.
Larus minutus.
* — Sabini.
* — capistratus.
* — eburneus.
— leucopterus.
Stercorarius cataractes.
— Pomarinus.
— Richardsoni.
* — parasiticus.
Thalassidroma pelagica.
— Leachii.
* Puffinus arcticus.
— Anglorum.
* Procellaria glacialis.
* Uria lacrymans.
* — Grylle.
Mergulus Alle.
Colymbus glacialis.
— arcticus.
Podiceps rubricollis.
* — arcticus.

Dans le travail qui suit les Oiseaux sont classés d'après une méthode dont j'ai publié l'ébauche en 1831 et dont on trouvera à la fin de ce volume le résumé avec les modifications qu'une étude plus approfondie de l'Ornithologie m'a engagé à lui faire subir.

CLASSE 2.
OISEAUX.
AVES. L.

DIVISION. I. — Percheurs (Insessores).

ORDRE I.

RAPACES, *ACCIPITRES L.*

N. B. On n'a pas encore observé en Belgique d'oiseaux de la famille des Vulturidées ; un jeune individu du Vautour fauve *Vultur fulvus* L. tué près d'Abbeville est indiqué par M. Baillon.

Famille I. Falconidées.

GENRE FAUCON , *Falco L.* — Tem.

* *Falco.*

1. FALCO PEREGRINUS *L.* — Faucon Pélerin.

Vulgairement *le Collier blanc.*

Niche quoiqu'en petit nombre dans les bois de sapins de la Campine ; aussi dans les Ardennes. Se répand dans les plaines pendant l'hiver au moment des gelées. A cette époque il détruit un grand nombre de perdreaux. — C'est le seul oiseau qui attaque les Corneilles et les Freux. La chasse au moyen de Faucons dressés était très en usage autrefois en Belgique ; cette coutume a disparu. Il existe cependant encore des fauconniers qui dressent ces oiseaux dans un village nommé Falkensweert et situé dans la Campine, mais ils les vendent ordinairement en Hollande ou en Allemagne.

2. FALCO SUBBUTEO. *L.* — Faucon Hobereau.

De passage en août et septembre. Il s'arrête à cette époque dans les petits bois — repasse au printemps. Rare.

3. FALCO ÆSALON. *L.* — Faucon Emérillon.

De passage au printemps et en automne. On le voit surtout en Ardenne et en Campine. Il semble y séjourner l'hiver. Rare.

* * *Cerchneis* Boié.

4. FALCO TINNUNCULUS. *L.* — Faucon Cresserelle.

En wallon *Mohet*, *Roussel mohet*.

Très-commun partout. Habite indistinctement les bois, les plaines, les rochers ou les vieilles tours. C'est l'un des plus grands ennemis des pigeons. Il est sédentaire.

N. B. Le Faucon Gerfaut, *Falco Gyrfalco*. L (*F. Islandicus* T.) dont quelques jeunes individus ont été observés en Picardie par M. Baillon n'a pas que je sache été tué en Belgique. Cuvier en fait le sous-genre *Hierofalco*.

GENRE AUTOUR, *Astur* Lacep.

(*Falco* L. Tem.)

* *Sparvius* Vieillot.

5. ASTUR NISUS. *L.* — Autour Epervier.

En wallon *Mohet*.

Commun dans toute la Belgique; sédentaire. Niche sur les grands arbres, souvent dans les sapins. Vit de petits oiseaux, rongeurs, pigeons, etc. J'ai examiné dans le Nord de la France les individus dont on avait fait une espèce distincte sous le nom de *Nisus major* (Meisner). Je persiste à croire que ce n'est pas une espèce distincte. Celui dont M. Degland a figuré le bec est un individu monstrueux ayant la mandibule inférieure con--

tournée , mais semblable quant au reste à la femelle de l'Eper-
vier ordinaire.

** *Astur*. Lacep.

6. ASTUR PALUMBARIUS. *L.* — AUTOUR DES RAMIERS.

Rare. Je crois qu'un petit nombre d'individus nichent dans
les bois de l'Ardenne. De passage accidentel en automne dans
les autres parties du pays ; émigre en hiver.

GENRE AIGLE , *Aquila* Lacep.

(*Falco* L. Tem.)

* *Aquila.*

7. AQUILA CHRYSÆTOS. *L.* — AIGLE DORÉ.

Falco Fulvus Tem.

On ne cite que bien peu d'exemples de l'apparition de cet
oiseau en Belgique , et toujours dans les hivers rigoureux. Il a
paru quelquefois dans les forêts des Ardennes , d'autres fois sur
les côtes de Flandre. Les premiers individus appartenaient sans
doute à la race à pieds roux des Alpes (*F. Fulvus* L.) et les se-
conds à la variété du cercle arctique à tarses blancs dont quelques personnes font une espèce distincte sous le nom de *Chrysætos* L. M. Dégland rapporte que vers 1823 un aubergiste de
Poperingue en trouva un nid dans la forêt de Winendael.

8. AQUILA NÆVIA. *L.* — AIGLE TACHETÉ.

Observé accidentellement sur nos frontières dans la Lorraine
et la Flandre française. Un individu cité par M. Holandre a été
tué à Host près de Puttelange (Moselle.) — M. Dégland en a
trouvé un exemplaire sur le marché de Lille en octobre 1814.
— M. de Meezemacker en possède un magnifique adulte des
environs de Bergues. — M. Baillon l'a aussi observé en Picardie dans les bois qui avoisinent la mer entre Montreuil et
Abbeville.

** *Haliaetos* Savigni.

9. AQUILA ALBICILLA. *L.* — Aigle Pygargue.

Arrive sur nos côtes maritimes pendant les hivers rigoureux ;
vit de poissons. C'est à cet oiseau qu'il faut rapporter la plupart des indications de *Grands Aigles* tués par les chasseurs de
notre pays. Très rare dans l'intérieur des terres. Il y arrive quelquefois en poursuivant des troupes d'Oies sauvages à l'époque des
neiges. M. Dégland dit qu'il en arrive chaque hiver sur les
côtes près de Montreuil sur mer et qu'il a été tiré sur tous les
points du département du Nord et à Dunkerque ; mais ce
sont toujours des jeunes.

N. B. Un jeune de *l'Aquila leucocephala.* **L.** (aigle à tête
blanche) a été tiré près de Montreuil sur mer par M. Havez.

*** *Pandion.* Savigni.

10. AQUILA HALIÆTUS. *L.* — Aigle Balbuzard.

En wallon *Madow.*

Rare en Belgique ; il se trouve çà et là sur la Meuse, l'Escaut,
et dans le voisinage des grands étangs. Il émigre en septembre.
Niche quelquefois sur les grands rochers des bords de la Meuse.
Vit de poissons.

**** *Circaëtos.* Vieillot.

11. AQUILA GALLICA. *Gm.* — Aigle Jean-Leblanc.

Falco Brochydactylus Tem.

Se trouve très-accidentellement en Belgique dans les grands
bois. — Quelquefois dans la forêt de Soigne. Un individu a été
tué près de S'-Quentin.

GENRE BUSE , *Buteo* Lacep.

(*Falco* L. Tem.)

* *Butæles.* Lesson.

12. BUTEO LAGOPUS. *L.* — Buse Pattue.

Arrive en Belgique en novembre ; y séjourne une partie de l'hiver. Se nourrit de petits mammifères qu'elle chasse dans les campagnes découvertes. Assez rare.

** *Buteo.*

13. BUTEO VARIEGATUS *Gm.* — Buse Variable.

Falco Buteo. L. T.
En wallon *Brouhï.*
Cette Buse arrive par troupes nombreuses à la fin de l'été ou au commencement de l'automne selon les années. Souvent à la même époque que le *Regulus ignicapillus* et que les Grives. Elle se répand dans les champs pendant l'hiver et retourne au nord en avril. Un petit nombre d'individus nichent dans les grands bois. La Buse se nourrit principalement de campagnols des champs et rend ainsi de grands services à l'agriculture. Son plumage varie beaucoup , au point qu'il est assez rare de rencontrer deux individus absolument semblables. On distingue principalement les livrées suivantes :
    α. Roux terreux, couleur chocolat presqu'uniforme. (Les très-vieux.)
    β. Noirâtre avec quelques tâches pâles en-dessous.
    δ. Brun noirâtre rayé transversalement de blanc en-dessous.
    γ. Brun noirâtre flammé de blanc longitudinalement en-dessous. (Les jeunes ou *Falco pojana* , Savi.)
N. *B.* Il ne faut pas confondre ces individus avec la *Buteo*

pojana de M. Dégland ; ce dernier oiseau vendu par Boissoneau sous le nom de Buse de Portugal a le plumage du Milan royal en-dessous. On dit qu'il provient d'Egypte.

14. BUTEO ALBIDUS. *Gm.* — BUSE BLANCHATRE.

Falco Buteo var. Tem.

Je n'ai pu encore me former une opinion définitive sur cet oiseau. Peut-être n'est-il (comme l'a pensé M. Temminck , qu'un état de la Buse variable dont il a les formes et les habitudes. Cependant je l'admets avec doute comme espèce distincte ayant observé que les ongles ou tout au moins leur base sont gris ou même blanchâtres au lieu d'être très noirs comme chez la Buse variable. La Buse blanchâtre est plus rare que la précédente en Belgique. Les individus que je regarde comme les jeunes diffèrent peu des jeunes de l'espèce ordinaire. On les reconnait cependant à leurs cuisses blanchâtres. Les individus d'âge moyen sont blancs en-dessous , flammés de brun en-dessus. Les très-vieux seulement ont le dessus du corps et la queue presque tout blancs et les ongles blanchâtres. Ceux-là sont rares.

On connait les jeunes de la Buse ordinaire : si les vieux sont roussâtres uniformes comme le dit M. Temminck il semble presqu'impossible que la Buse blanchâtre soit un âge quelconque de cette espèce et la régularité que j'ai toujours observée dans son plumage et ses ongles exclut à mes yeux l'idée que ce puisse être une variété accidentelle. Il me reste cependant un doute dans l'esprit : je n'ai encore disséqué que des femelles. — Serait-ce la femelle adulte de la Buse ordinaire ?

GENRE BONDRÉE , *Pernis* Cuv.

(*Falco* L. Tem.)

15. PERNIS APIVORUS. *L.* — BONDRÉE APIVORE.

Rare. Habite les grands bois. Plusieurs individus ont été tués dans les différentes parties de la Belgique en été. Il parait qu'elle niche en Ardenne , et dans la forêt de Mormal ; émigre en hiver. Vit de larves d'insectes et d'hyménoptères ; son vol est beaucoup plus rapide que celui de la Buse. M. de Lamotte en possède un individu en grande partie blanc tué en Picardie.

GENRE ELANION , *Elanus* Savigni.

(*Falco* Lath.)

16. ELANUS MELANOPTERUS. *Lath.* — ELANION MELANOPTÈRE.

J'indique ici cet oiseau de l'Europe méridionale parce qu'un individu tué à Cassel en Flandre est mentionné par M. Dégland ; un autre a été tué en Picardie en mai 1830.

GENRE MILAN , *Milvus* Lacep.

(*Falco* L. Tem.)

17. MILVUS REGALIS. *Briss.* — MILAN ROYAL.

Falco Milvus L. T.
En wallon *Ramneux di Begasse.*
De passage en octobre et en novembre ; rapasse au commencement du printemps. Son apparition coïncide presque toujours avec celle des Bécasses et les naturalistes Danois ont en effet remarqué qu'il arrive dans le nord pour y nicher en même temps que ces oiseaux. Le Milan est difficile à approcher. Il ne se repose guère que dans les grands bois.

18. MILVUS ATER , *Gm* — MILAN NOIR.

Je n'ai pas une entière certitude que cet oiseau ait été pris en Belgique, mais comme il niche quelquefois dans les environs de Metz selon M. Holandre , je ne puis douter qu'il ne fréquente aussi les Ardennes belges. Il se nourrit de poissons et se trouve sur le bord des rivières en été. M. de Meezemaeker l'a vu à Bergues.

GENRE BUSARD . *Circus* Bechst.

(*Falco* L. T.)

* *Circus.*

19. CIRCUS RUFUS. *L.* — BUSARD ROUX.

La *Harpaye* et la *Soubuse* Buff.

Commun dans les grands marais de la Campine et de la Flandre Française. Il y niche. Accidentellement ailleurs. Il se retire dit-on en hiver sur les dunes des bords de la mer. Vit de gibier aquatique. Cet oiseau a un collier comme les autres Busards. Je ne comprends pas pourquoi on veut en faire un genre distinct. — Quelques personne pensent encore que le Busard des marais (*Circus æruginosus* L.) que M. Temminck regarde comme un age différent de la Harpaye forme une espèce distincte.

** *Strigiceps.* Bonap.

20. CIRCUS CYANEUS. *L.* — BUSARD s^t-MARTIN.

Rare en Belgique. De passage au printemps et en automne. Cette espèce plane sans cesse sur les plaines et s'éloigne des marais.

21. CIRCUS CINERACEUS. *Montagu.* — BUSARD CENDRÉ.

Commun en juillet et août dans les plaines ; il plane sur les seigles et y place son nid : un petit nombre d'individus arrivent à la fin d'avril. Ce sont ceux-là qui se propagent chez nous. Il se trouve aussi dans les marais de la Campine et des Polders. Cette espèce est plus commune que le *Cyaneus* avec lequel elle est facile à confondre.

N. B. Le *Circus Pallidus* Sykes , a été trouvé accidentellement aux environs de Mayence. Peut-être parait-il aussi chez nous , mais les trois espèces de Busards blanchâtres sont si faciles à confondre qu'il faut un examen sérieux pour éviter les méprises.

SECTION II. NOCTURNES.

Famille 2. Strigidées.

GENRE CHOUETTE, *Strix* L.

* *Surnia* Dumer.

22. STRIX FUNEREA. *Gm.* — Chouette Funèbre.

Le *Caparacoch* (Buff.)

Un seul individu tué aux environs de Tournay en 1830 par M. Wicard prouve l'apparition accidentelle de cette espèce septentrionale en Belgique. M. Holandre cite trois individus qui ont été observés ensemble près de Metz pendant l'été de 1834.

N. B. La Chouette Harfang (*Strix Nyctea* L.) n'a pas encore été vue en Belgique. M. Baillon cite un individu tué en Picardie et M. Temminck un autre en Hollande pendant des hivers rigoureux. On veut en faire le genre *Nyctea*. Bonap.

** *Athene* Boie.

23. STRIX NOCTUA *Retz.* — Chouette Chevêche.

Strix passerina Gm. T.

En wallon *Hulotte* ainsi que les espèces suivantes.
Commune dans les vergers et les bois. Se tient dans les pommiers creux. Sédentaire en Belgique.

*** *Nyctale* Brehm.

24. STRIX TENGMALMI. *L* — Chouette de Tengmalm.

Un individu a été observé par M. Putzeys à Arlon ; d'autres aux environs de Metz par M. Holandre. Cette espèce habite les Vosges.

* * * * *Syrnium* Cuv.

25. STRIX ALUCO *L.* — Chouette Hulotte.

La *Hulotte* et le *Chahuant* Buff.

Rare. Niche dans les grands bois de sapins de la Campine
dans les montagnes boisées et la forêt de Mormal ; accidentelle--
ment ailleurs. Émigre en hiver.

* * * * * *Scops* Savigni.

26. STRIX SCOPS. *L.* — Chouette Scops.

De passage très-accidentel en Belgique. M. Putzeys en a re--
cueilli un individu à Arlon. Un autre a été vu dans la province
de Liége à Longchamps sur Geer au printemps. M. Temminck le
dit très rare en Hollande.

* * * * * * *Bubo* Cuv.

27. STRIX BUBO. *L.* — Chouette Grand-duc.

En wallon *Houprâle*.

Habite et niche dans les rochers des bords de la Meuse et de
l'Ourthe. Très-accidentellement dans les bois du centre de la
Belgique. Vit de lièvres, rats, campagnols etc.

* * * * * * * *Otus* Cuv.

28. STRIX OTUS. *L.* — Chouette Hibou.

En wallon *Hibou*.

Commun dans les grands bois en été ; se répand dans le
plaines en hiver.

* * * * * * * * *Brachyotos* Gould.

29. STRIX BRACHYOTOS. *Forster.* — Chouette Brachyote.

La *Grande Chevêche* Buff.

De passage régulier dans les plaines de la Belgique depuis la fin de septembre jusqu'au 15 novembre. Très-commun à cette époque dans les bois de la Campine. Repasse au printemps. Cette espèce émigre en même temps que les Bécasses.

********* *Stridula* nobis (*Strix* Boie.)

30. STRIX FLAMMEA. *L.* — CHOUETTE EFFRAIE.

Commune dans les greniers, les clochers etc. Niche souvent dans les pigeoniers. C'est un animal très-utile et très-innocent qui détruit une prodigieuse quantité de souris et de rats. Il est sédentaire en Belgique. Cette Chouette diffère un peu plus des précédentes que celles-ci ne diffèrent entre-elles , mais j'éprouve un tel sentiment de découragement en voyant le genre si naturel de nos Chouettes divisé en autant de *prétendus* genres qu'il y a d'espèces que je ne peux pas prendre la responsabilité d'un nom générique nouveau pour isoler l'Effraie et il le faudrait car si pour cette section de deux ou trois espèces je prenais celui de *Strix* qu'on y a restreint comme pour avoir occasion de *débaptiser* toutes les autres espèces je me rendrais complice du cahos que l'on a introduit ici.

ORDRE II.

CHÉLIDONS. — *CHELIDONES* Tem.

Famille I. Caprimulgidées.

GENRE ENGOULEVENT, *Caprimulgus*. L.

31. CAPRIMULGUS EUROPÆUS *L.* — Engoulevent

d'europe.

En wallon *Crapô volant.*

Assez commun en été sur les bords de l'Ourthe et en Ardenne. Niche à terre dans les bruyères ou sur les rochers. De passage régulier dans les autres parties du pays en mars, avril et en septembre ; émigre à la fin de ce dernier mois.

Famille 2. Hirondinidées.

GENRE MARTINET, *Cypselus*, Illig.

(*Hirundo* L.)

32. CYPSELUS APUS *L.* — Martinet commun.

Cypselus murarius Tem.
En wallon *Airchi.*

Arrive vers le 1er mai ; émigre dès le mois d'août. Très-commun dans les grandes villes, niche sur les édifices. On ne le voit guère dans les campagnes que par les temps orageux. Il s'éloigne souvent alors à six ou huit lieues de sa résidence.

N. B. Cypselus Melba L. — Martinet Melba. *Cypselus Alpinus.* Tem. Je n'ai pas observé cette espèce, mais un chasseur digne de foi l'a reconnue au premier abord dans mon cabinet pour l'avoir vu voltiger autour des rochers de la montagne St. Pierre à Maestricht. On sait que quelques individus de cette espèce alpine se sont égarés à différentes époque jusqu'en Angleterre. En Suisse c'est à Fribourg que je l'ai vue en plus grand nombre.

GENRE HIRONDELLE, *Hirundo* L. T.

* *Chelidon* Boie.

33. HIRUNDO URBICA *L.* — Hirondelle des villes.

L'*Hirondelle de fenêtres* Buffon.
En wallon *Blancou*. (Cul blanc).
Arrive à la fin d'avril; repart à la fin de septembre; niche sous la saillie des toits des bâtiments, des églises, sous les portes des fermes, mais jamais dans l'intérieur des maisons.

** *Cotyle* Boie.

34. HIRUNDO RIPARIA *L.* — Hirondelle des rivages.

Arrive vers le 15 avril; elle ne se trouve que sur les rivières dont les berges sablonneuses sont un peu élevées, comme la Meuse, certaines parties de l'Ourthe, de l'Escaut et de ses affluents. Niche dans des trous profonds qu'elle creuse en terre à 6 ou 8 pieds au dessus du niveau de l'eau. Très-commune à Liége; jamais dans les plaines de la Hesbaye même à son passage. Emigre en septembre.

N. B. C'est sur de fausses indications que j'ai compris au nombre des oiseaux de la province de Liége l'hirondelle des rochers (*H. rupestris*).

* *Hirundo.*

35. HIRUNDO RUSTICA *L.* — Hirondelle rustique.

L'*Hirondelle de cheminée* Buffon.
En wallon *Aronde.*

Arrive du 5 au 20 avril selon les années; très-rarement vers la fin de mars. Emigre en octobre. Niche sous les poutres des écuries des fermes et dans les chambres des maisons de paysans, mais jamais à découvert. Assez rare dans les grandes villes.

ORDRE III.

PASSEREAUX. *PASSERES*. L.

SECTION I. DEPRESSIROSTRES.

Famille 1. Ampélidées.

GENRE JASEUR, *Bombycilla* Briss.
(*Ampelis* L. — *Bombyçivora* Tem.)

36. BOMBYCILLA GARRULA *L.* — Jaseur Garrule.

De passage accidentel en hiver. Voyage par troupes nombreuses, c'est ordinairement en décembre, janvier ou février que
ces oiseaux apparaissent. Ils sont peu défiants et se nourrissent
de petits baies. Il est rare qu'il se passe plus de deux années sans
passages de Jaseurs aux environs de Liége. Il y en a eu en 1829-
1832-1834-1835-1836-1837.

Famille 2. Muscicapidées.

GENRE GOBEMOUCHE, *Muscicapa*. L. T.

* *Butalis* Boie.

37. MUSCICAPA GRISOLA *L.* — Gobemouche Gris.

En wallon *Utique*.
Arrive à la fin d'avril; fréquente les jardins; niche dans les
espalliers autour des habitations; émigre en septembre. C'est un
oiseau courageux qui éloigne de son nid les autres espèces. Son
nom wallon est une imitation de son cri.

** *Muscicapa*.

38. MUSCICAPA FICEDULA *L.* — Gobemouche Becfigue.

Musc. luctuosa. Tem. — *Musc. Atricapilla* L.
Commun à son double passage à la fin d'avril et en septembre.

Un petit nombre d'individus nichent dans les bois des Ardennes. A l'époque du passage ils se tiennent dans les vergers.

39. MUSCICAPA ALBICOLLIS *T.* — Gobemouche a collier blanc.

Très rare et accidentellement en Belgique ; un individu a été vu en Hesbaye au mois d'avril , un autre près de Lille en mai. M. Holandre dit qu'ils séjournent l'été dans les forêts du département de la Moselle et qu'ils y nichent.

SECTION II. COMPRESSIROSTRES.

Famille 1. Lanidées.

GENRE PIEGRIÈCHE, *Lanius* L. T.

* *Lanius.*

40. LANIUS EXCUBITOR *L.* — Piegrièche vigilante.

En wallon *Moudreu d'aguesse. Piegrièche grise* Buff.

Cette espèce plus rare que la rousse et l'écorcheur n'habite que certaines localités. Elle niche dans les vieilles haies. C'est la seule du genre qui passe l'hiver en Belgique , ce qui annonce un régime moins insectivore ; en cette saison elle parait parfois en Hesbaye. Assez commune en été aux environs de Namur.

N. B. M. Temminck dit que le *Lanius minor* L. du midi paraît accidentellement en Hollande. Je ne l'ai jamais vu en Belgique.

** *Euneoctonus ,* Boie.

41. LANIUS RUFUS *Briss.* — Piegrièche rousse.

En wallon *Craweye aguesse* comme la suivante.

Commune dans les vergers et les bois. Niche dans les haies et sur les pommiers ; arrive en avril , émigre en octobre.

42. LANIUS COLLURIO *L.* — Piegrièche écorcheur.

Commune en Ardenne , en Campine et sur les bords de l'Ourthe assez rare en Hesbaye et dans quelques localités. Elle fréquente les saussaies sur le bord des eaux et aussi les bruyères et montagnes arides. Arrive en avril , émigre en octobre.

Famille 2. Corvidées.

GENRE PIE , *Pica* Briss.
(*Corvus* L. — *Garrulus* Tem.)

43. PICA CAUDATA. — Pie a longue queue.

Garrulus pica Tem.
En wallon *Aguesse.*

Sédentaire et commune partout ; niche sur les arbres des vergers et des jardins ; se rapproche des habitations en hiver. Les paysans de la province de Liége prétendent qu'il en existe une race constamment plus petite qu'ils appellent *Aguesse di haye* (Pie de haie). Ils assurent que c'est celle–là seulement qui fait son nid dans les haies. La queue de ces pies serait proportionnellement plus courte et les couleurs du plumage moins brillantes que dans la pie ordinaire.

Je n'ai pu constater ces différences.

GENRE GEAI, *Garrulus* Briss. Tem.

(*Corvus* L.)

44. GARRULUS GLANDARIUS *L.* — Geai glandivore.

En wallon *Richá.*
Sédentaire. Commun dans les jardins et dans les bois de chêne. Vit par familles de sept à huit individus. En octobre ils se réunissent par fois en bandes plus nombreuses qui semblent arriver d'autres contrées.

GENRE CORBEAU, *Corvus* L.

* *Monedula* Less. (4ᵉ race).

45. CORVUS MONEDULA *L*. — Corbeau Choucas.

En wallon *Couarbâ d'clocher*.

Sédentaire et très commun dans les villes. Aussi dans les rochers des bords de la Meuse. Niche dans les clochers et dans les fentes de rochers, plus rarement dans les trous d'arbres. En hiver il se réunit aux troupes voyageuses des Freux et des Corneilles et se répand dans les campagnes.

Je n'ai pas observé en Belgique le *Chouc* ou *Choucas noir* (*Corvus spermologus* Friesch, Tem.) qui habite dit-on le centre de la France et qui n'en diffère guère que par les reflets chatoyants de son plumage et par l'absence de demi-collier gris ; j'ai examiné chez M. de Meezemaker, un individu tué à Bergues qu'on avait cru pouvoir y rapporter mais c'est simplement un exemplaire un peu plus petit du Choucas ordinaire. Ceux indiqués à Angers par M. Millet sont aussi des Choucas d'après M. De Lamotte ; il en résulterait que le Chouc dont on ne connaît que le seul individu du Muséum de Paris pourrait bien être une espèce exotique.

** *Cornix* Lesson (2ᵉ race).

46. CORVUS CORNIX *L*. — Corbeau Corneille.

En wallon *Couarneille* et *blan mantai*.

Arrive en octobre, émigre à la fin de mars. Cette espèce a des habitudes toutes particulières : elle séjourne l'hiver dans certaines localités comme les prairies des bords de la Meuse et de l'Escaut. Une observation que j'ai faite c'est qu'on la voit tout l'hiver sur la route de Liége à Sᵗ.-Trond tandis qu'elle n'est que de passage dans les villages de la Hesbaye à une lieue de distance de cette route bien que le sol soit le même. M. Degland dit que quelques couples nichent annuellement dans le Boulonnais et s'accouplent souvent avec le C. Corbine d'où il résulte des Métis à plumage bigarré.

47. CORVUS CORONE *L.* — Corbeau Corbine.

En wallon *Couarbá d'marasse.*

Sédentaire en Belgique; répandu partout mais jamais en troupes. Vit par couple; niche dans les bois et les jardins.

*** *Corvus* Lesson. (1re race).

48. CORVUS CORAX *L.* — Corbeau Coicre.

En wallon *Coicre* et *Crahau.* (par imitation de son cri).

Habite toute l'année les montagnes boisées des bords de la Meuse et de l'Ourthe aussi en Ardenne; niche dans les fissures de rochers. Se trouve aussi mais en plus petit nombre dans les bois en plaine, alors il choisit le chêne le plus élevé pour y placer son nid et chasse de ce bois les Corneilles et les Freux. Très rare et seulement de passage dans les campagnes des Flandres et d'Anvers.

Vit par paires. — Le peuple croit que ses œufs éclosent le vendredi saint. Le fait est qu'il a souvent des petits à la fin de mars. Plusieurs personnes élèvent cet oiseau pour lui apprendre à parler.

*** *Frugilegus* Lesson. (3e race).

49. CORVUS FRUGILEGUS *L.* — Corbeau Freux.

En wallon *Couarbá.*

Excessivement commun en Belgique : quelques uns y sont sédentaires mais la plupart semblent voyageurs. Il en passe au mois d'octobre des volées innombrables, surtout les jours de grand vent de sud-ouest. On les voit alors venir du nord-est et lutter contre le vent en volant assez près de terre. Si le vent change ils séjournent dans les campagnes qu'on ensemence à cette époque et sont la terreur des agriculteurs. Je dois cependant convenir que sur les bords de l'Ourthe et de la Meuse ils sont très utiles en détruisant dans les prés les larves de hannetons nommées en wallon *Warbots*. Vers la fin de mars les Freux se réunissent par milliers dans certaines localités, soit un petit bois au milieu des campagnes, soit une prairie entourée d'arbres près d'un village, et construisent souvent jusqu'à quarante nids sur le même peuplier blanc ; on voit quelquefois une demie douzaine de Freux travailler au même nid. Ces oiseaux semblent former une véritable république ; rien de plus remarquable que leur persévérance ; les nids une fois établis il est presque inutile de chercher à les déloger. Ils reconstruisent sans cesse ceux que l'on abat sans même s'inquiéter des coups de fusil. Ils connaissent parfaitement cette arme et ne s'éloignent qu'un instant jusqu'à ce qu'on ait cessé de les guéter tandis qu'une personne munie d'un bâton peut faire le simulacre de les ajuster sans les faire fuire, mais c'est un grand préjugé que de croire qu'ils sentent la poudre car la vue d'un fusil non chargé les fait également envoler.

Les variétés *jaunâtres*, *blanches* ou *tapirées de blanc et fauves* sont extrêmement rares. J'ai vu en hiver plusieurs Freux dont le bec et la gorge étaient entièrement emplumé comme chez la Corbine dont on ne les distinguait qu'à la forme du bec et des plumes de la gorge. Ce sont sans doute des jeunes de l'année.

GENRE CRAVE , *Fregilus* Cuv.
(*Corvus* L. — *Pyrrhocorax* Tem.)

50. FREGILLUS GRACULUS *L.* — CRAVE CORACIAS.

J'indique cet oiseau d'après M. le D^r. Degland, qui dit en avoir trouvé un individu sur le marché de Lille en 1825. Il n'habite que les Hautes Alpes et les Pyrennées. Accidentellement en hiver dans les Vosges.

GENRE CASSENOIX, *Nucifraga* Briss. Tem.
(*Corvus* L.)

51. NUCIFRAGA CARYOCATACTES *L.* — Cassenoix nucifrage.

Vulgairement *Double merle*.

Très rare et de passage accidentel en Belgique. Quelques individus ont été tués en Ardenne et en Campine. En 1836 on en a pris plusieurs aux lacets tendus pour les grives au mois de septembre.

Famille 3. Sturnidées.

GENRE ETOURNEAU, *Sturnus* L.

52. STURNUS VULGARIS *L.* — Etourneau commun.

En wallon *Sprewe*.

Commun partout. En ville il niche dans les clochers ; à la campagne dans les trous d'arbres délaissés par le Pic vert. Les habitudes de cet oiseau varient selon la saison ; on les voit au commencement de l'automne réunis dans les campagnes par troupes immenses ; en toute autre saison ils semblent vivre par familles séparées.

GENRE MARTIN, *Acridotheres* Ranzani.
(*Sturnus* et *Turdus* L. — *Pastor* Tem.)

53. ACRIDOTHERES ROSEUS *L.* — Martin Roselin.

Vulgairement *Merle Rose*.

De passage très-accidentel. Un male adulte a été tué dans l'automne de 1837 près de Tournay. On en doit la connaissance à M. Dumortier. Un autre individu tué aux environs d'Anvers en ét fait partie de la collection de M. Kets. Cet oiseau est aussi très rare dans le nord de la France.

Famille 4. Oriolidées.

GENRE LORIOT, *Oriolus* L.

54. ORIOLUS GALBULA *L.* — LORIOT JAUNE.

En wallon *Orimiel.* — Vulgairement *Compère Loriot.*

Arrive à la fin d'avril; émigre en septembre; commun dans les jardins et les bois. Son nom wallon vient de la couleur d'or de l'oiseau et le nom vulgaire de son cri. Il mange beaucoup de cerises mais il compense ces dégats en détruisant une énorme quantité de chenilles. Tout le monde sait avec quel art il suspend son nid entre deux branches légères que le vent fait balancer.

SECTION IV. CONIROSTRES.

Famille 1. Fringillidées.

N. B. Orites Nivalis L. — Orite de Neige. Le *Pinson de Neige* Buff. *Fringilla nivalis*, L.

Cette espèce habite les neiges des Alpes, accidentellement dans les Vosges. Je l'indique ici parce que M. Degland dit qu'un individu a été pris près d'Amiens à la fin de l'automne. Ce genre me paraît plus distinct des Fringilles que beaucoup d'autres qu'on en a démembrés. Par ses longues ailes et ses longs doigts il a une certaine analogie avec les Langrayens qu'on a eu tort ce me semble d'éloigner des Conirostres et de placer près des Piegrièches. Les Orites ont aussi dans les habitudes et le plumage beaucoup de ressemblance avec le Plectrophane de neige.

GENRE FRINGILLE, *Fringilla* L.

* *Carduelis* Briss.

55. FRINGILLA CARDUELIS *L.* — FRINGILLA CHARDONNERET.

En wallon *Cherdin.*

Sédentaire. Niche dans les jardins et les vergers. Se réunit en troupes à l'automne. Vit à cette époque de semences de chardons de chanvre, d'aulne, etc. Les amateurs s'imaginent distinguer le chardonneret à tête rouge et celui à tête jaune. En captivité il devient souvent noirâtre par l'effet du chanvre dont on le nourrit.

** *Chrysomitris* Boie.

56. FRINGILLA SPINUS *L.* — Fringille Tarin.

En wallon *Ciset*.

Arrive en automne, émigre en avril. Vit l'hiver en troupes nombreuses dans les taillis d'aulne. Il arrive mais rarement que quelques couples de ces oiseaux nichent dans les montagnes boisées des bords de l'Ourthe et en Ardenne. Les chasseurs prétendent distinguer deux races, l'une verdâtre, l'autre plus jaune. Ces oiseaux sont très peu farouches ; ils se laissent prendre avec de petites branches engluées que l'on approche de leur dos au moment où ils se suspendent aux graines d'aulne à la manière des mésanges.

*** *Linaria* Brehm.

57. FRINGILLA LINARIA *L.* — Fringille Sizerin.

Linaria rufescens Vieillot.
En wallon *Verzelin*. Le *Cabaret* Buffon.

De passage régulier en avril et en automne surtout aux environs de Liége. Très rare dans les plaines de la Hesbaye. Il est remarquable que le nom wallon *Verzelin* est le même que celui donné en Italie au Venturon (*Fr. citrinella*) espèce de la même section.

58. FRIGILLA BOREALIS *Vieill.* — Fringille Boréale.
Fringilla Linaria Var. Temm. — Le *Sizerin* Buffon.

Assez rare et de passage irrégulier en Belgique à la fin de l'automne pendant les grands froids. On l'a aussi observé en Lorraine et dans la Flandre Française. Il voyage par troupes ; ce n'est probablement qu'une race un peu plus forte du *Linaria*. Il ne faut pas confondre cette race ou espèce avec la *F. canescens* qui en diffère constamment en ce qu'elle a tout le croupion d'un blanc pur en dessus , une taille encore plus forte , la queue très longue et le fond du plumage blanc flammé de brun.

59. FRINGILLA CANESCENS *Bonap.* — Fringille blanchatre.

Fringilla Holllollui Brehm. — *Fringilla Borealis* Temminck. De passage très accidentel dans les Flandres et le nord de la France pendant les hivers rigoureux. Très rare.

**** *Linota* Brehm.

60. FRINGILLA MONTIUM *Gm.* — Fringille de montagne.

Rare en Belgique et seulement de passage irrégulier en avril et en automne. Les oiseleurs de Liége s'imaginent y voir un métis du Sizerin et de la Linotte.

61. FRINGILLA CANNABINA *L.* — Fringille linotte.

En wallon *Lignrou* et *gris Lignrou*.

Les linottes ne nichent que dans les montagnes qui bordent la Meuse et l'Ourthe. Dans nos campagnes elles ne paraissent qu'en automne et au commencement de l'hiver. On en voit alors des volées énormes sur les chaumes et elles couchent sur les chênes qui n'ont pas perdu leurs feuilles ; à la neige elles vivent de graines de sapin. J'ai vu plusieurs fois des variétés en grande partie blanches. Les linottes sont très recherchée pour leur chant.

***** *Fringilla.*

62. FRINGILLA MONTIFRINGILLA *L.* — Fringille pinson d'ardenne.

En wallon *Péson d'ardenne* et *Kaikeu.*

Arrive en octobre ; séjourne l'hiver, émigre en avril. Il parait

que quelques couples nichent en Ardenne dans les bois de hêtre.
J'en ai tué une seule fois un individu adulte en juillet près de
Liége. J'ai vu dans une collection de cette ville une très belle
variété blanche avec des teintes jaunes sur le dos et quelques
plumes noires aux ailes et à la queue.

63. FRINGILLA COELEBS *L.* — FRINGILLE PINSON.

En wallon *Péson*.

Cet oiseau est répandu partout et niche dans les vergers et les
bois, mais le nombre de ceux qui séjournent l'été en Belgique n'est
rien en comparaison de ceux qui passent en novembre et repassent
en mars. A cette époque et pendant les neiges ils se couchent dans
les arbres verts et les paysans vont les y prendre adroitement à la
main à la lueur d'une lanterne. Le pinson est l'oiseau de prédilection du peuple. Il n'y a presque pas de chaumière qui ne nourrisse au moins un pinson. On les réunit les jours de fête sur les
places publiques pour comparer leur chant, ce qui excite tellement leur émulation et leur jalousie que beaucoup d'entre eux
s'égosillent et perdent leur voix sur le champ. Dans ce cas leur
impitoyable propriétaire les étrangle ordinairement séance te-
nante. Ce qu'on appelle un *bon pinson* se vend souvent à un prix
exorbitant. Il est fâcheux que l'on ait ici la barbare et inutile
habitude de priver de la vue les pinsons et les linottes en soudant
leurs paupières avec un fer rouge.

****** *Chlorospiza* Bonap.

64. FRINGILLA CHLORIS *L.* — FRINGILLE VERDIER.

En wallon *Vert Lignrou*.
Commun dans les jardins et les bois. En automne, vers le 1ᵉʳ
novembre ils se réunissent en troupes nombreuses, souvent avec
les linotes et les friquets et couvrent de leurs volées les chaumes
d'avoine; mais à chaque soirée chacune de ces espèces forme

une bande séparée. Les verdiers émigrent lorsque l'hiver est trop rigoureux.

******* *Petronia* Bonap.

65. FRINGILLA PETRONIA *L.* — Fringiele Soulcie.

Rare et de passage accidentel en Belgique ordinairement en octobre et novembre ou au commencement du printemps ; se trouve alors dans les grands bois.

GENRE GROSBEC *Coccothraustes* Briss.
(*Loxia* L. — *Fringilla* Tem.)

66. COCCOTHRAUSTES VULGARIS *Briss.* — Grosbec
VULGAIRE.

Loxia coccothraustes L.
En wallon *Grobech*
Cette espèce niche dans les bois de l'ardenne et du Condroz ; au printemps et vers le mois de septembre, quelquefois même en hiver ils sont de passage par couples ou par petites familles dans les autres parties de la Belgique. Le Grosbec se nourrit principalement de fènes, de baies d'épines et de petits fruits à noyau.

GENRE BECCROISÉ, *Loxia* L. Tem.

67. LOXIA CURVIROSTRA *L.* — Beccroisé Curvirostre.

De passage irrégulier, mais annuel en Belgique. Il n'a pas de saison fixe. J'en ai vu arriver des troupes d'une quarantaine d'individus au milieu de l'été et rester jusqu'à l'hiver dans des jardins plantés de Conifères. D'autres fois ils ne font que passer. Souvent les beccroisés paraissent en grand nombre avec les premières gelées et repassent en mars : enfin je dirai que les seuls mois où je n'en ai pas encore observé sont ceux de mai et de juin. Ils vivent de graines de Pin, mais préfèrent celles de Laryx. Je

soupçonne que quelques uns nichent dans les bois de pins de la
Campine. Les jeunes sont gris flammés de noirâtre; dans cet état
ils n'ont guère été décrits pas plus que les jeunes Verdiers qui ont
preque le même plumage. Les femelles sont gris verdâtre avec le
croupion jaune. Les mâles d'un an rougeâtre ou jaune olivâtre et
les vieux d'un rouge de brique plus ou moins vif. On a écrit que
ces oiseaux variaient à l'infini et que presqu'aucun individu ne
ressemblait aux autres : mais c'est une erreur causée par le défaut
d'observations de ceux qui l'ont écrit. Il en est de même pour les
prétendues variétés de beaucoup d'autres oiseaux; elles tiennent
la plupart à l'âge, au sexe ou à la saison et ne peuvent prendre le
nom de variétés; mais bien celui de livrées.

En captivité on nourrit facilement les Beccroisés avec des
pommes de Laryx et des graines de chanvre. Les mâles y perdent
leur couleur rouge et y deviennent d'un beau jaune olivâtre. La
mue n'a lieu qu'une fois par an au commencement d'octobre. Ces
oiseaux sont très peu défiants. Les coups de fusil même ne les
effrayent guère. Ils grimpent avec leur bec à la manière des per-
roquets ; leur chant est agréable.

68. LOXIA BIFASCIATA *Nilsson.* — Beccroisé a deux bandes.

Loxia Leucoptera Temminck (*Pars*). — *Loxia tœnioptera*
Gloger.

De passage très accidentel en Belgique pendant les hivers rigoureux. Un vieux mâle a été tiré chez moi à Longchamps–sur–
Geer en janvier 1827. Il y en avait une petite volée qui s'était
abattue sur des Laryx. Vers la même époque un autre a été pris
aux environs d'Anvers et quelques années après d'autres individus ont encore paru aux environs de la même ville.

Comme oiseau d'Europe le *Loxia Bifasciata* n'a été que très
peu observé. Les indications qu'on en donne se réduisent à quelques individus tués en Suède, en Angleterre et dans le nord de
l'Allemagne. Mais en le confondant avec le vrai *Leucoptera* on lui a

assigné pour patrie le nord de l'Amérique et notamment le pourtour de la Baie d'Hudson.

Les Ornithologistes qui ont cru à une seule espèce ont-ils eu occasion de comparer des individus de l'Amérique avec ceux d'Europe? je suis tenté d'en douter, car je suis à peu près convaincu que les individus pris accidentellement en Belgique et en Angleterre et que j'ai examinés avec soin ne sont pas de la même espèce que ceux de l'Amérique septentrionale dont je possède deux exemplaires, bien que sous le rapport du plumage il y ait une aussi grande ressemblance qu'entre celui des *Pyrrhula purpurea* et *rosea*, des *Parus atricapillus* et *palustris*, et de tant d'autres oiseaux Européens qui ont des représentants presque semblables dans l'Amérique septentrionale. On peut établir ainsi qu'il suit la comparaison des deux espèces qui selon moi ont été confondues sous le nom de *Loxia Leucoptera* par Temminck mais que MM. Nilsson et Brehm ont séparées.

DIAGNOSE COMMUNE : Sur les ailes deux bandes transverses de taches blanches à peu près comme chez le Pinson. Couleur générale du corps rouge chez le mâle cendré verdâtre chez la femelle.

LOXIA LEUCOPTERA *Gmel.* (*Lox. Falcirostra.* Lath.)	LOXIA BIFASCIATA *Nilsson.* (*Loxia Leucoptera (partim)* Temm.
Taille plus petite que celle d'un moineau.	Taille plus forte que celle d'un moineau.
Bec faible très comprimé à pointes déliées allongées.	Bec presqu'aussi robuste que celui du *L. Curvirostra*, moins comprimé que chez le *Leucoptera*, à pointes peu croisées peu prolongées.
Queue extrêmement fourchue.	Queue moins fourchue.
Nota. Les individus mâles que j'ai vus ont le rouge du plumage d'un cramoisi brillant, la queue noire peu ou point lizerée.	*Nota.* Les individus mâles que j'ai vus ont le rouge du plumage briqueté et peu vif, la queue notablement lizerée de jaune.
Habite les États-Unis de l'Amérique et le tour de la Baie d'Hudson.	*Habite* probablement le Groenland ou le nord de la Sibérie.
Je doute qu'il passe l'Océan et arrive en Europe.	*Observé accidentellement* l'hiver en Belgique, en Angleterre, en Suède et en Bavière.

N. B Le Beccroisé Perroquet (*Loxia Pythiopsittacus*, Bechst.) est indiqué comme étant de passage accidentel en Hollande et en

France. Je ne l'ai point encore observé en Belgique. N'aurait-on
pas pris pour cette espèce des *Loxia Curvirostra* à bec plus fort que
d'ordinaire dont j'ai vu des exemplaires au musée de Tournay et
dans plusieurs collections du nord de la France? M. Millet (Faune
de Maine-et-Loir) est tombé dans la même erreur. Ces Beccroisés
ont la même taille que le *Curvirostra,* mais leur bec est conformé
en petit comme celui du *Pythiopsittacus* la mandibule inférieure
étant fortement bombée en dessous et la supérieure moins déliée
et plus brusquement courbée que dans les individus communs.
Peut-être est-ce une race ou espèce voisine qu'on pourrait séparer
du *Curvirostra* et que je proposerais alors de nommer *Loxia in-
termedia ,* Beccroisé intermédiaire , j'ai examiné des volées entières
de Beccroisés aux environs de Liége et j'avoue que je n'en ai
jamais vu avec le bec conformé comme ceux de cette race qui
ont été tirés près de Tournay.

GENRE BOUVREUIL, *Pyrrhula* Briss. Tem.
Loxia L.

* *Corythus.* Cuv.

69. PYRRHULA ENUCLEATOR *L.* — Bouvreuil Durbec.

Cet oiseau des régions arctiques de l'Europe s'égare par fois
dans les pays tempérés pendant les hivers les plus rigoureux.
M. Degland cite un individu tué près de Charleville ; Buffon en
avait indiqué un observé eu Alsace. Ses mœurs sont les mêmes
que celles des Beccroisés ; il se nourrit de semences de conifères.

** *Pyrrhula.*

70. PYRRHULA VULGARIS. — Bouvreuil commun.

En wallon *pimaïe* (pivoine) et *hufflau* (siffleur).
Niche dans les montagnes boisées de l'Ardenne et des bords de
l'Ourthe, aussi dans les forêts; fréquente le bord des ruisseaux ;

de passage plus ou moins régulier et par petites troupes dans le reste de la Belgique en automne et en hiver. Vit alors de baies d'épines et de graines de frêne.

71. PYRRHULA COCCINEA *Nobis*. — BOUVREUIL PONCEAU.

Vulgairement *grand bouvreuil.*

Cet oiseau n'est assez probablement qu'une race locale plus grande du Bouvreuil commun. Il est de passage accidentel en Belgique et par troupes à la fin de l'automne. Il y a été très-commun en décembre 1830 et en janvier 1831. Il m'a paru qu'il a l'espace blanc du croupion plus étendu que chez le bouvreuil commun. Il semble que son chant est plus varié et qu'il ne se mêle pas avec le petit Bouvreuil commun.

*** *Erythrospiza*. Bonap.

72. PYRRHULA ERYTHRINA *Pallas*. — BOUVREUIL CRAMOISI.

De passage très accidentel dans l'Europe temperée. Un seul individu de cette espèce sibérienne a été tué aux environs de Tournay, un autre près d'Abbeville. Il a aussi été trouvé dans la vallée du Rhin.

**** *Serinus* Brehm. *Fringilla* Tem.

73. PYRRHULA SERINUS *L.* — BOUVREUIL SERIN.

Le *Cini* Buffon.

Très rare et accidentellement dans la vallée de la Meuse. On en a pris plusieurs individus à la fin d'avril 1839. Ils se tenaient avec les chardonnerets sur les arbres fruitiers près des vignobles qui couvrent les montagnes des environs de Liége. Il se trouve parfois aussi dans les Flandres.

Les oiseleurs Liégeois s'imaginent que c'est un métis du Tarin et de la Linotte.

GENRE MOINEAU, *Pyrgita* Cuv.

(*Fringilla* L. Tem. — *Passer* Brisson).

74. PYRGITA MONTANA *L.* — Moineau Friquet.

En wallon *Chabotti* et *Grobech di haie.*
Commun partout. Niche dans les trous d'arbres exclusivement.
Se réunit en troupes dans les campagnes en automne. J'en possède une variété *blanchâtre.*

75. PYRGITA DOMESTICA *L.* — Moineau domestique.

En wallon *Mohon* et *Grobech.*
Le moineau est aussi commun en Belgique que dans le reste de l'Europe tempérée. Il niche ordinairement dans les creux des murailles, sous les toits ou dans les persiennes, mais il se construit quelquefois sur les arbres un très-gros nid en boule dans la forme de celui du Troglodyte.
On observe assez fréquemment des variétés accidentelles :
α. Blanc.
β. Tapiré de blanc.
γ. Jaunâtre clair.
δ. Noirâtre.

GENRE BRUANT, *Emberiza* L.

* *Emberiza.*

76. EMBERIZA SCHÆNICLUS *L.* — Bruant des Roseaux.

En wallon *Raskignou d'aiwe* (Rossignol d'eau).
Arrive en avril, souvent plus tôt ; niche dans les oseraies des îles de la Meuse de l'Escaut, et dans les marais de la Campine. Émigre en automne. On en voit par fois à cette époque dans les champs de la Hesbaye.

77. EMBERIZA CHRYSOPHRYS *Pallas*. — BRUANT A SOUR-CILS JAUNES.

J'indique cet oiseau d'après un individu que M. Degland a étudié et qui a été pris au filet derrière la citadelle de Lille. Sa patrie est la Sibérie; il a du rapport avec les *Emb. Pythiornus* et *rustica*. Le dessus du corps est roussâtre flammé de brun, le dessous gris blanchâtre avec une sorte de plastron brun et roux sur la poitrine et des mouchetures brunes sur les flancs. Son caractère le plus remarquable est d'avoir le dessus de la tête noir avec une ligne médiane blanche et un large et long trait jaune brillant sur l'œil. Sa queue à restrices extérieures à moitié blanches le distingue bien d'une espèce américaine assez voisine par la coloration de la tête mais dont la queue est unicolore.

78. EMBERIZA CIRLUS *L*. — BRUANT ZIZI.

Très rare et accidentellement aux environs de Liége au printemps. Je ne l'y ai observé que deux fois. Niche dans la vallée du Rhin au milieu des vignobles. M. Degland dit qu'il paraît quelquefois dans la Flandre au moment des neiges.

79. EMBERIZA CIA *L*. — BRUANT FOU.

Accidentellement et très rare en été dans la province de Luxembourg vers la vallée de la Moselle. Niche dans celle du Rhin. Il n'a pas encore été observé dans le centre de la Belgique. Emigre en hiver.

80. EMBERIZA HORTULANA *L*.— BRUANT ORTOLAN.

En wallon *Ortolan*.

Arrive à la fin de mars; niche dans les champs près des haies; émigre en septembre. On ne lui fait pas de chasse particulière.

81. EMBERIZA CITRINELLA *L.* — BRUANT JAUNE.

En wallon *Jadrenne.*

Commun toute l'année. Niche dans les bois et le long des haies. En hiver lorsque la terre est couverte de neige il en arrive de très grandes troupes qui se réfugient autour des meules de blé et jusque dans les cours des fermes et des autres habitations. Les villageois en tuent alors un grand nombre à la chasse qu'ils nomment *ramaille* : Par une nuit sans lune un homme longe les vieilles haies en tenant à la main une torche de paille allumée ; les *Jadrennes* voltigent hors de la haie en se dirigeant vers la lumière et deux ou trois autres personnes les abattent à coups de grands rameaux d'épine. Cet oiseau est très bon à manger.

** *Cynchramus* Bonap.

82. EMBERIZA MILIARIA *L.* — BRUANT PROYER.

En wallon *Grosse aloïe di pré* (grosse alouette des prés).
Niche dans les prairies humides. Il y arrive en avril. Emigre en automne. Quelques individus séjournent l'hiver dans les champs en compagnie des bruants jaunes et des alouettes. Vit par paires.

GENRE PLECTROPHANE, *Plectrophanes* Meyer.

(*Emberiza* L. Tem.)

83. PLECTROPHANES NIVALIS *L.* — PLECTROPHANE DE NEIGE.

Vulgairement à Dunkerque : *Moineau des dunes* et *Pinson du nord.*

Rare et de passage accidentel dans l'intérieur du pays, quelques individus ont été pris dans les hivers rigoureux aux environs de Liége et de Namur en novembre, février et mars à plusieurs années de distance. (Quatre fois de 1830 à 1840) ; plus régulièrement sur nos côtes maritimes.

M. Temminck dit que les jeunes à leur passage d'automne couvrent quelquefois de leurs bandes nombreuses de grands espaces sur la grève le long des côtes de la Hollande mais qu'il est très rare de trouver parmi eux un sujet adulte. En effet sur une douzaine d'exemplaires pris dans l'intérieur du pays pas un n'était adulte.

84. PLECTROPHANES LAPPONICA *L.* — Plectrophane de Lapponie.

Emb. Calcarata Tem.

Très rare et accidentellement en Belgique pendant les hivers rigoureux. Un jeune individu a été tué aux environs d'Anvers. D'autres près de Metz. M. Degland dit qu'on en prend de loin en loin aux filets sur les côtes de Dunkerque. Il a les habitudes des alouettes.

Famille 2. Alaudidées.

GENRE ALOUETTE. *Alauda* L.

* *Phileremos* Brehm.

85. ALAUDA ALPESTRIS *L.* — Alouette alpine.

Bien que je ne possède pas d'individu de cette espèce tué en Belgique je crois devoir la mentionner ici parce qu'il est impossible qu'elle n'y soit pas de passage accidentel. En effet on lit dans l'ouvrage de M. Temminck : se trouve en Hollande, niche même dans les dunes de sable près de la mer; se répand en hiver dans les villages. Alors (en hiver) très-commune dans la vallée du Rhin et selon M. de Riocourt aux environs de Nancy. M. Holandre signale aussi un individu tué à Metz. Si l'on fait attention que cet oiseau accomplit de grandes migrations on ne doutera pas qu'il doive paraître de temps en temps sur nos côtes maritimes en hiver,

N. B. L'*Alauda Calandrella* Bonelli, Alouette Calandrelle n'a pas encore été observée en Belgique bien qu'elle se trouve accidentellement pendant l'été en Picardie et en Lorraine. C'est un oiseau méridional.

** *Galerita* Boie.

86. ALAUDA CRISTATA *L.* — Alouette huppée.

Le *Cochevis* (Buffon).

Rare et de passage accidentel dans la plus grande partie de la Belgique. Niche quelquefois dans les dunes près d'Ostende. Ailleurs elle passe isolément à la fin d'octobre.

78. ALAUDA ARBOREA *L.* — Alouette des bois.

En wallon *Coqlivi* (Cochevis).

De passage régulier par petites troupes en automne et en mars dans les champs et les prairies. Se pose sur les arbres.

*** *Alauda.*

88. ALAUDA ARVENSIS *L.* — Alouette des champs.

En wallon *Aloïe.*

On voit des alouettes toute l'année mais le nombre de celles qui passent dans le courant d'octobre est immense. On en prend un grand nombre à cette époque surtout au moyen de plusieurs rangées de grands filets appelés rideaux vers lesquels on les chasse avec une corde en faisant un énorme circuit dans les chaumes d'avoine au coucher du soleil. On en prend quelquefois ainsi en une soirée plus de cent douzaines. Il est remarquable que vers le 1er novembre elles ne se laissent plus conduire vers le filet, mais rebroussent chemin en s'élevant au dessus des traqueurs. Les amateurs prétendent distinguer une race plus forte qui ne serait que de passage. Celles du pays nichent à terre dans les champs, les bruyères et les dunes. J'ai vu des variétés accidentelles ɑ. blanche β. tapirée de blanc γ. jaunâtre δ. toute noire.

SECTION IV. SUBULIROSTRES.

Famille I. Motacillidées.

GENRE FARLOUSE, *Anthus* Bechst. Tem.

(*Alauda* L.)

* *Corydalla*, Vigors.

89. ANTHUS RICHARDI *Vieill.* — FARLOUSE RICHARD.

Cette espèce méridionale n'a pas encore été observée dans le centre de la Belgique mais un individu tué près de Metz est indiqué par M. Holandre. M. Degland a constaté son passage irrégulier aux environs de Lille aux mois de mai et d'octobre et quelquefois en novembre. Enfin M. de Meezemaker m'a montré des individus qu'il a recueillis près de Bergues et de Dunkerque.

** *Anthus.*

90. ANTHUS CAMPESTRIS *Bechst.* — FARLOUSE DES CHAMPS.

Anthus rufescens Tem.
En wallon *Grosse béguine.* — La *Rousseline* Buffon.
De passage par petites troupes au commencement de septembre et en avril. On voit cet oiseau dans les champs vers l'ouverture de la chasse. Au printemps je l'ai remarqué dans les grandes prairies des bords de la Meuse. En courant à terre il remue sa queue comme les Hochequeues; son cri ressemble à celui du pinson. Niche dans les bruyères de l'Ardenne.

91. ANTHUS SPINOLETTA *L.* — FARLOUSE SPIONCELLE.

Anthus aquaticus Tem.
J'ai vu à Tournay dans la collection de M. le Vte d'Espièrres un individu en plumage d'été tué m'a-t-il dit au mois de septembre.

C'est, je crois en être sûr , au jeune âge et à la livrée d'hiver de
cette espèce qu'il faut rapporter les individus qui arrivent par
couples ou par petites troupes dans l'intérieur de la Belgique à la
fin de novembre et qui séjournent jusqu'au commencement de
mars. Ils se tiennent toujours sur le bord des sources et des
marais qui ne gèlent pas et courrent au milieu du cresson pour
chercher leur nourriture qui consiste en crevettes d'eau douce.
Ces Anthus sont selon moi de la même espèce que la *Spinoletta*
(*aquaticus* Tem.) qui vit l'été sur les montagnes du centre et du
midi de l'Europe bien que leurs mœurs et l'époque rigoureuse
de l'année où ils nous arrivent ayent fait croire d'abord qu'ils
appartenaient à l'*Anthus obscurus* ou à l'*Anthus rupestris* du
nord de l'Europe. Je fonde mon opinion sur ce que les deux pennes extérieures de la queue de notre oiseau sont terminées par
deux grandes taches *blanches* comme chez la *Spioncelle* et non
grises comme chez l'*obscure* couleur qui ne peut varier à ce point
si la mue est simple comme le dit M. Temminck.

92. ANTHUS OBSCURUS *Pennant.* *Tem.* — FARLOUSE OBSCURE.

Anthus Littoralis Brehm.

De passage au commencement du printemps et en octobre sur
les bords de la mer et dans les dunes. M. Degland l'a observée
près de la citadelle de Lille, M. Dumortier à Tournay; je ne l'ai
pas encore vue dans l'intérieur du pays. Cet oiseau niche en Angleterre sur les bords de la mer. Cette race est l'*Anthus Littoralis*
de Brehm. M. Baillon a observé en Picardie une autre race ou
espèce voisine des régions arctiques, l'*Anthus Rupestris* de Faber
qui ne change pas de plumage en été tandis que l'*Obscurus* perd
à cette époque une grande partie des grivelures du dessous du
corps qui est alors lavé de roux chamois clair à la poitrine surtout.

93. ANTHUS PRATENSIS *Gm.* — FARLOUSE DES PRÉS.

En wallon *Béguinette.*

Très commune à son double passage à la fin de septembre et au mois de mars. On en prend beaucoup dans les champs à la première de ces époques au petit filet. Niche dans les environs d'Ostende et en Hollande mais jamais dans le centre de la Belgique.

N. B. J'ai examiné chez M. Baillon l'oiseau sur lequel il a fondé son espèce d'*Anthus Tristis* ; M. Degland le rapporte au *Pratensis* comme variété. Ceci me semble encore douteux car les pennes latérales de la queue sont en entier d'un gris brun au lieu d'être en partie blanches et la coloration de ces pennes est comme on sait assez importante dans le genre *Anthus.* Le corps est à peu près tacheté, il est vrai, comme chez le *Pratensis* mais le fond du dessus du corps est gris brun foncé et celui des parties inférieures est d'un gris roussâtre au lieu d'être d'un blanc légèrement jaunâtre. Le seul individu connu a été pris près d'Abbeville au mois d'avril. Il est un peu plus petit que l'*Anthus Pratensis.*

❁ ❁ ❁

94. ANTHUS ARBOREUS *Bechst.* — FARLOUSE DES BUISSONS.

En wallon *Beguine* et *Aloïe di pré.*

Arrive en avril, niche à terre dans les clairières des bois, dans les prés plantés d'arbres et dans les vignobles. Emigre en septembre. Le mâle pendant l'incubation se perche au sommet d'un arbre voisin du nid, d'où il s'élève en chantant dans les airs puis se laisse retomber rapidement à sa place au haut de l'arbre.

GENRE HOCHEQUEUE, *Motacilla* L. Tem.

* *Budytes* Cuv.

95. MOTACILLA FLAVA *L.* — HOCHEQUEUE JAUNE.

Mot. Neglecta Gould.
En wallon *Hochecawe.*
Arrive en avril ; niche dans les prairies , émigre en septembre.
Il en passe à cette époque dans les champs des volées très consi-
dérables. C'est le premier oiseau que l'on prend au petit filet avant
l'émigration des *Anthus Pratensis* (Béguinettes.)

96. MOTACILLA CINEREOCAPILLA *Savi.* — HOCHEQUEUE A TÊTE GRISE.

De passage très accidentel en Belgique et dans les environs de
Lille. J'ai tué dans les prairies des bords de la Meuse près de
Liége le 18 mai 1832 un individu adulte de cette espèce. La
Motacilla cinereocapilla n'est peut-être qu'une race locale propre
au midi de l'Europe comme la *Fringilla Cisalpina*. Elle ne diffère absolument de la *Flava* qu'en ce qu'elle a la gorge blanche
et qu'elle n'a pas de ligne sourcilière blanche mais ce dernier
caractère sur lequel on s'est particulièrement fondé est moins
constant que le premier. C'est l'espèce la plus commune en Italie
et en Provence.

97. MOTACILLA MELANOCEPHALA *Licht.* — HOCHEQUEUE MELANOCEPHAE.

De passage très accidentel en Belgique. Une troupe nombreuse
a été observée à la fin de l'été aux environs de Louvain par M. le
vicomte de Spoelbergh. Les individus qu'il a recueillis et d'autres
que M. Degland a trouvés à Lille, paraissent des jeunes et n'ont
pas le noir de la tête aussi décidé que chez les exemplaires que
j'ai reçus de la Grèce où cette espèce semble plus commune que

les deux précédentes dont quelques auteurs pensent qu'elle
n'est qu'une race propre à l'Asie et à l'Afrique. Elle serait alors
analogue à la *Fringilla Hispaniolensis* (Tem.) Elle se distingue
de la *Flava* par le manque de sourcils blancs et surtout par tout
le dessus de la tête et les joues d'un noir profond. On nomme
Motacilla Feldeggii des individus à tête d'un noir cendré et à
gorge un peu blanchâtre qui pourraient bien être des métis de
la *Cinereocapilla* et de la *Melanocephala*.

98. MOTACILLA FLAVEOLA *Tem.* — HOCHEQUEUE FLAVÉOLE.

Mot. Flava Gould. — *Mot. Raii* Bonap.

De passage au printemps et en automne dans les environs de
Lille, Amiens et Dunkerque, pas encore observée dans le centre
de la Belgique. Niche en Angleterre où elle est très commune.
Diffère de la *Flava* par ses larges sourcils d'un beau jaune et le
dessus de la tête verdâtre clair ou même jaunâtre.

** *Motacilla.*

99. MOTACILLA BOARULA *Pennant.* — HOCHEQUEUE BERGERONNETTE.

Se répand isolément pendant l'hiver dans la Hesbaye et dans
les autres plaines de la Belgique. Vit à cette époque sur le bord
des eaux qui ne gèlent point et se rapproche des habitations.
Quitte ces provinces au printemps pour aller nicher dans les
montagnes boisées des bords de l'Ourthe et en Ardenne. Fréquente
les alentours des moulins à eau.

100. MOTACILLA ALBA *L.* — HOCHEQUEUE GRIS.

En wallon *gris hochecawe.*
Arrive vers le commencement de mars ; niche dans les jardins
près des habitations ; émigre en automne. Lorsque le printemps

est précoce il parait dès la fin de février. C'est le premier oiseau
d'été qui nous arrive; il est immédiatement suivi du Pouillot et
du Rougequeue.

101. MOTACILLA YARRELLI *Bonap.* — HOCHEQUEUE DE YARRELL.

Motacilla Lugubris Baillon, Millet.

De passage accidentel en Belgique vers la fin de l'automne et à
la fin de l'hiver Cette espèce est plus commune que la précédente
dans les Iles Britanniques d'où elle émigre à peine au cœur de
l'hiver. Peut-être n'est-ce qu'une race locale. Elle en diffère par
son dos noir ainsi que les ailes dont les couvertures sont bordées
de blanc pur. Deux ou trois individus seulement ont été vus en
Belgique, dans la Campine anversoise et en Flandre. M. Degland
dit qu'elle niche parfois dans le nord de la France. La plupart
des auteurs l'ont confondue avec la *M. Lugubris* de Pallas.

GENRE CINCLE, *Cinclus* Bechst. Tem.
(*Sturnus* L.)

102. CINCLUS AQUATICUS *Briss. Tem.* — CINCLE PLONGEUR.

Merle d'eau Buffon.

Habite toute l'année bien qu'en petit nombre les bords de quelques torrents de l'Ardenne. De passage en hiver dans plusieurs
parties de la province de Namur. Très-rare et accidentellement
sur l'Ourthe aux environs de Liége.

GENRE GRIVE, *Turdus* L. Tem.

* *Merula* Cuv.

103. TURDUS MERULA *L.* — GRIVE MERLE.

En wallon *Mawi.*

Séjourne toute l'année dans les grands bois. Commun dans le
reste du pays à son double passage en octobre et en mars. Aussi

pendant l'hiver. Il se rapproche des habitations lorsqu'il a neigé. Vit par paires ou isolément. Les variétés *blanches*, *jaunâtres* ou *tapirées de blanc* sont très rares.

104. TURDUS TORQUATUS *L.* — GRIVE A PLASTRON.

En wallon *Blanc collet.*

Plus ou moins nombreux à son double passage a la fin de sep - tembre et au printemps. Vit par petites troupes. C'est la première espèce que l'on prend aux lacets. On m'a assuré qu'elle niche parfois en Ardenne. Je possède un individu blanchâtre.

** *Turdus.*

105. TURDUS PILARIS *L.* — GRIVE LITORNE.

En wallon *Fagneresse* (grive des fanges) et *Chactresse.*

Se répand en troupes nombreuses dans les vergers aux pre- mières gelées, parait et disparait selon les localités pendant l'hiver sans quitter le pays Elle vit surtout de baies d'épines. Emigre au nord en mars et avril, quelques couples nichent dit-on dans les hautes fanges de l'Ardenne et aussi aux environs de Bergues selon M. Degland,

106. TURDUS VISCIVORUS *L.* — GRIVE DRAINE.

En wallon *Chactresse* (par imitation de son cri).

Assez rare et de passage irrégulier depuis la fin de l'automne jusqu'au commencement du printemps. Voyage isolément. M. De- gland dit qu'elle est sédentaire dans la Flandre française et qu'elle y niche dans les bois.

107. TURDUS MUSICUS *L.* — GRIVE CHANTEUSE.

En wallon *Châpaine.*

Très commune dans toute la Belgique à son double passage à la fin de septembre et en octobre , puis en mars et avril; on en prend alors un grand nombre dans les bois et les jardins au moyen de lacets amorcés de pois de Sorbier. Un certain nombre séjournent et nichent dans les grands bois surtout en Ardenne. J'ai vu des variété *blanches*, *tapirées de blanc* et *jaunâtres*.

108. TURDUS ILIACUS *L.* — Grive Mauvis.

En wallon *Châpaine française.*

De passage en octobre ; repasse en mars. Cette espèce parait une dixaine de jours plus tard que la précédente. Elle est du reste aussi commune. A son arrivée les tendeurs jugent que la saison du passage du *T. Musicus* est près de finir. C'est vers le 15 octobre qu'on en fait ordinairement de grande prises. J'ai vu des variétés *blanches jaunâtre pâle* et *roussâtres*.

N. B. M. Holandre a décrit en 1825 sous le nom de *Turdus Aureus* une espèce de grive du nord-est de l'Asie dont un individu a été pris en septembre 1788 près de Metz. Cet oiseau a été observé depuis deux ou trois fois en Angleterre et en Allemagne. C'est le même que *Turdus Varius* (Horfield) de Java , *Turdus Withei* (Eyton) d'Angleterre , *Turdus Squammatus* (Musée de Paris) de la terre de Diemen. On veut en faire le genre *Oreocincla*. Gould. Le nom de grive dorée donné par M. Holandre doit prévaloir étant le plus ancien.

GENRE PETROCINCLE, *Petrocincla* Vigors.
(*Turdus* L. Tem.)

109. PETROCINCLA SAXATILIS *L.* — Petrocincle de roche.

Merle de roche Buffon.

Un jeune individu égaré accidentellement a été tué aux environs de Tournay en 1841 pendant l'été. J'en dois la connaissance à M. Dumortier. Un autre signalé par M. Holandre a été tué sur un édifice dans l'intérieur de la ville de Metz. Sa patrie est les montagnes d'une assez grande élévation.

GENRE TRAQUET, *Saxicola* Bechst. Tem.
(*Motacilla* L.)

* *Vitiflora* Bonap.

110. SAXICOLA ÆNANTHE *L.* — Traquet Motteux.

En wallon *Blancou* (cul blanc).

Arrive en avril ; habite en été les montagnes arides des bords de l'Ourthe, de la Meuse et en Ardenne. Niche dans les tas de pierres au milieu des bruyères. Emigre à la fin de septembre. A l'époque de son passage il se répand dans les champs labourés de toute la Belgique. M. Degland dit qu'il niche dans les terrains élevés des environs de Lille.

** *Saxicola.*

111. SAXICOLA RUBETRA *L.* — Traquet Tarrier.

En wallon *Machâ.*

Arrive en avril, émigre en octobre. Niche à peu de distance de terre dans les prairies humides ; quelquefois dans les champs de fourrages. Très-commun dans les ozeraies et sur les îles de la Meuse.

112. SAXICOLA RUBICOLA *L.* — Traquet Rubicole.

En wallon *Wichâ* (imitation de son cri).

Arrive en avril, émigre en septembre. Habite en été les bruyères et les montagnes arides de l'Ardenne et du Condroz. Il est excessivement rare de voir cette espèce dans les autres parties du pays même au temps du passage. M. de Meezemaker m'écrit qu'il passe cependant aux environs de Bergues bien qu'en petit nombre. Il construit ordinairement son nid dans les genêts.

GENRE RUBIETTE, *Ruticilla* Brehm.

(*Motacilla* L. — *Sylvia* Tem. — *Lusciola* K. *et* Bl).

** Ruticilla.* Brehm.

113. RUTICILLA PHOENICURUS *L.* — RUBIETTE PHÉNICURE.

Rossignol de Muraille Buff.
En wallon *Rogecawe* (*Rougequeue*).
Arrive en avril, émigre en septembre et octobre, niche dans les trous d'arbres ou dans les crevasses des rochers; rarement dans les murailles, habite en été les vignobles et les montagnes boisées. On le voit dans les plaines seulement à son passage en avril et en automne. Il ne se trouve pas dans l'intérieur des villes comme le *Rougequeue.*

114. RUTICILLA TITHYS *Scop.* — RUBIETTE ROUGEQUEUE.

En wallon *Solitaire* et *Ouhai di moir* (oiseau de mort.)
Arrive du 20 au 25 mars, un peu après le *Hochequeue gris.* Habite les grandes villes et les bords de la Meuse et de l'Ourthe, niche dans les trous des murailles, ou dans les crevasses des rochers. Chaque couple s'empare d'une colline ou d'un édifice d'où il éloigne les autres individus de son espèce. Le mâle perché sur le sommet d'une église, sur une cheminée ou sur le faite d'un rocher fait entendre jour et nuit son chant monotone. Commun à Liége, Namur et Bruxelles. Emigre en octobre.

*** Cyanecula.* Brehm.

115. RUTICILLA CYANECULA *Meyer.* — RUBIETTE GORGE-BLEUE.

Arrive à la fin d'avril. Niche dans les oseraies des îles de la Meuse et en Campine. Emigre en septembre, à cette époque elle est assez commune dans les plaines de la Hesbaye où je l'ai fait souvent lever en chassant dans les pièces de pommes de terre. Elle se pose rarement ailleurs qu'à terre et court très-rapidement.

N. B. Il est encore douteux, si la *Ruticilla Suecica* L. Rubiette Suédoise, forme une espèce distincte ou bien seulement une race propre au nord de l'Europe. M. Degland dit qu'un individu a été tué en avril 1836, sur le bord d'un marais près de Douai.

⁑⁑⁑ *Luscinia* Brehm.

116. RUTICILLA LUSCINIA *L.* — Rubiette Rossignol.

En wallon *Raskignoul.*
Arrive au commencement d'avril, émigre à la fin de septembre. Très-commun dans les bois et les jardins.

⁑⁑⁑⁑ *Rubecula* Brehm.

117. RUTICILLA RUBECULA *L.* Rubiette Rouge-gorge.

En wallon *Rogeface.*
Sédentaire dans les grands bois et dans les jardins. Se rapproche des habitations pendant l'hiver. En automne il en passe beaucoup en même temps que les grives. C'est le seul oiseau de ce genre qui reste parmi nous pendant l'hiver.

GENRE ACCENTEUR, *Accentor* Bechst. Tem.

(*Motacilla* L.) —

118. ACCENTOR ALPINUS *Gm.* — Accenteur des Alpes.

Un individu a été pris par M. Kets, dans un jardin à Anvers, pendant un hiver rigoureux vers 1835. Il paraît qu'un second exemplaire a été vu au même endroit. On sait que cet oiseau ne s'écarte guère des montagnes couvertes de neige et qu'il est déjà très-rare dans les Vosges.

L'apparition de l'accenteur des Alpes en Belgique, bien que certaine est donc tout-à-fait accidentelle. — M. Degland cite cependant aussi un individu tué à St-Omer.

119. ACCENTOR MODULARIS *L*. — Accenteur Mouchet.

En wallon *Morette* sur la rive gauche, *Roupeïe* sur la rive droite de la Meuse.

Commun et sédentaire dans les bois et les jardins. Pendant les gelées il se rapproche des habitations rurales comme le *Rouge-gorge.* Les paysans de la Hesbaye assurent que le Coucou ne pond jamais que dans le nid de la *Morette.* Le fait est que 15 à 20 œufs de Coucou, et autant de jeunes Coucous que j'ai vu recueillir sous mes yeux, provenaient tous de nids de l'Accenteur qui le construit en mousse dans les haies et les buissons. Peut-être le Coucou pond-il quelquefois dans d'autres nids, mais il faut que cela soit fort rare, car M. de Lamotte (d'Abbeville), à qui je communiquais mon opinion, m'a dit qu'il n'avais jamais trouvé d'œufs de Coucou que dans le nid de l'Accenteur. Les œufs de cet oiseau sont d'un bleu ciel ; celui du Coucou une fois plus gros est blanc marbré de grisâtre surtout vers le gros bout. On en trouve deux parfois dans le même nid.

GENRE FAUVETTE. *Sylvia* Lath.
(*Motacilla* L.)

* *Curruca* Bonap.

120. SYLVIA ATRICAPILLA *L*. — Fauvette a tête noire.

En wallon *Fabette al neur tiêce.*
Arrive en avril, émigre en octobre. Très-commune dans toute la Belgique, même dans les jardins au milieu des villes. Elle est très-recherchée à cause de son chant mélodieux.

121. SYLVIA ORPHEA *Tem*. — Fauvette Orphée.

Très-rare et accidentellement en Belgique, pendant la belle saison. Je crois l'avoir vue dans les bois de l'Ardenne. Niche

quelquefois aux environs de Metz et de Boulogne. C'est une espèce méridionale.

122. SYLVIA HORTENSIS *Pennant.* — FAUVETTE DES JARDINS.

En wallon *Fabette grise.*
Arrive à la fin d'avril ; émigre au commencement de l'automne.
Commune dans les bois et les jardins.

** *Sylvia.*

123. SYLVIA CINEREA *Briss.* — FAUVETTE GRISETTE.

En wallon *Fabette* et *Fabette al blanktièce.*
Arrive en grand nombre en avril ; émigre au commencement
de septembre. Très-commune dans les jardins et les bois. L'oiseau après avoir pris son plumage d'hiver en septembre est *Sylvia Fruticeti* (Vieillot).

124. SYLVIA CURRUCA *Lath.* — FAUVETTE BABILLARDE.

Arrive à la fin d'avril, émigre au commencement de septembre.
Cette espèce très-reconnaissable à son cri est beaucoup moins
commune que la précédente. Elle se trouve dans les mêmes
localités ; souvent dans les vignobles et les jardins qui entourent
la ville de Liége.
N. B. M. Holandre a observé une seule fois aux environs de
Metz, la Fauvette mélanocephale (*Sylvia melanocephala* Lath.)
espèce tout-à-fait méridionale.
N. B. M. Baillon a vu en Picardie et M. Degland, mentionne
accidentellement à Montreuil-sur-Mer la Fauvette Provençale
(*Sylvia Provincialis* Gm.) autre espèce méridionale, mais qui
pousse ses migrations jusque dans le sud de l'Angleterre.
On veut faire sous le nom de *Melizophilus*, *Leach*, un genre
distinct pour la *S. provincialis.*

13

GENRE POUILLOT, *Phyllopneuste* Meyer.

(*Motacilla* L. — *Sylvia* Tem.)

125. PHYLLOPNEUSTE SYLVICOLA *Bechst.* — POUILLOT SYLVICOLE.

S. Sibilatrix Bechst. Tem.

Rare en Belgique. Je l'ai tué à Longchamps-sur-Geer, au commencement de mai. Se trouve aussi dans le nord de la France et en Hollande. Niche au pied des arbres dans les bois de haute futaie. Emigre en août.

126. PHYLLOPNEUSTE BONELLI *Vieillot.* — POUILLOT BONELLI.

S. *Nattereri*. Tem.

Cette espèce d'après les observations de M. Holandre arrive vers le 15 avril, dans les bois montagneux des environs de Metz, et en repart dès le mois d'août. Elle a aussi été observée en Picardie par M. Baillon. Je crois être certain de l'avoir vue dans les bois de sapins de la Campine.

127. PHYLLOPNEUSTE RUFA *Lath.* — POUILLOT ROUSSET.

En wallon *Chiff-chaff.* — *La roussette* Buffon.

Arrive vers les derniers jours de mars, émigre au commencement d'octobre. Commun dans les bois. Le mâle se perche pendant l'incubation sur le faîte d'un arbre élevé et y fait entendre son cri monotone, assez bien rendu par le nom wallon de cette espèce.

128. PHYLLOPNEUSTE TROCHILUS *L.* — POUILLOT FITIS.

Arrive du 15 au 25 mars; émigre à la fin de septembre ou au commencement d'octobre. Très-commun dans les jardins et les bois. Niche au pied des arbres. Le mâle a les mêmes habitudes et quelquefois le même chant que celui de l'espèce précédente qui est moins commune que celle-ci. Vers le mois d'août, on les voit en grand nombre dans les jardins par familles d'une douzaine d'individus, à cette époque le dessous du corps, au moins chez les jeunes, est d'un jaune beaucoup plus uniforme et décidé qu'au printemps. C'est alors *Sylvia Flaviventris* (Vieillot).

M. Temminck, a eu la bonté de me montrer l'exemplaire type de sa *Sylvia Icterina*. Malgré tout le respect que m'inspire l'opinion d'un Ornithologiste aussi illustre, je dois avouer que cette *Icterina* ne m'a pas paru différer sensiblement de nos *Trochilus* tels que nous les voyons en avril avec le jaune par mèches en dessous du corps. Du moins, M. Temminck a reconnu sous mes yeux *pour de vrais Trochilus*, des individus tués à cette époque dans notre pays, et que j'aurais rapportés à l'*Icterina*.

J'ai vu aussi chez M. Temminck, le *Fitis* que lui a envoyé M. Brehm. Ce serait une race ou espèce plus petite et moins jaune que le *Trochilus*, dont elle a les formes avec la taille du *Rufa*, si ce n'est pas plutôt une femelle du *Trochilus*, un peu plus petite que les individus ordinaires.

Le *Trochilus* a les pieds jaunâtres; le *Rufa* les a noirâtres. C'est chez les individus frais, un caractère distinctif très-évident et qui n'a pas été je crois indiqué comme diagnose par les auteurs.

GENRE HIPPOLAIS, *Hippolaïs*, Brehm.

(*Motacilla* L. — *Sylvia* Tem. — *Muscicapoides* Selys 1831.)

129. HIPPOLAIS POLYGLOTTA *Vieill.* — HIPPOLAIS CONTRE-FAISANT.

Motac. Hippolaïs L. — *Fauvette à poitrine jaune*, Buff.

En wallon *Jenne rolais, Moqueu, Contrefaisant.*

Arrive au commencement de mai; emigre en septembre. Très-commun en Belgique, surtout dans les jardins et les bois des environs de Liége. Son ramage est très-varié ; il imite le chant de beaucoup d'oiseaux tels que le verdier, l'hirondelle, la piegrièche, le loriot. Niche dans les jardins sur les arbustes , construit un nid découvert, pond 4 à 5 œufs rouge–lilas avec des points noirs. — J'ai vu chez M. le Dᴿ Degland sa *Sylvia Icterina* (Vieillot). Je suis convaincu que ce n'est qu'un jeune Hippolaïs à bec plus court et un peu plus élargi que chez les vieux. — La *Sylvia Flaveola* (Vieillot), que M. Degland et M. Baillon ont reçue de la Lorraine, m'a paru aussi semblable en tout à l'Hippolais mais avec un bec plutôt comprimé que déprimé. Si cette forme du bec n'est pas le résultat du montage, ce pourrait être un caractère spécifique important pour séparer cette Flavéole.

GENRE ROUSSEROLLE, *Calamoherpe* Meyer.
(*Motacilla et Turdus* L. — *Sylvia* Tem.)

* *Muscicapoïdes.* (nobis *olim*).

130. CALAMOHERPE PALUSTRIS *Bechst.* — ROUSSEROLLE
DES MARAIS.

Arrive en mai, émigre à la fin d'août. Commune dans les jonchaies et les oseraies des bords de la Meuse aux environs de Liége, en Campine etc. Elle habite souvent aussi loin de l'eau dans les pièces de seigles ou de fourrages de la Hesbaye, et se perche sur les saules qui bordent les champs. Son chant imite fréquemment celui de l'Hippolaïs contrefaisant. Cette espèce ressemble à s'y méprendre à l'*Arundinacea*, mais cette dernière a le bec comprimé, plus haut que large tandis que la *Palustris* l'a déprimé plus large que haut comme celui de l'*Hippolaïs*, dont on la distingue à ses pieds forts, verdâtres, à son plumage plus rembruni. (*)

(*) J'avoue que dans la pratique, il est souvent difficile de distinguer l'*Arundinacea* des femelles roussâtres de la *Palustris*, car le bec varie quelquefois en largeur et aussi en se desséchant chez les individus préparés. Dans toutes les collections du nord de la France, j'ai vu sous le nom d'*Arundinacea* de-

* *Calamoherpe.*

131. CALAMOHERPE ARUNDINACEA *Brisson*. — ROUS-
SEROLLE DES ROSEAUX.

Je crois cette espèce très-rare en Belgique, du moins aux environs de Liége où un seul individu a été tué en mai, à ma connaissance; c'est sans doute dans les vastes jonchaies de la Campine qu'elle habite en été. Elle niche en Hollande selon M. Temminck. (Voyez la note à la suite de l'espèce précédente.)

132. CALAMOHERPE TURDOIDES *Meyer* — ROUSSEROLLE
TURDOIDE.

Turdus arundinaceus L.

Arrive vers le 15 avril, émigre à la fin d'août. Ne se trouve que dans les vastes jonchaies et les étangs boisés des Flandres et de la Campine. Elle y niche; son chant très-bruyant la fait de suite reconnaître.

*** *Calamodyta.* Bonap.

133. CALAMOHERPE PHRAGMITIS. *Bechst.* — ROUSSE-
ROLLE PHRAGMITE.

Arrive vers le 15 ou le 20 avril, émigre au commencement de l'automne. Niche dans les oseraies qui bordent la Meuse aux environs de Liége, Namur etc. Aussi sur l'Escaut et en Campine dans les marais.

---

individus de la *Palustris* et je soupçonne même mon unique *Arundinacea* recueillie en Belgique d'être une *Palustris jeune*, bien que M. Temminck l'ait reconnu pour une vraie *Arundinacea*. Dans ce cas cette espèce ne se trouverait pas chez nous et l'on ne devrait reconnaître comme telle, que les exemplaires à bec très-délié et étroit que l'on tue dans l'ouest de la France. — Quant à la *Palustris* de M. Degland, elle m'a paru être une jeune femelle de l'Hippolaïs.

134. CALAMOHERPE AQUATICA *Lath.* — ROUSSEROLLE AQUATIQUE.

Très-rare et accidentellement dans les Flandres en été.

M. Degland dit qu'on la trouve parfois aux environs de Lille et d'Amiens, dans les plaines le long des petits bois et des buissons. Accidentellement à Metz et en Hollande.

**** *Locustella*. Bonap.

135. CALAMOHERPE LOCUSTELLA *L.* ROUSSEROLLE LOCUSTELLE.

Très-rare et accidentellement en Belgique, et en Hollande.

Arrive en petit nombre aux environs de Lille vers le mois d'avril, y niche et émigre en octobre; observée en Lorraine par M. Holandre. Son chant ressemble à celui d'une sauterelle. M. Degland dit qu'elle habite de préférence les taillis, les champs de genêt, les bois et les terrains montueux, et que ce n'est qu'au printemps qu'on la trouve dans les roseaux.

Famille 2. Paridées.

GENRE ROITELET, *Regulus* Bechst.
(*Motacilla* L. —)

136. REGULUS CRISTATUS *Ray.* — ROITELLET HUPPÉ.

Arrive en octobre, séjourne l'hiver sur les sapins; émigre au nord en avril. Cet oiseau le plus petit de tous ceux d'Europe est très-familier, au point même de se laisser prendre avec un filet à papillons. Il a les allures et le cri des Mésanges et vit comme elles par familles nombreuses. Sa nourriture consiste en petits insectes. Il n'est pas possible de le conserver vivant plus de quelques jours.

137. REGULUS IGNICAPILLUS *Brehm*. ROITELET A TÊTE ROUGE.

Roitelet triple bandeau Cuv.

De passage depuis le 25 août jusqu'en octobre. Repasse en mars et avril. Cette espèce qui voyage souvent par couples est beaucoup moins commune que la précédente. Elle fréquente de préférence les taillis de chênes. Je soupçonne qu'elle niche dans les bois de l'Ardenne. Elle est facile à distinguer de l'autre espèce à la nuance vert doré de son plumage, et à la raie noire qui traverse les yeux.

N. B. Le Remiz Penduline, *Ægythalus Pendulinus* L.

A été observé une seule fois en mai dans le département de la Moselle par M. Holandre. — Un autre individu tué aux environs de Dieppe, est signalé par M. Degland. C'est une espèce tout-à-fait méridionale qui fréquente les saussaies du bord des étangs.

GENRE CALAMOPHILE, *Calamophilus* Leach.
(*Parus* L. Tem.)

138. CALAMOPHILUS BIARMICUS *L.* — CALAMOPHILE MOUS-TACHE.

De passage accidentel à la fin de l'automne aux environs de Liége ; plus régulièrement dans le Brabant et à Anvers. Vit dans les jonchaies à la manière des Rousserolles. Niche dans les marais de la Hollande et de la Flandre française, où elle construit un nid en boule analogue à ceux des genres Roitelet, Remiz et Mécisture.

GENRE MÉCISTURE, *Mecistura* Leach.
(*Parus* L. Tem. — *Brachyrhynchus* Selys 1831).

139. MECISTURA CAUDATA *L.* — MÉCISTURE A LONGUE QUEUE.

En wallon *Masringe à longue cawe* et *mouni* (Meunier).
Sédentaire. Commune dans les jardins, les vergers et les bois.

Vit par familles de 15 à 20 individus. Cette espèce, les Roitelets, les Mésanges et même le Grimpereau forment en hiver des associations nombreuses qui fréquentent de préférence les jardins plantés d'arbres verts et de Laryx. Tous ces oiseaux ont un cri de rappel presque semblable.

GENRE MÉSANGE, *Parus* L.

140. PARUS COERULEUS *L* .— Mésange bleue.

En wallon *Masringe* ainsi que les espèces suivantes :
Sédentaire. Commune partout dans les bois, les vergers et jusque dans les jardins au milieu des villes. Vit par familles, niche dans les arbres creux.

141. PARUS MAJOR *L.* — Mésange grosse.

La Charbonnière Buffon.
Sédentaire. Commune dans les jardins et les bois. Elle attaque quelquefois les petits oiseaux faibles ou malades et dévore leur cervelle. En captivité elle se rend très-redoutable à ceux qui sont renfermés avec elle dans la même volière. Niche dans les arbres creux ainsi que les espèces suivantes. Vit par familles.

142. PARUS ATER *L.* — Mésange noire.

Petite Charbonnière Buffon.
De passage plus ou moins régulier pendant l'hiver ; ordinairement elle arrive au mois de septembre, et séjourne en Belgique jusqu'en avril, dans les jardins plantés de pins et de sapins. — D'autres années elle est très-rare et n'arrive qu'avec la neige. Elle voyage par troupes nombreuses.

143. PARUS PALUSTRIS *L.* — Mésange des marais.

Nonnette cendrée Buffon.
En wallon *Masringe al neur tièce.* (Mésange à tête noire).
Sédentaire. Commune dans les bois, les vergers et les jardins.

Elle affectionne particulièrement les taillis d'aulnes près des eaux
et les saussaies. Vit par familles.

144. PARUS CRISTATUS *L*. Mésange huppée.

Cette espèce ne se trouve que dans quelques localités de la Belgique. Je l'ai observée pendant toute la belle saison dans les collines boisées à Halloy près de Cincy (Condroz), et dans les bois
de sapins de la Campine. Je suppose qu'elle y est sédentaire. Elle
ne parait qu'en très-petit nombre aux environs de Liége , dans
les bois de Kimkempoix et jamais dans les jardins des plaines.
Habite la forêt de Mormale d'après M. Degland.

SECTION V. TENUIROSTRES.

Famille 1. Sittidées.

GENRE SITTELLE , *Sitta* L.

145. SITTA EUROPÆA *L*. — Sittelle d'Europe.

Elle parait sédentaire dans les collines boisées du Condroz ,
notamment dans les bois de hêtre. Aussi en Campine pendant
l'été. De passage plus ou moins régulier au printemps et en automne dans le reste du pays. Très-rare en Hesbaye. Vit par couples ou par petites familles, niche dans les arbres creux. Ses habitudes sont intermédiaires ainsi que son organisation entre celles
des Mésanges et des Grimpereaux. Sa nourriture consiste aussi
bien en insectes qu'en graines de pin , de hêtre , noisettes etc.

Famille 2. Certhidées.

GENRE GRIMPEREAU , *Certhia* L.

146. CERTHIA FAMILIARIS *L*. — Grimpereau familier.

En wallon *Grippette.*
Sédentaire. Commun dans les jardins et les bois. Grimpe sans

cesse autour du tronc et des branches des arbres pour chercher sa nourriture qui consiste en insectes et notamment en fourmis Niche dans des trous d'arbres ou sous les toits de chaume.

Famille 3. Climactéridées.

GENRE TICHODROME, *Tichodroma* Illig.

(*Certhia* L.)

147. TICHODROMA MURARIA *L.* — Tichodrome de murailles.

Tichodroma phœnicoptera Tem. — *Grimpereau de murailles.* Buffon.

Se trouve quelquefois dans les Ardennes aux environs de Rocroy près de la frontière de Belgique. Accidentellement en Lorraine et en Picardie. Il habite le Jura et la Suisse. Grimpe le long des rochers.

GENRE TROGLODYTE, *Troglodytes* Cuv.

(*Motacilla* L.)

148. TROGLODYTES EUROPÆUS *Leach.* Troglodyte d'Europe.

En wallon *Roïetai* (roitelet).

Sédentaire; commun dans toute la Belgique. Vit dans les buissons épais, les fagots, autour des habitations; fréquente les broussailles au bord des eaux; niche souvent dans les toits de chaume. Les paysans ont un respect superstitieux pour cet oiseau que presque tout le monde appelle à tort *Roitelet*, confondant le vrai Roitelet huppé avec les mésanges.

ORDRE IV.

PLATYPODES. — *ALCYONES* Tem.

SECTION I. FISSIDACTYLES.

Famille 1. Upupidées.

GENRE HUPPE, *Upupa* L.

149. UPUPA EPOPS *L.* — Huppe puput.

En wallon *Boutbout.*

Arrive vers le 10 avril, émigre en septembre. Niche dans les bois marécageux des bords de la Meuse et de la Campine. Seulement de passage dans les plaines de la Hesbaye où on la voit isolément en avril et à la fin de l'été. Vit d'insectes qu'elle cherche à terre. Niche dans les trous d'arbres. Son nom wallon est une imitation de son cri comme ses noms grec, français et latin.

Famille 2. Coraciadées.

GENRE ROLLIER, *Coracias* L. Tem.

150. CORACIAS GARRULA *L.* — Rollier Garrule.

Très-rare et de passage accidentel en Belgique. Dans l'espace de dix ans, je n'ai eu connaissance que de trois ou quatre individus tués dans les montagnes boisées des bords de l'Ourthe, dont l'un le 16 mai 1834, et un autre au mois d'août; quelques autres ont été observés en Flandre. C'est sans contredit le plus bel oiseau de notre pays. Il a toute la coloration des Guépiers.

SECTION II. SYNDACTYLES.

N. B. Le Guépier Apivore (*Merops Apiaster* L.) oiseau du midi de la France, s'égare quelquefois dans le nord jusqu'en

Angleterre et en Picardie. M. Degland dit qu'on l'a tué à Montreuil-sur-Mer C'est le type de la famille des Méropidées.

Famille des Alcedinidées.

GENRE MARTIN-PÉCHEUR, *Alcedo* L. Tem.

151. ALCEDO ISPIDA *L.* — Martin pêcheur Alcyon.

En wallon *roi péheux* (roi pêcheur).

Commun en Belgique sur la plupart des rivières et des étangs, et sédentaire sur celles qui ne gèlent pas. Vit de petits poissons, niche dans des trous sous les racines au bord de l'eau.

ORDRE V.

GRIMPEURS. — *PICI* L.

Famille I. Picidées.

GENRE PIC, *Picus* L. Tem.

* *Picus.*

152. PICUS MAJOR *L.* — Pic Grand-épeiche.

Commun en été dans les grands bois ; il y niche. Dans les autres saisons, mais surtout au printemps et en automne, il se répand dans le reste de la Belgique. Vit d'insectes, de graines de laryx, de noisettes. Il se suspend à ces fruits la tête en bas à la manière des Beccroisés et des Mésanges.

153. PICUS MEDIUS *L.* — Pic moyen-épeiche.

Très-rare dans les grands bois de chênes de l'Ardenne. Observé aux environs de Sarrelouis et St.-Avoldt par M. Holandre. — Se trouve quelquefois dans le Boulonnais selon M. Degland ; accidentellement en Hollande.

154. PICUS MINOR *L.* — Pic petit-épeiche.

Rare et de passage accidentel en Belgique. Voyage par couples au printemps et en automne. Quelques individus ont été tués en Condroz et en Ardenne. Je ne l'ai observé qu'une seule fois en Hesbaye en mai 1834. Il a les habitudes des Sittelles, son cri est faible. Il niche dit-on en Lorraine ainsi que le *Picus medius.*

** *Dryocopus* Boie.

N B. Picus Martius L. — Pic noir.

Je n'ai pas observé moi-même cette espèce mais j'ai dû le

reconnaître à la description qui m'a été faite d'un oiseau tué dans la grande forêt de Hertogenwald au delà de Verviers près de la frontière de Prusse Ce Pic habite les Alpes Suisses et la Forêt noire. S'il existe dans le Hertogenwald, il est à remarquer que cette forêt est aussi la seule qui nourrisse en Belgique le *Tetrao Urogallus* autre espèce subalpine.

*** *Gecinus* Boie.

155. PICUS VIRIDIS *L*. — PIC VERT.

En wallon *Bechfét* (Bec fer) — *Vulgairement* Bec bois.
Sédentaire. Commun dans toute la Belgique. C'est un oiseau nuisible à cause des trous qu'il perce dans les troncs d'arbres et notamment dans les peupliers blancs. Sa nourriture consiste en fourmis et en larves d'insectes. Il cherche les premières à terre dans les prairies, les secondes en grimpant le long des arbres. Niche dans les trous qu'il a creusés et y couche toute l'année.

156. PICUS CANUS *Gm*. — PIC CENDRÉ.

Observé plusieurs fois aux environs de Metz en automne par M. Holandre. Il est sans doute de passage dans les forêts des Ardennes, car on m'a assuré à St.-Hubert, qu'on y voit de temps en temps une espèce voisine du pic vert mais différente par sa tête grise.

GENRE TORCOL, *Yunx* L. Tem.

157. YUNX TORQUILLA *L*. — TORCOL VERTICILLE.

En wallon *Torcou*.
De passage plus ou moins régulier dans le centre de la Belgique, en avril et septembre ; fréquente les vergers, les vieux saules. Il paraît qu'il niche dans les montagnes boisées de la rive droite de la Meuse. Emigre en hiver.

Famille 2. Cuculidées.

GENRE COUCOU, *Cuculus* L. Tem.

158. CUCULUS CANORUS *L.* — COUCOU CHANTEUR.

En wallon *Coucou.*

Arrive à la fin d'avril ; les vieux émigrent en août, les jeunes en septembre. Commun dans les bois et les jardins ; les jeunes et les individus roux (*Cuculus hepaticus , Sparm.*) que M. Temminck regarde comme le Coucou à l'âge d'un an se répandent dans les vergers en août et septembre avant l'émigration.

J'ai élevé en captivité un jeune Coucou, qui a pris avant l'âge d'un an la livrée définitive du Coucou gris sans passer par le plumage roux indiqué par M. Temminck. Je n'ai su quelle conséquence certaine tirer de ce fait. (Voyez pour la propagation la note à l'article de l'Accenteur mouchet plus haut, et une note spéciale, sur le Coucou que j'ai élevé.)

En liberté le Coucou vit de larves, d'insectes et dit-on d'œufs d'oiseaux ; en captivité je l'ai nourri avec de la viande crue hachée, du pain écrasé et des vers de farine. Il s'élançait sur ces derniers avec une grande voracité. Il est très-frileux en hiver, et sujet aux attaques d'épilepsie.

ORDRE VI.

PIGEONS. — *COLUMBÆ* Lath.

Famille des Colombidées.

GENRE COLOMBE , *Columba* L.

* *Columba.*

159. COLUMBA PALUMBUS *L.* — Colombe Ramier.

En wallon *Savage puvion* (pigeon sauvage) et *Savage colon.*
Niche et séjourne dans les bois et les jardins. En hiver les Ramiers se réunissent en troupes dans les petits bois des plaines ou
bien émigrent au midi par grandes volées selon la rigueur des
gelées.

160. COLUMBA ÆNAS *L.* — Colombe Colombin.

Rare. De passage irrégulier en automne (vers le 1er novembre)
et en mars. Voyage presque toujours isolément. Niche quelquefois
dans les grands bois.

161. COLUMBA LIVIA , *Lath.* — Colombe Biset.

En wallon *Colon ,* et *Puvion.*
Je n'ai pas encore observé en Belgique de Bisets absolument
sauvages comme il y en a dans le nord ouest et le sud de l'Europe ,
mais je n'ai pas cru devoir omettre cette espèce parcequ'elle se
reproduit librement dans les vieux édifices et même dans quelques
rochers des bords de la Meuse, et que , bien que ces individus
fuyards proviennent des Pigeons de champs qu'on élève ils me

semblent avoir au moins autant de droits à faire partie de la Faune Belge, que le Lapin et le Surmulot, que l'on admet dans toutes les Faunes de l'Europe centrale.

** *Turtur*. Bonap.

162. COLUMBA TURTUR.

En wallon *Turturelle*.

Arrive en avril, émigre au commencement de l'automne. Assez commune dans les bois et les jardins où se trouvent des arbres de haute futaie.

N. B. La Tourterelle à collier (*C. risoria* L.) n'existe pas à l'état sauvage en Belgique, mais on l'élève en domesticité.

SOUS-CLASSE 2. — *MARCHEURS* (GRALLATORES).

ORDRE VII.

GALLINACÉS. — *GALLINÆ* L.

Famille 1. Tetraonidées.

GENRE TÉTRAS , *Tetrao* L. Tem.

* *Tetrao.*

163. TETRAO UROGALLUS *L.* — Tétras Coq de bruyère.

Vit en petit nombre près des hautes fanges dans la forêt de Hertogenwald et de Samrée, notamment aux environs de Jalhay. Il paraît que cette espèce y est sédentaire.

** *Lyrurus.* Swains.

164. TETRAO TETRIX *L.* — Tétras Birkhan.

En wallon *Coq di brouwi.*
Habite les fanges et bruyères des environs de Jalhay, les forêts de Hertogenwald, Samrée vers la frontière de Prusse, et quelques localités analogues du Luxembourg.

*** *Bonasia.* Bonap.

165. TETRAO BONASIA *L.* — Tétras Gélinotte.

Plus rare que le Birkhan dans les mêmes localités. Habite les forêts les plus sauvages de l'Ardenne vers les frontières de Prusse. Plus commune aux environs de Malmédi. Il arrive quelquefois en automne que cet oiseau s'égare jusqu'aux environs de Liége, en suivant les bois des bords de l'Ourthe. Sa nourriture consiste particulièrement en chatons de bouleau.

Famille 2. Perdicidées.

GENRE PERDRIX , *Perdix* Lath. Tem.
(*Tetrao* L.)

* *Perdix.*

166. PERDIX RUBRA *Briss.* — Perdrix rouge.

De passage très-accidentel en Belgique, un individu a été tué près de Tournay, un autre près de Maestricht ; à plusieurs reprises on a essayé de naturaliser cette espèce aux environs de Liége, mais on n'a pu y réussir. Ces perdrix émigraient à l'automne vers le midi et ne revenaient plus.

** *Starna.* Bonap.

167. PERDIX CINEREA *Lath.* — Perdrix grise.
Tetrao Perdix L.

En wallon *Piétri.*
Sédentaire ; répandue dans les champs de toute la Belgique, mais rare dans les cantons boisés et arides.

La Perdrix de Damas (*Perdix Damascena* L.) paraît en être une simple variété locale plus petite. On dit qu'elle a les pieds jaunes. Cette petite perdrix nous arrive irrégulièrement en hiver par troupes très-nombreuses.

C'est sur l'indication d'anciens chasseurs, que j'avais établi en 1831 une nouvelle espèce sous le nom de *Perdix Belgica.* Ces chasseurs regardaient son existence dans les campagnes du Brabant comme un fait incontestable et la nommaient *Perdrix à fer à cheval blanc* parceque le mâle serait dépourvu du fer à cheval ferrugineux qui caractérise celui de la Perdrix grise. — Les individus qu'on m'a montrés depuis étant de vieilles femelles de la Perdrix grise, je supprime la prétendue espèce de *Perdix Bel—*

gica et je ne donne cette note que pour prémunir contre le préjugé des chasseurs qui croiraient encore à son existence.

GENRE CAILLE , *Coturnix* Briss.
(*Tetras* L. — *Perdix* Lath.)

168. COTURNIX DACTYLISONANS *Meyer*. — CAILLE CHAN-
TEUSE.

Tetrao coturnix L.

En wallon *Qwaill*.

Arrive vers le 15 avril, émigre à la fin de septembre. On en
voit quelques individus jusqu'au 15 octobre, mais ce sont des
cailles trop grasses qui ne peuvent émigrer , et sont infaillible-
ment tuées ou prises avant l'hiver. Commune dans les champs
de presque toute la Belgique.

ORDRE VIII.

ALECTORIDES. — *ALECTORIDES* Tem.

Famille des Rallidées.

GENRE CREX, *Crex* Bechst.

(*Rallus* L. *Gallinula* Tem.)

* *Crex.*

169. CREX PRATENSIS *Bechst.* — CREX DE GENÊT.

Gall. crex Tem.
En wallon *Râlet.* — Vulgairement *Roi de Cailles*
Arrive en avril, niche dans les prairies humides et dans les pièces de trèfle. Émigre vers la fin de septembre.

" *Ortygometra.* Leach.

170. CREX PUSILLUS *Pallas.* — CREX POUSSIN.

Très-rare en Belgique. Observé plusieurs fois dans les champs de fourrages près de l'eau en Brabant et aux environs de Liége.

171. CREX BAILLONII *Vieill.* — CREX DE BAILLON.

Encore plus rare que le précédent. De passage accidentel dans les marais de la Flandre et dans ceux de la Campine aux environs de Hasselt.

172. CREX PORZANA *L.* — CREX MAROUETTE.

Arrive en mars, émigre en automne. Habite en été les marais ; se trouve assez souvent dans les champs de trèfle à l'époque de son passage d'automne.

GENRE RALE — *Rallus* L.

173. RALLUS AQUATICUS *L.* — Rale d'eau.

Arrive en mars, émigre en novembre ou décembre selon les localités. Habite en été les marais où croissent des joncs et des broussailles. On le voit nager au milieu des herbes à la manière des poules d'eau. A l'époque de ses émigrations partielles on le tue dans les prairies humides. Dans quelques marais où l'eau ne gèle point il semble sédentaire.

GENRE POULE D'EAU, *Gallinula* Lath.
(*Fulica* L.)

174. GALLINULA CHLOROPUS *L.* — Poule d'eau aux pieds verts.

En wallon *poïe d'aiwe* (poule d'eau).

Commune dans les marais et les étangs bordés de joncs. Les migrations de cette espèce paraissent fort restreintes. Si elle s'éloigne souvent pendant l'hiver, cette règle n'est cependant pas sans exception car il y a certains étangs où elle est sédentaire. Niche au milieu des joncs.

GENRE FOULQUE, *Fulica* L.

175. FULICA ATRA *L.* — Foulque noire.

En wallon *Coq d'aiwe* (Coq d'eau).

De passage au printemps et en automne sur les étangs et les rivières. Voyage isolément. Peu commune aux environs de Liége. Niche dans les grands marais des Flandres et de la Campine.

Le nom de *macroule* donné à la Foulque dans quelques parties de la France vient évidemment du mot *mole-crawe* (Taupe corbeau) sous lequel on désigne la Foulque dans les environs d'Anvers.

ORDRE IX.

ÉCHASSIERS. — *GRALLÆ* L.

SECTION I. PRESSIROSTRES.

Famille 1. Otidées.

GENRE OUTARDE , *Otis* L.

* *Otis.*

176. OTIS TARDA *L.* — Outarde pesante.

De passage accidentel en Belgique dans les hivers rigoureux. On la voit alors paraître sur les bruyères de l'Ardenne, ou dans les champs cultivés du centre de la Belgique. Voyage par troupes ou isolément.

** *Tetrax.* Leach.

177. OTIS TETRAX *L.* — Outarde Cannepétière.

De passage accidentel dans les bruyères de la Campine et en Brabant. Encore plus rare que la précédente.

N. B. Le Courrevite d'Europe (*Cursorius Europæus* Lath), espèce du midi de l'Europe, s'égare quelquefois dans le nord de la France. Un individu a été tué sur les côtes de la Manche, et un autre a été pris aux environs de Metz , le 1er septembre 1822, dans un filet tendu pour les alouettes.

Famille 2. Charadridées.

GENRE GLARÉOLE , *Glarcola* Lath.
(*Hirundo* L.)

178. GLAREOLA PRATINCOLA *L.* — Glaréole des
PRAIRIES.

La Perdrix de mer. Buffon. — *Glareola torquata* Tem.

M. de Meezemaker m'écrit qu'il a constaté l'apparition d'un

individu de cette espèce méridionale à Bergues en Flandre. D'autres captures accidentelles ont eu lieu en Hollande et en Picardie, d'après MM. Temminck et Baillon.

GENRE ÆDICNÈME, *Ædicnemus* T.
(*Charadrius* L.)

179. ÆDICNEMUS CREPITANS *Tem.* — Ædicnème criard.

De passage irrégulier dans les bruyères de l'Ardenne au printemps et en septembre. Plus rarement dans le centre de la Belgique.

GENRE PLUVIER, *Charadrius* L.

* *Ægialites.* Boie.

180. CHARADRIUS HIATICULA *L.* — Pluvier a collier.

De passage irrégulier dans l'intérieur du pays le long des rivières. Très-commun en Flandre sur les bords de la mer au printemps et en automne.

181. CHARADRIUS MINOR *Meyer.* — Pluvier petit.

De passage plus ou moins régulier sur les bords de la Meuse. Assez souvent dans les prairies marécageuses des environs de Maestricht ; courre sur la grève des rivières. Emigre en hiver.

182. CHARADRIUS CANTIANUS *Lath.* — Pluvier Interrompu.

Commun sur les côtes de Flandre et à l'embouchure de l'Escaut, au printemps et en automne. Très-rare et accidentellement dans l'intérieur du pays. Il cherche sa nourriture en courrant rapidement sur les bords de la mer. Emigre en hiver. Un certain nombre d'individus nichent sur nos côtes.

** *Eudromias.* Boie.

183. CHARADRIUS MORINELLUS *L.* — Pluvier Guignard.

De passage régulier en Flandre sur les côtes maritimes à la fin d'août et en septembre ; plus rare en Brabant ; accidentellement en Ardenne. On ne voit guère que des jeunes.

*** *Charadrius.*

184. CHARADRIUS PLUVIALIS *L.* — Pluvier ordinaire.

En wallon *Plouvi.* — Pluvier doré *Buffon.*
De passage régulier en automne et en mars et avril. Cette espèce voyage par troupes très-nombreuses et choisit pour se reposer les plaines les plus étendues.

GENRE SQUATAROLE , *Squatarola* Cuv.
(*Tringa* L. — *Vanellus* Tem.)

185. SQUATAROLA HELVETICA *L.* — Squatarole Suisse.

Vanellus melanogaster Tem. — *Vanneau-pluvier* Buff.
Commun à son double passage en Flandre , sur les bords de la mer surtout vers l'embouchure de l'Escaut. Très-accidentellement dans le centre de la Belgique, sur la Meuse.

GENRE VANNEAU , *Vanellus* Briss.
(*Tringa* L.)

186. VANELLUS CRISTATUS *Meyer.* — Vanneau huppé.

Nichent en assez grand nombre dans les vastes prairies marécageuses de la Campine et des polders. Emigrent en automne par troupes nombreuses. A cette époque, au printemps, et quelquefois en hiver ils se répandent par petites familles dans les champs cultivés et paturent comme les corbeaux. Les œufs sont très-recherchés. On en vend beaucoup au marché de Maestricht, mais leur ressemblance avec ceux de Corbeaux qui sont aussi fort bons à manger, a souvent donné lieu à des supercheries.

GENRE TOURNEPIERRE, *Strepsilas*, Illig.

(*Tringa* L.)

187. STREPSILAS INTERPRES *L.* — Tournepierre Interprète.

Strepsilas Collaris Tem.

De passage régulier au printemps et en automne sur les côtes maritimes dans les parties où se trouve de gros gravier qu'il retourne pour y chercher de petits animaux marins. Très-accidentellement dans l'intérieur du pays : un individu a été tué près de Liége avec des Hirondelles de mer au mois d'avril après une tempête.

SECTION II. LONGIROSTRES.

Famille I. Hematopidées.

GENRE HUITRIER, *Hæmatopus* L.

188. HÆMATOPUS OSTRALEGUS *L.* — Huitrier Ostralège.

M. De Meezemaker l'observe très-abondamment sur la côte de Flandre en hiver et au printemps. On en voit de temps en temps des individus isolés le long de la Meuse au printemps et en automne. Souvent on en renferme dans les jardins pour détruire les limaçons et les vers.

Famille 2. Recurvirostridées.

GENRE ÉCHASSE, *Himantopus* Briss.
(*Charadrius* L)

189. HIMANTOPUS MELANOPTERUS *Meyer*. — Echasse a
manteau noir.

De passage très-accidentel en Belgique; plusieurs exemplaires ont été tués aux environs de Bergues et de Tournay. M. de Meezemaker m'écrit qu'on n'en voit plus depuis le desséchement des grands marais; il y a niché une fois à sa connaissance. Un individu isolé a été tué sur la Meuse. M. Baillon l'indique en Picardie et M. Holandre dit que plusieurs individus ont été observés à différentes reprises près de la frontière aux environs de Thionville. C'est un oiseau du sud et de l'est de l'Europe qui cherche les marais salains des bords de la mer.

GENRE AVOCETTE, *Recurvirostra* L.

190. RECURVIROSTRA AVOCETTA *L.* — Avocette
recurvirostre.

Peu commune à son double passage sur les côtes maritimes et dans les grands marais des Flandres; très-accidentellement et isolément sur les bords de la Meuse et sur la Moselle au printemps. Cet oiseau vit de préférence à l'embouchure des fleuves.

Famille 3. Phalaropidées.

GENRE PHALAROPE, *Phalaropus* Briss.
(*Tringa* L.)

191. PHALAROPUS FULICARIUS *L.* — Phalarope
fulicaire.

Phal. platyrhynchus Tem.
Très-rare et de passage accidentel dans les marais de la Cam-

pine et sur les côtes de Flandre, seulement pendant les hivers rigoureux. M. le vicomte F. de Spoelbergh en a recueilli un individu adulte aux environs de Louvain pendant l'hiver. M. de Meezemaker l'a vu quelquefois aux environs de Dunkerque.

GENRE LOBIPÈDE, *Lobipes* Cuv.
(*Tringa* L. — *Phalaropus* Tem.)

192. LOBIPES HYPERBOREUS *L.* — LOBIPÈDE HYPERBORÉ.

Encore plus rare que le Phalarope fulicaire sur les côtes maritimes de Belgique pendant les hivers rigoureux. Observé plusieurs fois sur celles de Flandre par M. de Meezemaker, de Hollande et de Picardie par MM. Temminck et Baillon.

Famille 4. Scolopacidées.

GENRE SANDERLING, *Calidris* Illig.
(*Charadrius* L.)

193. CALIDRIS ARENARIA *L.* — SANDERLING DES SABLES.

De passage régulier sur les côtes maritimes au printemps et en automne. Rare et accidentellement sur les rivières de l'intérieur. J'en possède un jeune individu tué en octobre sur la Meuse près de Liége.

GENRE BÉCASSEAU, *Tringa* L.

* *Pelidna.* Cuv.

194. TRINGA SURARQUATA *Güldenst.* — BÉCASSEAU COCORLI.

Très-commun à son double passage sur nos côtes maritimes au mois d'avril et à la fin de l'été. Je n'ai pas encore observé d'individus dans l'intérieur du pays. M. Holandre l'a recueilli au commencement de septembre sur la Moselle près de Thionville.

195. TRINGA CINCLUS *L.*— Bécasseau Brunete.

Tringa variabilis Tem. — L'*Alouette de mer* Buff.
Très-commun à son double passage de printemps et d'automne sur nos côtes maritimes. Rare dans les marais de l'intérieur, assez souvent cependant dans ceux de la Campine au mois d'avril.

196. TRINGA SCHINZI *Brehm.* — Bécasseau de Schinz.

Plus rare que le *Cinclus* mais dans les mêmes localités et à peu près aux mêmes époques. Ce n'est probablement qu'une race locale plus petite, mais se rapportant aux *Cinclus* comme M. Temminck l'a pensé. Naumann, adopte pourtant l'opinion de Brehm et croit que cette race pénètre plus avant dans le nord que l'espèce ordinaire. Selon M. Temminck il ne faut pas confondre cette espèce ou race avec la *T. Schinzi* (Bonap.) du nord de l'Amérique.

N. B. Le *Tringa Pygmæa* Lath. (*Tringa platyrhyncha* Tem.) a été observé une seule fois dans le nord de la France par M. Baillon. C'est un oiseau de l'Orient de l'Europe. M. Koch veut en faire le genre *Limicola*.

197. TRINGA TEMMINCKII *Leisl.* — Bécasseau de Temminck.

De passage au printemps et en automne sur les côtes maritimes ; accidentellement sur la Moselle, notamment aux environs de Thionville d'après M. Holandre.

198. TRINGA MINUTA *Leisl.* — Bécasseau nain.

Assez rare en Belgique. De passage au printemps et à la fin de l'été sur les côtes maritimes. Rare dans les grands marais et sur les bords de la Moselle.

** *Tringa.*

199. TRINGA MARITIMA *Brünnich.* — Bécasseau maritime.

Peu commun à son double passage de printemps et d'automne sur les côtes maritimes et sur l'Escaut près de son embouchure, presque jamais dans les marais de l'intérieur.

200. TRINGA CANUTUS *L.* — Bécasseau Canut.

Très commun au printemps et à la fin de l'été sur les côtes maritimes. Très-accidentellement dans les marais de l'intérieur.

N. B. Le Bécasseau roussâtre (*Tringa rufescens* Vieillot) de l'Amérique septentrionale a été trouvé accidentellement en Picardie par M. Baillon.

GENRE COMBATTANT, *Machetes* Cuv.

(*Tringa* L.)

201. MACHETES PUGNAX *L.* — Combattant querelleur.

De passage au printemps dans les grands marais. Assez commun dans ceux des environs d'Anvers, rare ailleurs. Cette espèce niche en grand nombre dans les prairies humides de la Hollande où elle vit au milieu des Vanneaux et des Etourneaux.

Il est assez rare de trouver deux mâles en plumage de noces dont la fraise et les oreillons soient colorés de même. Ces ornements accessoires varient à l'infini, il y en a de *blancs, noirs, fauves, gris,* et toutes les couleurs intermédiaires diversement mélangées.

Je suppose qu'il niche dans les polders. Emigre en septembre. Son nom lui vient des combats furieux que les mâles se livrent au printemps.

GENRE CHEVALIER, *Totanus* Bechst.

(*Tringa* et *Scolopax* L.)

* *Actitis*. Boie.

202 TOTANUS HYPOLEUCOS *L.* — CHEVALIER GUIGNETTE.

Arrive en avril, niche dans les îles de la Meuse et de l'Escaut. Commun en juillet et août sur la plupart des rivières de l'intérieur du pays; émigre en septembre. Les chasseurs le nomment *Culblanc*.

** *Totanus*.

203. TOTANUS OCHROPUS *L.* — CHEVALIER CULBLANC.

De passage au printemps et à la fin de l'été. Fréquente de préférence les torrents limpides des montagnes boisées. Aussi dans la Campine; rare en Hesbaye. Voyage par couples ou par petites bandes. Niche assez souvent dans notre pays.

204. TOTANUS GLAREOLA *L.* — CHEVALIER SYLVAIN.

Rare et accidentellement dans les marais de la Campine au milieu des bois de sapins. Aussi sur la Moselle en automne d'après M. Holandre.

205. TOTANUS FUSCUS *L.* — CHEVALIER BRUN.

Commun sur les côtes de Belgique à son double passage de printemps et d'automne; il a été aussi observé dans les marais des Flandres et sur la Moselle.

N. B. Le Chevalier Stagnatile (*Totanus Stagnatilis* Bechst.) qui habite le sud et l'orient de l'Europe a été observé accidentellement en Picardie, par M. Baillon.

*** *Gambetta.*

206. TOTANUS CALIDRIS *L.* — Chevalier Gambette.

De passage sur les côtes et dans les marais au printemps et en automne. Aussi sur la Meuse. Niche en Hollande dans les prairies humides.

**** *Glottis* Nilsson.

207. TOTANUS GLOTTIS *L.* — Chevalier aboyeur.

Rare en Belgique. Passe au printemps et à la fin de l'été sur les côtes maritimes. Accidentellement sur les rivières. Un individu a été tué sur le Geer au mois de juillet.

GENRE BARGE, *Limosa* Brisson.
(*Scolopax* L.)

208. LIMOSA LAPPONICA *L.* — Barge de Lapponie.

Limosa rufa Brisson, Tem. *Barge rousse.*
De passage au printemps et en automne sur les côtes de la Belgique. Rare. Très accidentellement dans les marais de l'intérieur et sur la Moselle.

209. LIMOSA MEYERI *Leisler.* — Barge de Meyer.

De double passage sur les côtes de Flandre. Rare. J'en dois la connaissance à M. de Meezemaker. M. Temminck l'indique comme de passage accidentel en Hollande.

210. LIMOSA ÆGOCEPHALA *L.* — Barge Egocephale.

Limosa melanura Tem. *Barge à queue noire.*
De passage au commencement de mars et à la fin de l'automne ; quelquefois aussi en hiver. Fréquente les marais ; moins rare que les précédentes dans le centre du pays.
N. B. La *Barge cendrée (Limosa cinerea* Gm.) *Limosa Tereck*

Tem. a été observée une seule fois en Picardie par M. Baillon , c'est un oiseau de la mer Caspienne. On en fait le genre *Terekia.* Bonap.

GENRE BÉCASSINE, *Gallinago* Briss.
(*Scolopax* L. Tem.)

* *Telmatias* Boie.

211. GALLINAGO MAJOR *L.* — BÉCASSINE DOUBLE.

Peu commune. De passage dans les marais à la fin de l'automne et au mois de mars et d'avril. Se trouve souvent dans ceux de la Campine.

212. GALLINAGO SCOLOPACINUS *Bonap.* — BÉCASSINE ORDINAIRE.

Scolop. Gallinago L.
Commune dans les marais à son double passage de printemps et d'automne. Niche en Hollande.

N. B. Kaup a séparé sous le nom de Bécassine de Brehm (*G. Brehmi*) les individus qui ont 16 pennes à la queue au lieu de 14. Je suis tenté d'adopter l'opinion de M. Temminck qui doute que ce soit une espèce distincte. M. Baillon l'a observée en Picardie.

N. B. M. Baillon sépare aussi sous le nom de Bécassine de Lamotti (*G. Lamotti*) des individus de Picardie qui n'ont que 12 pennes caudales et sont du reste semblables aux exemplaires or- dinaires. M. Temminck regarde cette variation comme acciden- telle ; en tout cas elle est fort rare.

N. B. La Bécassine erratique (*G. peregrina* Brehm) est une espèce distincte qui a la taille du *G. gallinula* avec les formes de *G. Scolopacinus.* M. Baillon qui la nomme *Pygmœa* l'a observée deux fois aux environs d'Abbeville.

** *Philolimnos*. Boie.

213. GALLINAGO GALLINULA *L.* — Bécassine gallinule.

Commune dans les mêmes localités que la Bécassine ordinaire et aux mêmes époques.

GENRE BÉCASSE, *Scolopax* L.

214 SCOLOPAX RUSTICOLA *L.* — Bécasse rusticole.

En wallon *Bégasse*.

De passage régulier dans les grands bois en octobre et novembre. Repasse en mars. A cette époque un petit nombre d'individus passent dans les campagnes et s'arrêtent dans les jardins ou le long des haies. D'autres séjournent dans ces bois si l'hiver est tempéré. Quelques couples seulement nichent dans les grands bois de l'Ardenne.

Les chasseurs prétendent distinguer plusieurs races entr'autres une plus petite ; mais je n'ai jamais pu trouver de caractères distinctifs pour séparer ces divers individus et je suis convaincu comme M. Temminck que ces petites Bécasses ne sont que les jeunes des couvées tardives qui n'émigrent qu'un peu plus tard que les autres. On observe de temps en temps des variétés accidentelles *blanchâtres* ou d'un *jaunâtre pâle*.

GENRE COURLIS, *Numenius* Lath.
(*Scolopax* L.)

215. NUMENIUS ARQUATA *L.* — Courlis arqué.

De passage régulier au printemps et à la fin de l'automne dans les bois près des grands marais. Très-commun et presque sédentaire sur les bords de la mer. Rare aux environs de Liége. Je crois qu'il niche dans les terrains arides et sabloneux car j'en ai reçu de l'Ardenne en été et j'en ai vu d'autres à Ostende en août.

216. NUMENIUS PHÆOPUS *L.* — Courlis Corlieu.

De passage au printemps et en automne le long des côtes maritimes. Accidentellement dans les bois de l'intérieur.

N. B. Le Courlis Ténuirostre (*Numenius Tenuirostris ,* Savi)
a été observé une seule fois en Picardie par M. Baillon. C'est une
espèce de l'Italie.

SECTION III. CULTRIROSTRES.

Famille 1. Tantalidées.

GENRE IBIS, *Ibis* Briss.
(*Tantalus* L.)

217. IBIS FALCINELLUS *L.* — Ibis Falcinelle.

De passage très accidentel en Belgique, deux individus ont été
tués aux environs de Tournay. D'autres exemplaires ont été observés en Hollande, sur la Moselle et en Picardie ; la plupart au
mois de mai. M. de Meezemaker m'écrit qu'il ne le voit plus aux
environs de Bergues depuis le desséchement des grands marais.

Famille II. Ardeidées.

GENRE CIGOGNE, *Ciconia* Briss.
(*Ardea* L.)

218. CICONIA ALBA *Briss.* — Cigogne blanche.

Ardea Ciconia L.

De passage en avril et à la fin d'août. Les cigognes voyagent
par grandes troupes et se reposent rarement. Si elles s'abattent
c'est sur le toit d'un grand édifice, d'une ferme, ou au milieu de
la campagne. Elles sont très-peu défiantes ; nichent en Hollande
mais point en Belgique.

219. CICONIA NIGRA *L.* — Cigogne noire.

Beaucoup plus sauvage que la précédente ; vit dans les forêts marécageuses de l'Orient ; très rare et de passage accidentel en Belgique. Plusieurs individus ont été tués au printemps et en automne dans le Brabant et aux environs de Namur.

GENRE HÉRON, *Ardea* L.

* *Ardea.*

220. ARDEA CINEREA *L.* — Héron cendré.

Vit et niche dans les grands marais. Cet oiseau se répand dans les prairies humides à l'arrière saison. En hiver il se réfugie sur les petites rivières qui ne gèlent pas. On en voit aussi au milieu des champs après la moisson : ces derniers s'y nourrissent de petits rongeurs et de grenouilles mais la nourriture de prédilection de cet oiseau consiste en poissons d'eau douce ; aussi est il regardé comme le fléau des étangs.

221. ARDEA PURPUREA *L.* — Héron pourpré.

Rare et de passage accidentel en Belgique, du moins dans le centre du pays et sur la Moselle. Plus habituellement dans les grands marais près de Venlo vers la frontière de Hollande ; assez souvent aux environs de Lille.

** *Egretta* Bonap.

222. ARDEA ALBA ? *L.* — Héron blanc.

A. Egretta Tem.

Espèce tout à fait méridionale ; a été tuée en décembre 1813 près de Metz d'après M. Holandre. M. Baillon l'indique aussi en Picardie. Un Héron blanc a été vu il y a plusieurs années aux environs de Maestricht; n'étant point certain que ce soit l'*Alba*, j'ai fait suivre le nom d'un signe de doute.

N. B. Si ce n'est pas l'*Alba* qui a été vu en Belgique ce serait le Héron Garzette (*Ardea Garzetta* L.) vulgairement Petite égrette qui a été tué plusieurs fois en Picardie et qui n'est pas rare dans le centre de la France.

°°° *Buphus* Boie.

223. ARDEA RALLOIDES *Scop.* — Héron Ralloide.

Crabier Buff.

L'apparition accidentelle de cette espèce méridionale en Belgique est constatée par la capture aux environs de Tournay de deux individus qui m'ont été indiqués par MM. Dumortier et d'Espierres. Un autre individu a été tué sur la Meuse en été près de Huy en **1841**.

°°°° *Ardeola* Bonap.

224. ARDEA MINUTA *L.* — Héron nain.

Blongios Buff.

De passage irrégulier au printemps et en automne dans les marais de l'intérieur du pays. Plus habituellement dans ceux de la Campine et des Polders. M. Holandre dit qu'il niche quelquefois dans les saussaies aquatiques de Longeville et Montigni. (Moselle.)

°°°°° *Botaurus* Steph.

225. ARDEA STELLARIS *L.* — Héron Butor.

Assez commun dans les grands marais couverts de joncs et de saules dans la Campine et les polders. Rare et accidentellement dans l'intérieur du pays. Niche sur les confins de la Hollande.

GENRE BIHOREAU, *Nycticorax* Cuv.
(*Ardea* L.)

226. NYCTICORAX GRISEA *Gm.* — BIHOREAU GRIS.

Nycticorax Ardeola Tem.—*Ardea Nycticorax* L.—*N. Gardeni*
page 48 de cette Faune.

Rare et de passage irrégulier en Campine et dans les polders.
Accidentellement dans l'intérieur du pays.

Famille 3. Gruidées.

GENRE GRUE, *Grus* Pallas.
(*Ardea* L.)

227. GRUS CINEREA *Bechst.* — GRUE CENDRÉE.

En wallon *Grawe.* — *Ardea Grus.* L.

De passage par volées très nombreuses en automne et au printemps. Ces oiseaux s'abattent rarement. S'ils le font c'est au milieu de vastes plaines ou de bruyères découvertes et pendant la
nuit. Ils volent en formant un immense triangle ou V très-ouvert
et se troublent lorsqu'ils entendent siffler. C'est sans doute la ressemblance du cri des Grues avec celui des Dindons qui a donné
naissance au préjugé populaire que ce sont des Dindons sauvages.

SECTION IV. LATIROSTRES.

Famille des Platalcidées.

GENRE SPATULE, *Platalœa* L.

228. PLATALÆA LEUCORHODIA *L.* — SPATULE BLANCHE.

De passage au printemps et en automne sur les côtes maritimes
des Flandres. Rare sur l'Escaut. Très-accidentellement dans l'intérieur du pays et sur la Meuse. M. de Meezemaker m'a montré
des individus dont le bec est notablement plus fort et plus long
qu'à l'ordinaire et qu'il est tenté de regarder comme d'une autre
race.

SECTION V. PYXIDIROSTRES.

Famille des Phénicoptéridées.

GENRE FLAMMANT, *Phœnicopterus* L.

229. PHÆNICOPTERUS ANTIQUORUM *Tem.* — FLAMMANT DES ANCIENS.

Ph. ruber (pars) L.

Habite les marais salains du midi de l'Europe. On dit qu'il parait très accidentellement sur le Rhin, M. Degland constate qu'un individu a été tué dans la Flandre française à Dunkerque.

ORDRE X.

PALMIPÈDES. — *ANSERES* L.

SECTION I. LAMELLIROSTRES.

Famille des Anatidées.

GENRE CYGNE, *Cygnus* Meyer.

(*Anas* L.)

* *Cygnus* L.

230. CYGNUS MUSICUS *Bechst.* — CYGNE CHANTEUR.

Anas Cygnus. L. — En wallon *Cine savage.*

De passage sur les côtes maritimes, sur les grands étangs et sur les rivières pendant les hivers rigoureux. Voyage en troupes. Il est rare qu'il se passe trois hivers sans que l'on voie paraître des Cygnes sauvages sur la Meuse et dans les Ardennes. Leur apparition sur les côtes est encore plus fréquente.

Je possède depuis plusieurs années deux de ces oiseaux qui paturent en liberté dans un parc. Ils se nourrissent d'herbes à la manière des Oies et vont beaucoup moins à l'eau que le Cygne ordinaire ; leur caractère est infiniment plus doux. Un Cygne ordinaire vit dans la même localité, mais il éprouve beaucoup de répugnance pour l'espèce sauvage bien que ce soit un mâle et les derniers deux femelles. Je me suis assuré qu'il n'est pas exact que cette espèce ne puisse pas supporter la chaleur de nos étés, car depuis que je les ai ils n'en ont pas souffert et ne cherchent pas même à éviter le soleil en se mettant à l'ombre. Leur marche est rapide comme celle des Oies et pas du tout embarrassée comme celle du Cygne ordinaire.

231. CYGNUS BEWICKII *Yarrell.* — Cygne de Bewick.

De passage accidentel sur la Manche et sur les côtes de Flandre pendant les hivers rigoureux. Quelques individus ont été tués sur l'Escaut en 1829. Il est probable que cet oiseau arrive chez nous presqu'aussi souvent que le précédent dont il diffère peu extérieurement, mais on n'a que peu de données sur son apparition parcequ'il a toujours été confondu avec lui.

°° *Olor* Wagl.

232. CYGNUS OLOR *L.* — Cygne Olor.

En wallon *Cine.*

Ce bel oiseau est élevé fréquemment pour l'ornement des jardins. Il sait pourvoir seul à sa nourriture qui consiste en herbes aquatiques, en petits poissons, coquillages, etc. Il vit chez nous dans un état de semi-liberté comme la *Columba Livia.* On a cependant plusieurs exemples d'individus tués à l'état sauvage sur les grands étangs pendant l'hiver. Il vit en grand nombre dans le midi et l'orient et aussi dit-on sur la mer Baltique.

GENRE OIE, *Anser* Briss.

(*Anas* L.)

° *Anser.*

233. ANSER CINEREUS *Meyer.* — Oie cendrée.

Anas Anser L.
Anser ferus Tem. — *Anas Anser var. Ferus* Gm.

De passage accidentel en hiver. Observée dans les bruyères marécageuses de la Campine anversoise et en Brabant. Rare. Les oies domestiques proviennent de cette espèce.

18

234. ANSER SEGETUM *Gm.* — Oie des moissons.

En wallon *Savages aw* (Oies sauvages).

De passage régulier au commencement et à la fin de l'hiver. Se reposent pendant la nuit dans les champs ensemencés et sont fort défiantes. Il y a en outre quelques troupes d'Oies sauvages vagabondes qui paraissent dans le pays pendant les grandes neiges et qui séjournent dans nos plaines jusqu'au dégel. Communes en hiver à l'embouchure de l'Escaut et sur nos côtes maritimes.

235. ANSER BRACHYRHYNCHOS *Baillon* — Oie a bec court.

Cette espèce qui diffère de l'*A. Segetum* par une taille un peu plus petite et un bec beaucoup plus court a toujours été confondue avec la précédente jusqu'à ce qu'elle ait été décrite par M. Baillon. M. de Meezemaker en possède un individu tué dans les marais aux environs de Bergues. Elle arrive en Picardie et en Hollande pendant les hivers rigoureux.

236. ANSER ALBIFRONS *Pennant.* — Oie a front blanc.

Commune en hiver dans le Brabant septentrional et vers les bouches de l'Escaut. Rare et accidentellement dans l'intérieur.

** *Bernicla* Cuv.

237. ANSER LEUCOPSIS *Bechst.* — Oie Bernache.

Anas Erythropus L.

De passage en hiver sur les côtes de Flandre et à l'embouchure de l'Escaut. Très-rare dans l'intérieur. Un individu a été tué sur la Meuse aux environs de Namur il y a quelques années. M. Temminck dit qu'elle a des habitudes beaucoup plus aquatiques que les autres oies.

238. ANSER BERNICLA *L.* — OIE CRAVANT.

De passage pendant l'hiver en Flandre et vers l'embouchure de l'Escaut. Très-rare dans l'intérieur. Un individu a été tué en Ardenne en février 1840.

N. B. L'Oie à Cou roux, *Anser ruficollis*, *Pallas* s'égare très-accidentellement dans le centre de l'Europe. M. Temminck dit qu'un individu a été tué en Angleterre et un autre dans les Pays-Bas.

❋❋❋ *Chenalopex* Less.

239. ANSER ÆGYPTIACUS *L.* — OIE D'ÉGYPTE.

Trois individus de cette espèce méridionale ont été tués en décembre 1833 aux environs de Metz d'après M. Holandre, un autre sur la Meuse a été recueilli par M. le Bon de Pitteurs de Budingen en mars 1835 aux environs de Namur; puis un dernier exemplaire aussi sur la Meuse, mais près de Liége en novembre 1837. Je ne sais si cette Oie est de passage accidentel ou si les exemplaires cités étaient des sujets échappés des ménageries ou des parcs où l'on élève facilement cette espèce. Cependant à en juger par la fraicheur du plumage je croirais assez qu'ils étaient à l'état sauvage.

GENRE CANARD, *Anas* L.

❋ *Tadorna* Leach.

240. ANAS TADORNA *L.* — CANARD TADORNE.

Commun sur les côtes maritimes et à l'embouchure de l'Escaut pendant les hivers rigoureux. Très accidentellement dans l'intérieur du pays.

** *Anas.*

241. ANAS BOSCHAS *L.* — Canard ordinaire.

En wallon *Savage Kenar* (ainsi que les espèces suivantes).

Très commun dans les grands marais au commencement et à la fin de l'hiver. Il se répand pendant les gelées sur les sources et les ruisseaux d'eau vive. Un certain nombre d'individus restent toute l'année dans les grands marais et y nichent au milieu des joncs. Cette espèce est la souche des Canards domestiques, mais à l'état sauvage les variétés blanches ou mélangées de blanc sont très rares.

242. ANAS PURPUREOVIRIDIS *Schinz.* — Canard vert-pourpré.

Mâle : tête et haut du cou vert foncé à reflets violet–pourpré en dessus. Un large demi collier blanc en dessous. Haut du dos marron foncé ; le reste et les couverture des aîles vert obscur à reflets pourprés ; couvertures supérieures de la queue d'un vert foncé plus décidé ; la queue un peu cunéiforme, vert doré et pourpré au milieu ; les rectrices latérales brun noirâtre. Poitrine marron rougeâtre, le centre des plumes noirâtre, la couleur marron s'étend sur les flancs avec des bordures blanchâtres aux plumes et de fines stries noires vermiculées. Le centre du ventre blanc, mêlé de grisâtres ; couvertures inférieures de la queue rousses. Aîles brunes, avec un large miroir vert doré bordé des deux côtés par une fine raie blanche. Les rémiges noires à reflet verdâtre ; bec jaune verdâtre, l'onglet et une raie dorsale et basale noirâtres. Pieds jaune-obscur, les ongles noirâtres, le pouce un peu plus bordé d'un vestige de membrane que chez l'*A. Boschas.* Iris des yeux jaune.

Femelle : Elle diffère du mâle en ce qu'elle n'a pas de demi collier blanc, le cou est brun finement moucheté de noir et de gris en dessous, plus foncé en dessus avec des reflets vert foncé et pourprés ; le dos est brun avec le centre des plumes noirâtre ; les couvertures de la queue et celle-ci sont noirâtres à reflets verts ;

le miroir des ailes est d'un vert moins vif ; les flancs n'ont presque pas de roux et sont plus fortement vermiculés de noir et de blanc sale ; le dessous de la queue est blanc saupoudré de noir. Le bec est d'un jaune sale et plus bordé de noir sur les côtés et près des narines. Les pieds jaune-orangé obscur avec quelques taches brunes.

Taille un peu plus forte que celle de l'*Anas Boschas* moins grande que celle de l'*Anas Moschata*.

Ces canards sont assez probablement des métis des deux espèces précitées, mais je conserve quelque doute à cet égard parceque les métis de ces canards qu'on obtient en captivité ont je pense une petite nudité entre l'œil et le bec qui n'existe pas dans le *Purpureoviridis*. Je regrette de n'avoir pu voir un de ces métis.

J'ai tué la femelle de ce canard sur un étang à Longchamps-sur-Geer en décembre 1835. J'ai vu chez M. Baillon un mâle recueilli à Abbeville le 20 novembre 1818. — J'ai examiné au musée de Lausanne deux autres mâles absolument semblables tués sur le lac de Genève en avril 1815 et en mars 1824. — M. Schinz en indique deux autres tués sur le lac de Neufchâtel. Ceux de Lausanne ont paru dit-on à M. Lichteinstein semblables à une espèce de la Haute Égypte.

Les six exemplaires dont je viens de parler ont été tués à l'état sauvage et n'avaient aucune ressemblance avec des oiseaux de basse cour. Si ce sont des métis comme c'est assez probable ce sont des métis produits par des canards sauvages. Il est à remarquer que MM. Keyzerling et Blasius disent que l'*Anas Moschata*, que les auteurs regardent comme originaire de l'Amérique méridionale, vit à l'état sauvage sur la mer Caspienne et dans la Russie méridionale. N'auraient-ils pas voulu parler du *Purpureoviridis?*

❖ ❖ ❖ *Chaueelasmus.* G. R. Gray.

243. ANAS STREPERA *L.* — Canard Chipeau.

Assez commun en hiver sur les marais des polders. Plus rare

en Campine et accidentellement sur les rivières et les étangs de l'intérieur. Il n'émigre au nord que vers la fin d'avril.

**** *Dafila*, Leach.

244. ANAS ACUTA *L.* — Canard Pilet.

De passage au commencement du printemps et en automne. Rare dans l'intérieur du pays. Commun dans les marais du Brabant septentrional et des polders.

***** *Mareca*. Steph.

245. ANAS PENELOPE *L.* — Canard siffleur.

De passage au commencement du printemps et en automne. Très commun dans les marais du Brabant septentrional et dans les polders ; moins souvent sur la Meuse et dans l'intérieur.

****** *Cyanopterus*. Eyton.

246. ANAS QUERQUEDULA *L.* — Canard Sarcelle.

De passage en automne et au commencement du printemps. Commun dans les grands marais du Brabant septentrional et des polders ; rare dans l'intérieur du pays.

******* *Querquedula*. Steph.

247. ANAS CRECCA *L.* — Canard Crecca.

Sarcelle d'hiver Buffon.
De passage à la fin de l'automne et au commencement du printemps. Très commune dans les marais et sur les rivières ; elle se répand par petites troupes dans l'intérieur du pays pendant l'hiver.
N. B. Anas glocitans. Lath. — *Canard gloussant*.
Anas bimaculata. Gm. — Un individu de cette espèce rare du nord-est de l'Europe a été tué à Douai dans l'hiver de 1841 à ce

qu'il parait. N'ayant pas vu cet exemplaire je me borne à l'indiquer ici en note. Il se trouve très-accidentellement en Angleterre.

GENRE SOUCHET, *Rhynchaspis* Leach.
(*Anas* L. Tem.)

248. RHYNCHASPIS CLYPEATA *L.* — Souchet Spatule.

De passage au printemps et en automne, moins commun que les canards proprement dits dans les marais de la Campine et des polders. Accidentellement sur la Meuse et dans le centre du pays. Niche en Hollande.

GENRE MORILLON, *Fuligula* Bonap.
(*Anas* L. Tem.)

* *Somateria* Leach.

249. FULIGULA MOLLISSIMA *L.* — Morillon Eider.

Rare et de passage accidentel en hiver sur nos côtes maritimes. On n'y voit presque jamais que des jeunes.

250. FULIGULA SPECTABILIS *L.* — Morillon élégant.

Canard à tête grise Buff.

Très-accidentellement sur les côtes de l'Artois. M. de Meeze-maker n'en connaît qu'un exemple près de Boulogne. M. Baillon l'a observé en Picardie. Les jeunes seulement s'égarent dans nos contrées pendant les plus grands froids.

** *Oidemia*, Flem.

251. FULIGULA PERSPICILLATA *L.* — Morillon a lunettes.

Canard marchand. Buffon.

Très accidentellement sur la côte de Flandre. M. de Meeze-maker m'en signale une capture faite près de Boulogne, M. Bail-lon une autre sur la Manche; c'est un oiseau du nord de l'Amérique.

252. FULIGULA NIGRA *L.* — Morillon noir.

La *Macreuse.* Buffon.

Très-commun sur nos côtes maritimes en hiver. Très rare et accidentellement sur la Meuse et dans les marais de l'intérieur ; assez souvent sur l'Escaut.

253. FULIGULA FUSCA L. — Morillon brun.

La *double Macreuse.* Buff.

Beaucoup plus rare que le précédent ; de passage sur nos côtes en hiver et au printemps.

°°° *Callichen.* Brehm.

254. FULIGULA RUFINA *Pallas.* — Morillon rufin.

Le *siffleur huppé.* Buffon.

Observé très-rarement dans les marais de la Flandre par M. de Meezemaker et en Picardie par M. Baillon. M. Holandre en cite un exemple aux environs de Metz ; c'est un oiseau du centre et de l'orient de l'Europe qui ne parait qu'accidentellement chez nous pendant les hivers rigoureux.

°°°° *Nyroca.* Flem.

255. FULIGULA NYROCA *Guldœnst.* — Morillon Nyroca.

Anas Leucophthalmos. Tem.

De passage irrégulier en Belgique au printemps. J'en ai vu plusieurs individus les uns pris dans les canardières des environs de Bois-le-Duc, les autres tués près de Liége en avril. Il a niché une fois aux environs de Dunkerque d'après M. de Meezemaker.

°°°°° *Aythya.* Boie.

256. FULIGULA FERINA L. — Morillon Milouin.

De passage sur les côtes maritimes et dans les marais au nord de la Campine au commencement et à la fin de l'hiver. Très-rare sur les rivières du centre de la Belgique. On en prend une quantité prodigieuse dans les canardières de Bois-le-Duc. C'est la meilleure espèce à manger parmi celles que l'on vend en carême sous le nom de Sarcelles.

C'est ici le lieu de rectifier l'erreur où sont tombés les chasseurs et les marchands de gibier par rapport aux Sarcelles. Ils appellent de ce nom toutes les espèces qui ont les pieds noirs et y comprennent ainsi non seulement la Sarcelle et la Crecca, mais encore le Pilet, le Siffleur et la plûpart des *Fuligula*, tandis qu'ils regardent le Garrot comme un vrai Canard parcequ'il a les doigts jaunes. — Je n'ai pas besoin de refuter l'opinion accréditée que les Sarcelles auraient le sang froid. Cela est par trop absurde. Si l'on veut entendre raisonnablement par Sarcelles un genre de Canards *plus aquatiques*, plus poissons si je puis m'exprimer ainsi que les Canards proprement dit; il faut regarder comme telles toutes nos espèces de Morillons y compris le Garrot, qui se distinguent des Canards par leur pouce garni d'une membrane; mais il faut en exclure les Canards Pilet, Siffleur, Sarcelle et Crecca qui sont de vrais Canards pas plus aquatiques que notre Canard de basse-cour.

******* *Fuligula*. Steph.

257. FULIGULA MARILA L. — Morillon Milouinan.

Très-commun en automne et en hiver sur la côte de Flandre. Très rare et accidentellement sur les rivières de l'intérieur du pays. M. Temminck le dit très-commun à son passage sur les eaux intérieures de la Hollande. Il faut croire qu'il ne fréquente qu'assez rarement les marais des environs de Bois-le-Duc car on en trouve à peine un ou deux individus parmi les immenses cargaisons de *Ferina*, de *Cristata*, de *Penelope*, d'*Acuta* et de *Crecca* que les Canardières expédient sur Liége en hiver.

258. FULIGULA CRISTATA *Steph.* — Morillon huppé.

Anas Fuligula L.

Très-commun dans les grands marais de la Campine et des polders à la fin de l'automne et au commencement du printemps. Souvent en hiver sur les rivières qui ne gèlent pas. Rare sur la Moselle.

Le prétendu *petit Morillon* n'en est pas du tout une espèce distincte. Quelques individus sont il est vrai de taille plus petite que les autres mais, n'offrent aucun caractère distinctif fixe.

******** *Clangula.* Flem.

259. FULIGULA CLANGULA *L.* — Morillon Garrot.

Commun à son double passage de printemps et d'automne sur les côtes maritimes et les grands marais. Se répand en hiver sur les rivières et les sources qui ne gèlent pas mais on y voit fort peu de vieux mâles. Ce sont presque toujours des jeunes ou des femelles.

260. FULIGULA BARROWI *Richards.* — Morillon de Barrow.

Anas Islandica? Gm.

Accidentellement en Belgique pendant les hivers les plus rigoureux. — J'en ai vu un exemplaire tué sur le Geer. M. de Meezemaker en possède un tué en mai près de Bergues. M. le d^r Degland l'a aussi recueilli aux environs de Lille. Il a toujours été confondu avec le *Clangula* dont il diffère par son double miroir et son bec plus court.

********* *Harelda.* Leach.

261. FULIGULA GLACIALIS *L.* — Morillon glacial.

Très-rare. De passage accidentel et isolément sur nos côtes maritimes pendant les hivers rigoureux. On n'y voit que des jeunes individus.

262. FULIGULA HISTRIONICA *L.* — CANARD HISTRION.

M. De Meezemaker m'indique un exemple de l'apparition accidentelle de cette espèce arctique sur la côte de Gravelines.

GENRE HARLE *Mergus* L.

* *Mergus.*

263. MERGUS ALBELLUS *L.* — HARLE PIETTE.

Commun en hiver dans les marais du nord de la Campine et
dans les polders. De passage irrégulier à cette époque sur les rivières de la Belgique.

** *Merganser.* Leach.

264. MERGUS MERGANSER *L.* — HARLE BIÈVRE.

De passage en hiver sur les côtes maritimes. Pendant les fortes
gelées ils se répandent par petites troupes sur les rivières de l'intérieur de la Belgique et surtout sur celles qui ne gèlent pas. Ils
avalent d'assez gros poissons tout entiers.

265. MERGUS SERRATOR *L.* — HARLE HUPPÉ.

Beaucoup plus rare en Belgique que l'espèce précédente.
M. Temminck la dit très-commune en Hollande. On la trouve
assez souvent dans les polders mais très-accidentellement sur les
rivières de l'intérieur du pays.
Les Mergus *Serrator* et *Merganser* ayant les pieds jaunâtres
sont nommés canards sauvages par les chasseurs tandis que le
Mergus *Albellus* ayant les pieds noirs est vendu et mangé comme
Sarcelle. Le fait est que ces trois espèces d'oiseaux sont encore
plus aquatiques que les Sarcelles et que leur chair est huileuse
et de mauvais goût.

SECTION II. TOTIPALMES

Famille des Pélécanidées.

GENRE CORMORAN, *Phalacrocorax* Briss.

(*Pelecanus* L. *Carbo* Meyer Tem.)

266. PHALACROCORAX CARBO *L*. — CORMORAN ORDINAIRE.

Carbo Cormoranus, Tem.

Commun sur nos côtes maritimes et à l'embouchure de l'Escaut pendant presque toute l'année. De passage accidentel sur la Meuse en hiver et au printemps. Voyage par troupes ; se perche sur les arbres. Aussi de passage accidentel sur la Moselle en hiver. Il offre plusieurs variétés de taille dont une plus grande a été nommée *Carbo Crassirostris* par M. Baillon. Vit de poissons.

267. PHALACROCORAX GRACULUS *L*. — CORMORAN NIGAUD.

Carbo cristatus. Tem.

Observé accidentellement en Picardie par M. Baillon et sur la côte de Flandre par M. de Meezemaker. C'est un oiseau des régions arctiques.

N. B. On sera peut-être surpris de voir que je ne parle pas du Cormoran nigaud (*Carbo Graculus* Tem.) que l'on croyait d'abord commun en Hollande mais on ne sait plus trop ce que c'est que cet oiseau et même s'il n'est pas une espèce tout à fait exotique. MM. Keyzerling et Blasius le nomment *Ph. Cristatus* Fabr.

N. B. Le Pélican Onocrotale (*Pelecanus Onocrotalus* L.) oiseau du centre de l'Europe a été tué le 4 octobre 1835 sur l'étang de Fouligny dans le département de la Moselle. (Voy. la Faune de M. Holandre). C'était un jeune d'un an. Le Pélican est excessivement rare à l'ouest du Rhin et du Rhône.

GENRE FOU , *Sula* Brisson.
(*Pelecanus* L.)

268. SULA BASSANA *L.* — Fou de Bassan.

Assez commun en automne et en hiver sur nos côtes maritimes et à l'embouchure de l'Escaut. On ne voit guère que des vieux; les jeunes sont extrêmement rares. Un individu égaré a été tué sur la Meuse il y a quelques années. Vit de poissons de mer qu'il saisit en se laissant tomber du haut des airs où il plane sans cesse. Il ne nage point.

SECTION III. LONGIPENNES.

Famille 1. Laridées.

GENRE HIRONDELLE DE MER , *Sterna* L.

* *Sylochelidon*. Brehm.

269. STERNA CASPIA *Pall.* — Hirondelle de mer Caspienne.

De passage très-accidentel sur les côtes de Belgique. Très-rare sur l'Escaut; un individu a été tué près de Tournay.

** *Gelochelidon*. Brehm.

270. STERNA ANGLICA *Montagu.* — Hirondelle de mer Anglaise.

De passage très-accidentel sur l'Escaut. Plusieurs individus ont été tués en Flandre et aux environs de Tournay.

*** *Thalasseus*. Boie.

271. STERNA CANTIACA *Gm.* — Hirondelle de mer Caugek.

Très-commune sur nos côtes maritimes notamment à Ostende,

Elle vole par troupes nombreuses sur les bancs de sable. Presque jamais dans l'intérieur des terres. Niche sur les bords de la mer.

**** *Sterna.*

272. STERNA DOUGALLI *Montagu.* — HIRONDELLE DE MER DE DOUGALL.

De passage accidentel sur nos côtes maritimes vers l'embouchure de l'Escaut en août et septembre. Elle vole de compagnie avec la *St. Hirundo* mais ce sont toujours, d'après M. Temminck, des individus ou des couples isolés.

273. STERNA HIRUNDO *L.* — HIRONDELLE DE MER PIERRE-GARIN.

Très-commune sur nos côtes maritimes à Ostende et sur l'Escaut jusqu'à Anvers. Elle paraît sur la Meuse et l'Ourthe à la suite des tempêtes, surtout au printemps et en automne. M. Holandre l'a aussi observée quelquefois sur la Moselle. Niche sur les bords de la Mer.

274. STERNA ARCTICA *Tem.* — HIRONDELLE DE MER ARCTIQUE.

Assez rare sur la côte de Flandre, au printemps et en automne, selon M. de Meezemaker.

M. Temminck la dit de passage sur les côtes maritimes de la Hollande, pendant les fortes tempêtes du nord-ouest. Elle visite aussi celles de Picardie d'après M. Baillon. Un individu a été tué dans la province de Brabant vers 1832 ; un autre cité par M. Holandre a été recueilli sur la Sarre près de Sarregueminnes en juillet 1832.

***** *Sternula*. Boie.

275. STERNA MINUTA *L.* — Hirondelle de mer petite.

Se trouve en été sur nos côtes maritimes et sur l'Escaut. Peu commune. Accidentellement sur la Meuse à Liége. Elle n'y paraît qu'après les tempêtes au printemps et en automne. Niche dans les dunes sur nos côtes.

****** *Hydrochelidon*. Boie.

276. STERNA NIGRA *L.* — Hirondelle de mer noire.

Commune presque toute l'année sur les grands marais du nord de la Campine, et dans ceux du Brabant septentrional. Niche dans les joncs ; commune également sur l'Escaut et la Meuse inférieure ; parait en été sur la Meuse à Liége, et sur la Moselle après les coups de vent. Très-rarement sur les côtes maritimes.

N. B. L'Hirondelle de mer moustac (*Sterna Leucopareïa* Natterer), a été observée accidentellement sur les côtes de Picardie, par MM. Baillon et de Lamotte. C'est une espèce de l'Adriatique.

N. B. L'Hirondelle de mer Leucoptère (*Sterna Leucoptera* Tem.) est aussi indiquée en Picardie par M. Baillon. Elle n'y parait sans doute que très-accidentellement car c'est aussi une espèce essentiellement méridionale.

GENRE MOUETTE, *Larus* L.

* *Xema* Leach.

277. LARUS MINUTUS *Pall.* — Mouette Pygmée.

De passage très-accidentel sur la côte de Flandre, et sur l'Escaut en hiver. M. Temminck dit que les jeunes seuls paraissent sur nos rivières.

278. LARUS CAPISTRATUS. — Mouette a masque brun.

M. de Meezemaker possède plusieurs individus de cette espèce rare recueillis sur la côte près de Dunkerque en automne et en hiver.

279. LARUS RIDIBUNDUS *L.* — Mouette Rieuse.

Très-commune sur les polders et l'Escaut, ainsi qu'aux environs d'Ostende. Niche sur le bord des rivières. Moins commune sur la mer. Elle paraît sur la Meuse et sur les grands étangs après les tempêtes. Il en est de même sur la Moselle d'après M. Holandre.

280. LARUS SABINI *Leach.* — Mouette de sabine.

S'égare quelquefois dans nos climats pendant l'hiver. Un individu a été tué sur le Rhin, un sur les côtes de Hollande, et un troisième sur celles de Picardie. C'est une espèce du cercle arctique.

** *Gavia* Boie.

281. LARUS EBURNEUS *Gm.* — Mouette blanche.

Vulgairement *mouette sénateur*.
Iudiquée comme de passage accidentel sur les côtes de Hollande et de Picardie par MM. Temminck et Baillon. Des chasseurs m'ont dit avoir vu à Liége en hiver une Mouette entièrement blanche qui devrait être cette espèce ; je ne suis pas *certain* cependant que cet oiseau des régions polaires ait été déjà tué en Belgique, mais il me semble positif qu'on l'y trouvera, d'autant plus qu'on a des exemples de son apparition dans le midi de l'Europe.

*** *Rissa.* Leach.

282. LARUS TRIDACTYLUS *L.* — Mouette Tridactyle.

De passage en hiver sur l'Escaut et sur les grands marais. Moins souvent sur les côtes maritimes. Après les tempêtes elle parait quelquefois sur la Meuse et même sur les étangs du centre du pays ; cette espèce et le *Ridibundus* sont les seules Mouettes qui apparaissent de temps en temps sur ceux de la Hesbaye. — Se trouve accidentellement sur la Moselle , d'après M. Holandre.

**** *Larus.*

283. LARUS CANUS *L.* — Mouette cendrée.

Vulgairement *Mouette à pieds bleus.*

Très-commune en hiver sur les côtes maritimes et sur l'Escaut jusqu'à Anvers. Très-rare sur la Meuse et dans le centre de la Belgique où elle ne parait qu'après les tempêtes. M. Holandre cite un individu tué en hiver sur la Moselle. — Cette espèce est beaucoup plus petite que les suivantes. C'est sans doute par inadvertence que M. Boie n'en a pas fait un genre distinct. — Il aurait bien valu son genre *Sternula* et beaucoup d'autres de même valeur dont il a cru *enrichir* et *simplifier* sans doute l'Ornithologie. — J'ai cité partout les travaux de ce genre dont il y a maintenant superfétation ; *mais qu'on ne s'y trompe pas ce n'est pas pour sympathiser avec ces idées, mais pour faire sentir le vide et la non-valeur de ces coupes génériques qui ne servent qu'à amener le cahos dans la nomenclature et à rendre son étude impossible et décourageante.*

284. LARUS GLAUCUS *Brünn.* — Mouette Glauque.

Vulgairement le *Goéland Burgermeister.*

De passage accidentel sur nos côtes ; en hiver on n'y voit presque jamais que des jeunes , les vieux ne quittent pas les régions arctiques. Cependant M. de Meezemaker en a recueilli un individu adulte près de Dunkerque.

285. LARUS LEUCOPTERUS *Faber*. — MOUETTE LEUCOPTÈRE.

Espèce du cercle arctique. Paraît accidentellement sur nos côtes et sur celles de Picardie et de Hollande , mais ce sont presque toujours des jeunes. M. de Meezemaker en a recueilli plusieurs aux environs de Dunkerque.

286. LARUS MARINUS *L*. — MOUETTE MARINE.

Vulgairement *Goéland à manteau noir*.

Commune en automne et en hiver sur nos côtes maritimes et sur l'Escaut. Accidentellement et seulement après les tempêtes sur les eaux de l'intérieur. Très-rare sur la Meuse et la Moselle. M. Holandre en a observé un individu adulte et plusieurs jeunes sur cette rivière.

287. LARUS ARGENTATUS *Brünn*. — MOUETTE ARGENTÉE.

Vulgairement *Goéland à manteau bleu*.

Commune presque toute l'année sur nos côtes et à l'embouchure de l'Escaut ; mais surtout en automne et en hiver. Après les ouragans elle paraît sur la Meuse et sur les grands marais. Très-accidentellement sur la Moselle.

288. LARUS FUSCUS *L*. — MOUETTE MANTEAU BRUN.

Vulgairement *Goéland à pieds jaunes*.
Larus flavipes Meyer.

De passage sur nos côtes en automne, assez commune selon M. de Meezemaker. M. Temminck dit qu'elle vole à cette époque à une grande hauteur, en troupes composées d'individus adultes. Elle niche principalement dans le midi. M. Holandre n'en a observé qu'un seul individu sur la Moselle.

GENRE STERCORAIRE, *Stercorarius* Briss.
(*Larus* L. — *Catarractes* Brünn. — *Lestris* Illig. Tem.)

* *Cataracta*. Brünn.

289. STERCORARIUS CATARACTES *L.* -- STERCORAIRE CATARACTE.

Gœland brun Buff. -- *Catarracta skua* Brünn.
Parait accidentellement sur les côtes de Hollande, de Belgique et de Picardie après les tempêtes. Habite l'Islande.

** *Lestris*. Illig.

290. STERCORARIUS POMARINUS. *Tem.* — STERCORAIRE POMARIN.

Parait accidentellement sur nos côtes après les ouragans, en automne et en hiver ; des individus égarés ont été tués dans le centre de la Belgique. M. Holandre en cite même un exemple sur la Moselle. — M. Temminck dit que sur nos côtes et sur le Rhin il ne parait presque jamais que des jeunes. M. de Meezemaker m'écrit aussi que les vieux sont rares sur la côte. Niche dans l'Amérique boréale.

291. STERCORARIUS PARASITICUS *L.* — STERCORAIRE PARASITE.

Lestris Richardsoni Sw. Tem.
De passage accidentel sur nos côtes après les tempêtes d'automne. Plus rarement sur l'Escaut et sur le Rhin. Aussi en Hollande et en Picardie. Dans nos climats on ne voit presque jamais que des jeunes. Niche dans les régions arctiques.

N. B. M. Degland croit pouvoir conserver comme espèce distincte, le *St. Crepidatus* qui serait un peu plus petit et aurait un angle beaucoup plus prononcé au bout de la mandibule inférieure du bec, et l'onglet de la supérieure plus court et plus bombé. — Ce serait l'espèce la plus commune sur nos côtes après les coups de vent d'automne.

292. STERCORARIUS LONGICAUDATUS *Briss.* — STERCORAIRE A LONGUE QUEUE.

L. *Buffonii* Boie.

L. *parasitica* Gm. Tem. *C. Cephus* Brünn : Keyz. et Bl.

Très-accidentellement sur la côte de Dunkerque en hiver, selon M. de Meezemaker ; il est aussi indiqué sur les côtes de Picardie par M. Baillon. A la mi-octobre 1834, M. Degland en a reçu plusieurs individus jeunes tués sur les champs ensemencés aux environs de Lille. Il habite le nord de l'Amérique, d'où il émigre en Islande et en Norwège.

N. B. M. Degland indique comme espèce nouvelle sous le nom de *St. Lessonii* un individu tué sur la côte de Dunkerque en 1825 et plus petit que les autres espèces, il a aussi le bec plus plus court et plus comprimé. Cet individu parait âgé d'un an. Je ne puis émettre d'opinion positive à son égard, mais je crains que ce ne soit une variété accidentelle de taille.

Famille 2. Procellaridées.

GENRE PÉTREL, *Procellaria* L.

293. PROCELLARIA GLACIALIS *L.* — PÉTREL GLACIAL.

Habite les régions arctiques, mais s'égare accidentellement pendant les fortes tempêtes d'hiver sur les côtes de la mer du nord depuis la Hollande jusqu'en Picardie et en Bretagne. M. de Meezemaker l'a observé plusieurs fois en cette saison aux environs de Dunkerque.

GENRE THALASSIDROME, *Thalassidroma* Vigors.
(*Procellaria* L.)

294. THALASSIDROMA LEACHII *Tem.* THALASSIDROME DE LEACH.

De passage accidentel sur nos côtes à la suite des ouragans et des tempêtes. Très-accidentellement dans l'intérieur du pays. Un individu a été recueilli aux environs de Louvain par M. le vicomte F. de Spoelbergh en février 1837. — Un autre sur l'Escaut à Anvers. — Un troisième à Namur vers la même époque et un quatrième à Liége en **1840** en automne. Habite le nord de l'Ecosse.

295. THALASSIDROMA PELAGICA *L.* — THALASSIDROME DE TEMPÊTE.

L'oiseau de tempête Buff.

De passage accidentel sur nos côtes comme la précédente, mais plus fréquemment. Elle remonte quelquefois l'Escaut en grand nombre pendant les tempêtes d'hiver. Cet oiseau semble ébloui par la lumière du jour car plusieurs individus se sont jetés en quelque sorte sur les ouvriers des quais d'Anvers dans une de ces circonstances. Deux individus se sont laissés prendre à la main après la tempête du 30 octobre 1835, l'un à Namur sur le bord de la Meuse, l'autre au centre de l'Ardenne sur un étang. M. Holandre cite un exemplaire tué aux environs de Thionville aussi sur un étang en janvier 1822 après une tempête.

GENRE PUFFIN, *Puffinus* Ray.
(*Procellaria* L. — *Nectris* Forster.)

296. PUFFINUS ANGLORUM *Ray.* — PUFFIN DES ANGLAIS.

Proc. puffinus Gm. — P. *arcticus* Faber.

Se trouve très-accidentellement sur nos côtes et sur celles de

Hollande et de Picardie après les tempêtes d'automne. M. de Meezemaker ne l'a vu qu'une seule fois en Flandre. Habite le nord de l'Ecosse.

N. B. M. Baillon indique comme ayant observé une seule fois sur les côtes de Picardie le Puffin cendré. — *Puffinus Cinereus* Gm. (*P. major* Faber) ; on a aussi observé une fois en Picardie le Puffin obscur. — *Puffinus obscurus* Gm.

SECTION IV. BREVIPENNES.

Famille 1. Alcidées.

GENRE MACAREUX, *Fratercula* Briss.
(*Alca* L. — *Mormon* T.)

297. FRATERCULA ARCTICA *L.* — MACAREUX ARCTIQUE.

Mormon fratercula Tem.

De passage très-accidentel en hiver sur nos côtes maritimes. Vit toujours sur mer ; ne se trouve sur les bords qu'après les coups de vent. Il paraît que le *M. Glacialis* Leach, n'en est qu'une variété.

GENRE PINGOUIN, *Alca* L.

298. ALCA TORDA *L.* — PINGOUIN TORDA.

Se trouve assez communément sur nos côtes maritimes en automne, en hiver, et au commencement du printemps. Ne va jamais à terre excepté après les ouragans.

GENRE MERGULE, *Mergulus* Ray.
(*Alca* L. — *Uria* Tem.)

299. MERGULUS ALLE *L.* — MERGULE ALLÉ.

De passage très-accidentel sur les côtes de la mer du nord en France, en Belgique et en Hollande pendant les tempêtes d'hiver.

GENRE GUILLEMOT, *Uria* Briss.
(*Colymbus* L.)

* *Grylle.* Brandt.

300. URIA GRYLLE *L.* — Guillemot Gryllé.

De passage très-accidentel sur les côtes de Hollande, de Belgique et de Picardie après les gros temps en hiver.

** *Uria.*

301. URIA TROILE *L.* — Guillemot Troile.

Commun en hiver sur les côtes maritimes, parait en petit nombre vers l'embouchure de l'Escaut; très-accidentellement sur les rivières et les marais de l'intérieur. Un individu a été tué en Campine et un autre à Halloy près de Ciney.

302. URIA LACRYMANS — Guillemot Larmoyant.

M. de Meezemaker en possède un magnifique exemplaire en plumage de noces tué sur la côte de Flandre près de Dunkerque, fort avant au printemps. M. Baillon l'a aussi observé accidentellement en Picardie. — Il habite l'Islande.

Famille 2. Colymbidées.

GENRE PLONGEON, *Colymbus* L.

303. COLYMBUS GLACIALIS *L.* — Plongeon glacial.

De passage irrégulier sur nos côtes maritimes et sur l'Escaut, pendant les hivers rigoureux; encore plus rare sur les lacs et rivières de l'intérieur du pays où il ne parait jamais que des jeunes. M. Holandre cite trois exemples d'apparitions sur la Moselle pendant l'espace de 15 ans : c'était toujours au moment des grandes inondations d'hiver comme cela a lieu aussi en Belgique.

304. COLYMBUS ARCTICUS *L.* — Plongeon arctique.

Très-rare et accidentellement en hiver sur nos côtes maritimes. Excessivement rare sur les rivières et les marais de l'intérieur où les vieux ne se voyent jamais ou presque jamais.

305. COLYMBUS SEPTENTRIONALIS *L.* — Plongeon sep-
tentrional.

Très-commun à la fin de l'automne en hiver et au printemps sur nos côtes maritimes, sur les marais des polders et
aux bouches de l'Escaut. Les jeunes paraissent assez souvent dans
l'intérieur du pays en Campine et sur la Meuse.

Famille 3. Podicipidées.

GENRE GRÉBE, *Podiceps* Lath.
(*Colymbus* L.)

* *Podiceps.*

306. PODICEPS CRISTATUS *L.* — Grèbe huppé.

Commun en été dans les grands marais de la Hollande; émigre en hiver le long de nos côtes maritimes. Se trouve souvent à
cette époque sur l'Escaut, la Meuse et la plûpart de nos grands
étangs, très-rarement sur les petites rivières.

307. PODICEPS RUBRICOLLIS *Lath.* — Grèbe a couroux.

Col. *Subcristatus*, Gm.
Le jougris Buff.
De passage dans les grands marais et sur l'Escaut aux envi-
rons de Tournay, au printemps et en automne, assez rare. Les
vieux ne s'y voyent presque jamais. Très-accidentellement sur la
Moselle d'après M. Holandre.

308. PODICEPS CORNUTUS *Lath.* — Grèbe cornu.

Observé dans les grands marais de la Flandre et sur l'Escaut, mais seulement de passage accidentel. M. Holandre en cite deux captures sur la Moselle.

N. B. Le Grèbe arctique *Podiceps arcticus* Boie qui est extrèmement voisin du *Cornutus* est de passage accidentel sur les côtes maritimes de la Hollande en hiver.

309. PODICEPS AURITUS *Briss.* — Grèbe oreillard.

De passage au printemps et en automne sur les grandes rivières et les marais. Assez rare en Belgique ; très-accidentellement aux environs de Liége.

** *Sylbeocyclus* Bonap.

310. PODICEPS MINOR *Gm.* — Grèbe petit.

Le Castagneux Buffon. Vulgairement *petit Plongeon.*
De passage au printemps et à la fin de l'automne, sur la plupart des rivières. Niche dans les grands marais ; se réfugie pendant les gelées sur les petites rivières qui ne gèlent point ou bien émigre. C'est l'espèce la plus commune du genre. Les chasseurs le nomment *plongeon.*

APPENDIX AUX OISEAUX.

ESPÈCES DOMESTIQUES.

A. GENRE FRINGILLE — *Fringilla* L.

1. FRINGILLA CANARIA *L.* -- FRINGILLE DES CANARIES.

Serin des Canaries Buff.
En wallon *Canari*.
Originaire des îles Canaries.

On en élève beaucoup en cages et dans les volières où l'on obtient souvent des métis avec plusieurs espèces de la même famille , mais particulièrement avec la Linotte et le Chardonneret. Cet oiseau n'est pas du même genre que le Serin ou Cini (*Pyrrhula Serinus* L.)

B. GENRE COLOMBE , *Columba* L.

2. COLUMBA LIVIA *Briss.* --- COLOMBE BISET.

En wallon *Colon*.
Originaire des bords de la Méditerranée. Je ne parlerai pas de ses innombrables variétés domestiques. Je me contenterai de citer le Pigeon voyageur qui est élevé avec un grand soin en Belgique où il existe beaucoup de sociétés qui décernent des récompenses aux propriétaires des pigeons qui ont remporté le prix de célérité et d'éloignement. (Voyez l'article de la *Columba Livia* à l'état sauvage).

3. COLUMBA RISORIA *L.* --- COLOMBE RIEUSE.

Vulgairement *Tourterelle à collier*.
On l'élève en volière comme objet de curiosité. Les métis que

j'ai obtenus de cet oiseau et de la Tourterelle sauvage ressemblent plûtot à cette dernière. Ils sont stériles.

En Belgique on n'élève pas la variété blanche. La *Columba Risoria* est originaire du nord de l'Afrique.

C. GENRE PAON. *Pavo* L.

4. PAVO CRISTATUS *L.* — Paon huppé.

Originaire de l'Inde.

On l'élève dans les basses cours à cause de sa beauté ainsi que ses variétés blanches et panachées.

D. GENRE FAISAN, *Phasianus* L.

5. PHASIANUS COLCHICUS *L.* — Faisan de Colchide.

Originaire de l'Europe orientale. Le Faisan n'est pas naturel à la Belgique, mais se multiplie dans un état de quasi-liberté dans quelques parcs de la Flandre et du Brabant où on l'a introduit et d'où il s'égare de temps en temps dans les bois du reste de la Belgique. Je ne l'ai point placé parmi nos oiseaux sauvages parce qu'il ne saurait subsister l'hiver sans la nourriture qu'on lui porte. — Par une raison inverse j'ai admis la *Columba Livia* dans la Faune Belge.

6. PHASIANUS PICTUS *L.* — Faisan doré.

Originaire du Caucase et de la Grèce selon M. Temminck, de la Chine selon les auteurs précédents. On l'élève en petit nombre dans les ménageries.

7. PHASIANUS NYCTHEMERUS *L.* — Faisan argenté.

Originaire de l'Inde.
On l'élève comme le précédent.

E. GENRE COQ, *Gallus* Briss.
(*Phasianus* L.)

8. GALLUS DOMESTICUS *Briss.* — COQ DOMESTIQUE.

Phas. Gallus L.
En wallon *Coq* et *Poilie.*
Originaire de l'Inde.

Je ne parlerai pas de la multitude des races que l'on élève comme objets de curiosité ; je ne citerai que les trois principales variétés que l'on doit considérer sous le point de vue de l'utilité réelle et de la consommation.

1° La race *Française*, basse sur pattes, à grande crête, à plumage coloré de couleurs vives changeantes ou foncées. — Bonne race surtout pour les œufs. Elle est répandue dans les provinces de Hainaut, Namur, Luxembourg, c'est-à-dire dans les parties montagneuses.

2° La race *Hollandaise* ou Flamande, très-haut juchée sur pattes, à crête peu visible, à plumage souvent roussâtre. Cette race est la plus répandue dans le plat pays, mais elle est coriace et mauvaise à manger. C'est elle aussi que l'on emploie dans ce jeu cruel de combats de Coqs que par humanité je voudrais voir interdit.

3° La race de *Bréda*, basse sur pattes, ressemblant pour les formes à la Française, mais remarquable en ce que le plumage est toujours le même, blanc moucheté et rayé de noir ; race excellente à engraisser, mais que l'on regarde comme produisant moins d'œufs que les deux précédentes. Elle est peu répandue et seulement chez les amateurs de ce qui est bon et recherché. Elle nous vient de Hollande.

F. GENRE DINDON, *Meleagris* L.

9. MELEAGRIS GALLOPAVO *L.* — DINDON GALLOPAON.

En wallon *Didon* et *Dinne.*

Originaire des Etat-Unis Américains.

On l'élève en grand nombre. Pourquoi faut-il que nous ayons encore ici à désirer la suppression d'un usage barbare celui du jeu des *roues de dindons*, où l'on suspend vivants ces malheureux oiseaux à une roue pour les abattre à coups de barre de fer ?

G. GENRE PEINTADE, *Numida* L.

10. NUMIDA MELEAGRIS *L.* — PEINTADE MÉLÉAGRIDE.

Originaire du nord de l'Afrique. On en élève fort peu et seulement comme objets de curiosité dans les basses cours.

H. GENRE CYGNE, *Cygnus*, Meyer.

11. CYGNUS OLOR *L.* — CYGNE OLOR.

En wallon *Cine.*
Originaire de l'Orient. On en élève sur presque tous les étangs où il vit en liberté (voyez l'article de cet oiseau à l'état sauvage).

I. GENRE OIE, *Anser* Briss.

* *Cygnopsis.* Brandt.

12. ANSER CANADENSIS *L.* — OIE DU CANADA.

Vulgairement *Oie trompette.*
Originaire du Canada.
On l'élève dans quelques parcs où elle vit en liberté sur les étangs à la manière des Cygnes sans rentrer dans les basses-cours. On a peine à la multiplier. Sa chair a mauvais goût.

13. ANSER CYGNOIDES *L.* — OIE CYGNE.

Vulgairement *Oie de Guinée.*
Originaire de Guinée selon les uns, de Sibérie selon les autres. Cette espèce commence à se répandre dans les basses cours. Elle

s'engraisse très-bien sans manger autre chose que de l'herbe , et produit des métis avec l'Oie cendrée et l'Oie de Canada.

** *Anser.*

14. ANSER CINEREUS *Meyer*. — OIE CENDRÉE.

Anas Anser. L.
En wallon *Aw.*
Originaire du midi. On élève cet oiseau en troupes dans plusieurs parties du pays et dans presque toutes les fermes. Il varie beaucoup quant à la couleur. Je ferai la même observation quant au jeu d'Oies que quant au jeu des roues de Dindons. (Voyez l'article de cet oiseau à l'état sauvage).

*** *Chenalopex.* Less.

15. ANSER ÆGYPTIACUS *L.* — OIE D'ÉGYPTE.

Originaire de l'Égypte.
On l'élève dans un très petit nombre de basses cours et de parcs. C'est un oiseau querelleur qui tue souvent les volailles que l'on renferme avec lui. (Voyez l'article sur cet oiseau à l'état sauvage).

J. GENRE CANARD, *Anas* L.

* *Cairina.* Flem.

16. ANAS MOSCHATA *L.* — CANARD MUSQUÉ.

Vulgairement *Canard d'Inde* , *de Barbarie* , *Canne Cygne.*
Se trouve sauvage sur la mer Caspienne selon MM. Keyzerling et Blasius ; originaire de la Guyanne selon les autres auteurs. On l'élève dans plusieurs basses cours. Il y en a des variétés *blanches* et *pies.* Il produit des métis avec le canard ordinaire (voyez l'article de l'*Anas Purpureoviridis*).

Anas.

17. ANAS BOSCHAS *L.* — CANARD ORDINAIRE.

En wallon *Kénard.*

Provenant des Canards sauvages de nos marais. Varie beaucoup pour le plumage. On élève aussi ça et là la variété ou race nommée *Anas adunca* L. (Canard à bec crochu) dont je ne connais pas la souche sauvage.

CLASSE III. REPTILES.

Nous suivrons la marche que nous avons adoptée précédemment en répartissant d'abord les Reptiles de notre pays d'après leur localisation.

1° Espèces que l'on trouve dans presque toutes les parties du pays.

Anguis fragilis.
Rana Temporaria.
— esculenta.
Hyla viridis.

Bufo vulgaris.
— calamita.
Triton Alpestris.
— punctatus.

2° Espèces qui sont restreintes à certaines localités boisées montagneuses ou sablonneuses du pays.

Lacerta vivipara.
— stirpina.
— muralis.
Coluber austriacus.
Natrix torquata.
Vipera Berus.

Bombinator fuscus.
— obstetricans.
— igneus.
Salamandra maculosa.
Triton cristatus.
— palmatus.

3° Espèces dont la capture dans les limites de la Belgique n'est pas constatée d'une manière positive.

Chelonia Caretta.

Coluber viridiflavus.
Vipera Aspis.

4° Espèces indiquées dans le nord de la France :

Lacerta viridis.
Natrix viperina.

Bombinator punctatus.
Triton marmoratus.

J'ai adopté pour la classification de nos Reptiles la classification de Brongniart et Cuvier mise au niveau des nouvelles découvertes par le prince Charles Bonaparte.

22

CLASSE 3.

REPTILES.

AMPHIBIA L.

SOUS-CLASSE I. *MONOPNOÉS.*

ORDRE I.

CHÉLONIENS. — *CHELONIA* Brongn.

Famille des Chélonidées.

GENRE CHÉLONÉE , *Chelonia* Cuv.
(*Testudo* L.)

1. CHELONIA CARETTA *L.* — Chelonée Caouanne.

C. Caouanna. Dumer.
Vulgairement *Tortue de mer.*
Elle a été pêchée deux fois à Blankenberg sur la côte de Flandre, mais elle ne s'y trouve que très-accidentellement. Son habitat est plus méridional.

ORDRE II.

SAURIENS. — *SAURIA* Brongn.

Famille 1. Lacertidées.

GENRE LÉZARD, *Lacerta* L.

* *Zootoca*. Wagl.

2. LACERTA VIVIPARA *Jacquin*. — LÉZARD VIVIPARE.

Lacerta Screibersiana. Milne Edwards.

Il habite les montagnes boisées et les bruyères de la rive droite de la Meuse surtout en Ardenne, mais il descend cependant le long des bords de l'Ourthe jusque près de Liége et existe dans les broussailles d'Hippophaé des dunes d'Ostende et dans les bois de pins des sables de la Campine. Ce Lézard se tient à terre à l'ombre et ne grimpe pas le long des rochers ni des murs. Assez commun à Spa et à St.-Hubert.

Il varie pour la couleur du ventre qui tantôt est blanchâtre, tantôt verdâtre et tantôt jaune safran. Cette dernière variété est en outre ponctuée de noir en dessous. C'est celle que j'ai trouvée dans les tourbières de l'Ardenne, à Ostende, et près d'Halloy dans un marais. Elle a été nommée *Zootoca Crocea* par plusieurs auteurs.

** *Lacerta.*

3. LACERTA STIRPIUM *Daudin*. — LÉZARD DES SOUCHES.

Lacerta agilis (pars) L.

Assez rare en Belgique. Je ne l'ai encore observé que dans les montagnes des environs d'Arlon (Prov. de Luxembourg). Il se tient toujours dans les broussailles. On croit aussi l'avoir vu près de Liége sur les bords de l'Ourthe. C'est la plus grande espèce du genre dans notre pays si le Lézard vert ne s'y trouve pas.

N . B. Le Lézard vert (*Lacerta Viridis* Petiver) est assez commun aux environs de Paris ; on dit qu'il existe dans la forêt de Mormale , mais j'en doute. C'est une espèce méridionale.

*** *Podarcis.* Wagl.

4. LACERTA MURALIS *Laur.* — Lézard des Murailles.

Lacerta agilis. Holandre.

En wallon *Qwat pess.*

C'est le plus commun de nos Lézards. Il se trouve en grand nombre dans toutes les carrières de pierres calcaires, les vigno-bles et les vieux murs des bords de la Meuse, de l'Ourthe, et de la Vesdre, et on le retrouve dans quelques localités sèches du centre du pays ; mais il est inconnu dans les villages des plaines de la Hesbaye et je ne l'ai pas vu non plus sur les plateaux de l'Ardenne où il est remplacé par le *Vivipara*.

Il semble identifié aux roches du calcaire anthraxifère et l'autre aux schistes du terrain ardoisier et aux sables. Ce joli petit animal grimpe avec rapidité sur les murailles perpendiculaires et se cache dans leurs crevasses. Il est très-doux , parfaitement innocent et détruit beaucoup d'insectes nuisibles aux espalliers. On a donc tort de vouloir l'en chasser. Sa queue se brise très-facilement mais repousse comme dans ses congénères.

Var. α. Dessous du corps blanchâtre.

Var. β. De même mais 4 à 5 plaques bleues le long des flancs.

Var. δ. Dessous du corps d'un rouge de brique plus ou moins vif ; des taches bleues sur les flancs comme chez la précédente. Cette jolie variété se trouve sur les rochers calcaires exposés au soleil. Elle est commune à la carrière du Prince sur l'Ourthe en face de Colonster ; malheureusement sa belle couleur rouge disparaît dans l'alcohol.

N. B. Ce n'est pas ici le lieu d'entrer dans de longs détails sur un animal étranger à la Belgique , mais je dois prévenir que je pense que notre *Muralis* à dos gris brun qui habite depuis le nord de l'Europe jusqu'aux Alpes n'est pas de la même espèce que le Lézard décrit et figuré sous le même nom par le prince Ch. Bonaparte et qui est si excessivement commun dans toute l'Italie. Cette dernière espèce offre ordinairement deux bandes longitudinales d'un beau vert sur le dos et le dessous du corps est d'un blanc soyeux sans taches. Aux environs de Turin j'ai trouvé les deux espèces. On pourrait nommer celle de l'Italie *Lacerta Sericea* (Laurenti) ou *Lacerta Tiliguerta* (Gmel.) Cette espèce méridionale ne cherche pas à mordre quand on la prend comme notre Lézard et elle se laisse approcher facilement lorsqu'on siffle un air tandis que la nôtre n'est nullement sensible à la musique.

Famille 2. Anguidées.

GENRE ORVET, *Anguis* L.

5. ANGUIS FRAGILIS *L.* — Orvet fragile.

En wallon *Dzi*.

Commun dans les bois et les montagnes boisées. Se trouve aussi mais plus rarement dans les vieilles haies, les tas de fumier, sous les pierres etc. autour des villages des plaines. C'est le seul reptile écailleux que l'on trouve habituellement en Hesbaye.

Malgré son nom spécifique je n'ai jamais remarqué qu'il eût la queue fragile comme celle des Lézards. Les paysans le regardent à tort comme un animal nuisible et venimeux.

ORDRE III.

OPHIDIENS. — *OPHIDIA*. Brongn.

Famille 1. Colubridées.

GENRE COULEUVRE, *Coluber* L.

* *Zacholus.* Wagl.

6. COLUBER AUSTRIACUS *L.* — Couleuvre Austriaque.

La *Lisse* vulgairement.

Assez rare. Je l'ai observée dans les montagnes et collines calcaires de la rive droite de la Meuse jusqu'aux confins de l'Ardenne vers Han-sur-Lesse. Elle se trouve aussi aux environs de Louvain et M. Van Haesendonck l'a prise dans la forêt de Tongerloo. Sa taille n'est jamais considérable.

** *Coluber.*

7. COLUBER VIRIDIFLAVUS *Lacep.* — Couleuvre verte et
jaune.

Elle a été observée dans les bois montagneux du département de la Moselle surtout sur les bords de l'Orne par M. Holandre. On m'a assuré qu'elle avait été trouvée également dans les rochers des environs de Dinant. C'est une espèce méridionale.

GENRE NATRICE, *Natrix* Merr.
(*Coluber* L. — *Tropidonotus* Wagl.)

8. NATRIX TORQUATA *Merr.* — Natrice a collier.

Coluber natrix L.
En wallon *Colouve.*
Commune dans les montagnes calcaires et les bruyères de la rive droite de la Meuse ainsi que dans les hautes prairies marécageuses de l'Ardenne. Elle a aussi été observée dans le Hainaut et aux environs de Louvain, Jamais dans les plaines de la Hes-

baye. Cette espèce atteint jusqu'à six pieds de long. Elle est re-
gardée à tort comme vénimeuse. C'est un animal doux et
craintif qui ne cherche à mordre qu'au premier moment où
on le saisit et dont la morsure est peu sensible. On trouve
ses œufs en grande quantité dans la sciure de bois des scieries
de St.-Hubert au mois de juillet.

N. B. On prétend avoir trouvé dans le nord de la France en
Lorraine et en Picardie la Natrice vipérine (*natrix viperina* Latr).
— J'en doute.

Famille 2. Vipéridées.

GENRE VIPÈRE, *Vipera* Latr.
(*Coluber* L.)

* *Pelias* Merr.

9. VIPERA BERUS *L.* — VIPÈRE BERUS.

Observée dans plusieurs taillis marécageux des Flandres où
elle semble assez commune.

Var. *α*. *Rougeâtre* (*Vipera chersea* L.)
Var. *β*. *Noirâtre* (*Vipera prester* L.)

Je ne sais si ces deux variétés de coloration ont déjà été
observées chez nous. Cette espèce et la suivante sont vénimeu-
ses. Je n'ai cependant jamais entendu parler d'accidents arrivés
dans notre pays.

** *Vipera.*

10. VIPERA ASPIS *L.* — VIPÈRE ASPIC.

Vipera Berus Holandre.

D'après la description que M. Holandre donne des petites
écailles qui recouvrent la tête et un individu qu'a bien voulu
m'envoyer M. le professeur Fournel de Metz, c'est cette espèce
qui existe dans les bois rocailleux des environs de Metz. C'est
sans doute elle aussi qui se trouve dans les bois secs de la province de Luxembourg et que M. Alex. Carlier croit avoir vue
une seule fois dans ceux de Quimkempoix près de Liége. C'est
une espèce méridionale.

SOUS-CLASSE 2. — *DIPNOÉS.*

ORDRE IV.

BATRACIENS, — *BATRACHIA* Brongn.

Famille 1. Ranidées.

GENRE GRENOUILLE, *Rana* L.

11. RANA TEMPORARIA *L.* — Grenouille a tempes noires.

Vulgairement *Grenouille rousse.*
En wallon *Raine* comme la suivante.
Très-commune partout, aussi bien dans les lieux secs que dans les bois et les jardins humides. Elle varie beaucoup pour la couleur du dessus du corps.

      Var. α. Roussâtre.
      Var. β. Verdâtre.
      Var. γ. Grisâtre.
      Var. ε. Grise toute tigrée de noir en dessus.
      Var. η. Rouge.

Le dessous du corps est blanc, jaunâtre, roussâtre ou verdâtre selon les individus; mais la balafre noire des tempes existe chez tous.

12. RANA ESCULENTA *L.* — Grenouille mangeable.

Vulgairement *Grenouille verte.*
Commune sur le bord des étangs et des marais. En été elle se tient immobile à fleur d'eau; à terre elle fait des sauts énormes. On ne la trouve pas dans les endroits où il n'y a pas d'eau. C'est cette espèce qui coasse dans les étangs pendant les belles soirées d'été. On la mange, et on ne devrait même guère manger que

cetteespèce mais les marchands vendent souvent à sa place la *Temporaria* et même le Crapaud ordinaire.

Quelques individus surtout d'age moyen ont le dos noirâtre avec trois raies longitudinales vertes.

GENRE SONNEUR , *Bombinator* Laur.
(*Rana* L.)

* *Pelodytes* Fitz.

13. BOMBINATOR FUSCUS *Laur.* — Sonneur brun.

Observé au fort Carnot près d'Anvers et dans les fossés et les mares de la Campine anversoise par M. Van Haesendonck chirurgien.

** *Alytes.* Wagl.

14. BOMBINATOR OBSTETRICANS *Laur.* — Sonneur ac-coucheur.

Très-rare. Observé dans les Flandres par M. le professeur Morren. — M. Alex. Carlier m'a communiqué qu'il se trouve également dans les environs de Liége, où il a été pris dans une carrière située à Angleur. Son cri est interrompu , doux , sonore. Assez commun en Picardie

*** *Bombinator.*

15. BOMBINATOR IGNEUS *Laur.* — Sonneur en feu.

Rana bombina L.

Très-commun dans les mares pluviales et les petites flaques d'eau des montagnes boisées et des bruyères en Condroz et en Ardenne. Je ne pense pas qu'il se trouve à gauche de la Meuse.

N. B. Le Sonneur ponctué, *Bombinator punctatus* Daudin. a été observé en Picardie par M. Baillon. Wagler veut en faire le genre *Pelobates.*

GENRE RAINETTE, *Hyla* Laur.
(*Rana* L.)

16. HYLA VIRIDIS *Laur*. — RAINETTE VERTE.

Peu commune en Belgique. Elle grimpe sur les feuilles des arbustes ; quelquefois aussi sur les plantes aquatiques.

On conserve ce joli petit animal dans des bocaux d'eau fraîche et l'on prétend en faire une sorte de baromètre d'après sa position au fond de l'eau ou à la surface. Je crois qu'on ferait mieux pour cela de se servir de la *Rana esculenta* car la Rainette a une répugnance assez prononcée à se tenir dans l'eau.

GENRE CRAPAUD, *Bufo* Laur.
(*Rana* L.)

17. BUFO VULGARIS *Laur*. — CRAPAUD COMMUN.

Rana Bufo L.

En wallon *Crapô veneingn* (Crapaud venimeux).

Le Crapaud très-commun dans tous les lieux obscurs et les jardins, n'est pas venimeux comme on le croit généralement.

Le soir on le voit marcher assez rapidement dans les allées et dans les champs. Il ne peut faire que de très-petits sauts. En été à la suite des orages on observe souvent des myriades de très-jeunes crapauds venant d'accomplir leur dernière métamorphose, couvrir la terre et s'éparpiller partout, là ou avant la pluie on n'en remarquait aucun. Le vulgaire est persuadé *qu'il pleut des crapauds*, mais cette opinion n'est pas admissible. Quelques personnes pensent qu'une trombe les enlève des marais et les lance avec la pluie et cette explication semble tout aussi peu raisonnable que la première au moins dans la plupart des cas. D'autres enfin ont cru que l'humidité fait sortir les jeunes crapauds des crevasses de la terre et des trous où ils se cachent pendant la sécheresse après avoir abandonné l'eau, et cette manière de voir, me semble seule plausible , car il n'est pas concevable qu'ils puissent être portés dans les nuages ni qu'il y ait assez souvent des trombes pour les enlever et surtout pour en rassembler un si grand nombre à la fois car il est à remarquer que ces crapauds n'étant plus têtards , la trombe devrait aller les tirer des herbages et des crevasses tandis que si elle les enlevait des marais ce devraient être bien plutôt des têtards ou de semi-têtards que nous verrions pleuvoir , ce qui n'arrive pas.

Var. *α. Verdâtre tacheté de brun (Bufo Rœselii* Daudin).

Dans les marais, et sur les bords de la mer, dans les flaques d'eau saumâtre.

Var. *β. Cendrée (Bufo cinereus,* Daudin).

Dans les champs au milieu des céréales.

Var. *γ. Enorme (Bufo palmarum* Cuv.)

Ce sont les très-vieux individus. Ceux-là ont un aspect dégoutant et se retirent près des habitations.

Les crapauds vers le mois d'avril se rendent en grand nombre dans les étangs pour vaquer à la reproduction. On les y trouve accouplés.

18. BUFO CALAMITA *Laur.* — Crapaud calamite.

Peu commun en Belgique , mais répandu dans presque toutes les provinces. Je l'ai pris sous les pierres dans les bruyères sèches de l'Ardenne ; en Hesbaye dans les jardins , en Campine près des étangs.

N. B. M. Duméril réunit au *B. calamita* le *Bufo viridis* Laur. (*Bufo variabilis* Pall.) qui en serait une variété méridionale. Quels que soient les rapports de formes entre ces deux espèces j'avoue qu'il m'est difficile de croire à leur identité.

Famille 2. Salamandridées.

GENRE SALAMANDRE, *Salamandra* Laur.
(*Lacerta* L.)

19. SALAMANDRA MACULOSA *Laur*. SALAMANDRE TACHETÉE.

Lacerta salamandra L]
En wallon *Rogne* et *Qwatt pess*.

Habite les caves , les lieux humides et obscurs, notamment les bois de la rive droite de la Meuse. Je ne crois pas qu'elle existe dans les plaines de la Hesbaye. Les paysans ont un dégout superstitieux pour cet animal qu'ils croient à tort très-venimeux.

GENRE TRITON, *Triton* Laur.
(*Lacerta* L. — *Salamandra* Latr. Daudin)

* *Triton*.

20. TRITON CRISTATUS *Laur*. — TRITON CRÊTÉ.

Lacerta palustris L.

C'est la plus grande espèce du genre. Elle est assez commune dans les mares des environs de Liége, et dans les petites flaques d'eau des montagnes. Aussi dans plusieurs marais du centre de la Belgique.

N. B. Le Triton marbré (*Triton marmoratus* Daud.) est voisin du *cristatus*. Je ne l'ai pas encore vu en Belgique.

** *Lissotriton* Bell.

21. TRITON ALPESTRIS *Laur*. — TRITON ALPESTRE.

Salamandra cincta Latr. — *Sal. Rubriventris* Daud. *Lacerta Lacustris* var ε, η Gm.

Se trouve presque partout dans les mares; très-commun dans celles de l'Ardenne et du Condroz. Il sort de l'eau en automne pour n'y rentrer qu'au printemps.

22. TRITON PUNCTATUS *Daud.* — Triton ponctué.

Salamandra elegans Daud. — *Lacerta vulgaris* et *aquatica* L.
Lissotriton Palmatus Bell.

Très-commun dans les mares, les marais et les étangs. Il varie à l'infini dans la coloration et dans la forme de la belle crête découpée que le mâle porte au temps des amours. En automne il sort de l'eau comme le précédent et ressemble alors pour la forme à une vraie Salamandre. D'après la figure le *Triton vittatus* Gray me semble une légère variété de cette espèce.

23. TRITON PALMIPES *Daud.* — Triton palmipède.

Sal. palmata Cuv.

Cette espèce est beaucoup moins répandue que les précédentes, mais elle est commune là où elle existe. Je l'ai observée dans les mares d'eau de source dans les vallées de l'Ourthe et de la Vesdre. M. Van Haesendonck l'a recueillie en Campine. Elle varie peu. Plusieurs auteurs ont donné pour le *Palmipes* des variétés du *Punctatus.* Le prince Ch. Bonaparte lui-même exprimant quelques doutes sur l'authenticité de cette espèce on peut soupçonner qu'il n'a pas eu sous les yeux un mâle des deux espèces au printemps, car dans cet état il est impossible de les confondre.

CLASSE IV. POISSONS D'EAU DOUCE.

Cette classe se répartit en poissons d'eau douce et en poissons de mer. — N'ayant encore qu'une connaissance très-incomplette de ces derniers, je donnerai le peu que j'en sais sous la forme d'un appendix et je commencerai par traiter des espèces d'eau douce, qui me sont maintenant mieux connues : Je les divise en trois groupes d'après leur genre de vie.

1° Poissons d'eau douce proprement dits qui ne vont point à la mer.

Cottus Gobio.
Acerina cernua.
Perca fluviatilis.
Lota vulgaris.
Acanthopsis tænia.
Cobitis fossilis.
— barbatula.
Gobio fluviatilis.
Barbus fluviatilis.
Cyprinus regina.
— Carpio.
— elatus.
— striatus.
— Gibelio.
— moles.
— Carassius.
Rhodeus amarus,
Tinca chrysitis.
Phoxinus lævis.
Chondrostoma Nasus.

Leuciscus argenteus.
— Dobula.
— dolabratus.
— Idus.
— Jeses.
— Selysii.
— rutilus.
— Rutiloides.
— Erythrophthalmus.
Aspius Alburnoides.
— bipunctatus.
Abramis Buggenhagii.
— Heckelii.
— Blicca.
— Brama.
Salmo Trutta.
— Fario.
Thymallus vexillifer.
Esox Lucius.
Gasterosteus aculeatus.
— Pungitius.
Petromyron Planeri.
Ammocætes branchialis.

Ces poissons existent presque tous simultanément dans les bassins de l'Escaut, de la Meuse et de la Moselle. Cependant celui de l'Escaut est caractérisé jusqu'ici par la possession exclusive du *Cobitis Fossilis* et par l'absence de l'*Aspius bipunctatus* du *Thymallus vexillifer* du *Rhodeus amarus*, et du *Chondrostoma*

Nasus. — La Moselle se distingue surtout de la Meuse par la présence du *Leuciscus dolabratus* et par l'absence de l'*Abramis Heckelii*. Mais probablement que des recherches suivies feront disparaître encore quelques unes de ces disparités.

2° Poissons d'eau douce qui descendent à l'embouchure des fleuves pendant l'hiver.

Acipenser Sturio.
Alosa vulgaris.
— Finta.
Salmo Salar.
Pleuronectes Fesus.
Petromyzon marinus.

3° Poissons de mer qui remontent nos rivières au printemps ou en été.

Anguilla latirostris.
— acutirostris :
— mediorostris.
Petromyzon fluviatilis.

J'ai cru devoir suivre la méthode du prince Charles Bonaparte qui a sù concilier en partie les principes de Cuvier et d'Agassiz.

CLASSE 4.
POISSONS.

PISCES L.

SOUS-CLASSE DES POMATOBRANCHES.

SECTION I. MICROGNATHES.

ORDRE I.

STURIONIENS. — *STURIONES* Cuv.

Famille des Acipenséridées.

GENRE ESTURGEON , *Acipenser* L.

1. ACIPENSER STURIO *L.* — Esturgeon ordinaire.

En wallon *Sturgeon*.

Commun à l'embouchure de l'Escaut et de la Meuse qu'il remonte souvent au printemps jusqu'à Liége et même plus haut. On
en a pêché de dix pieds de long près de cette ville. Accidentellement dans la Moselle.

N. B. M. Van Haesendonck croit avoir observé dans l'Escaut à
Anvers une seconde espèce se rapprochant de l'*Acipenser Huso* L.
probablement celle décrite en Angleterre sous le nom d'*Acipenser Latirostris* par MM. Parnell et Yarrell.

SECTION II. TÉLÉOSTOMES.

ORDRE II.

CTENOIDES.— *CTENOIDEI* Agassiz.

Famille 1. Pleuronectidées.

GENRE PLEURONECTE, *Pleuronectes* L.

(*Platessa*, Cuv.)

2. PLEURONECTES FLESUS *L.*—Pleuronecte Flet.

Vulgairement *petite Plie.*

Très-commune dans l'Escaut et dans les fossés qui y communiquent près d'Anvers. M. Van Haesendonck a observé qu'elle remonte souvent la Neth jusqu'à Westerloo pendant la saison pluvieuse. M. Jos. Lamarche, négociant à Liége, m'a communiqué qu'un individu a été pris dans le Biez d'une usine sur l'Ourthe au-dessus de Liége, et M. Holandre cite un exemplaire pris à Metz en août 1818. Ce poisson vit très-bien dans l'eau douce.

On trouve fréquemment des exemplaires *réverses* c'est-à-dire ayant les yeux et la couleur foncée du côté gauche; c'est la *Pl. Passer* de Bloch.

Famille 2. Triglidées.

GENRE CHABOT, *Cottus* L.

3. COTTUS GOBIO *L.*—Chabot Têtard.

En wallon *Chabot.*

Commun dans la Meuse et dans presque toutes les rivières et ruisseaux d'eau vive à fond pierreux qui s'y jettent. Il se tient ordinairement près du bord et des pierres; point dans le Geer ni dans la plûpart des eaux vaseuses. Assez commun dans le haut Escaut, dans les ruisseaux des environs d'Anvers et dans la Moselle.

Famille 3. Percidées.

GENRE GREMILLE, *Acerina* Cuv.
(*Perca* L.)

4. ACERINA CERNUA *L.* — Grémille Gougeonnière.

En wallon *Oggi*.

Commune dans la Meuse, l'Ourthe, la Vesdre, la Moselle et autres rivières à fond pierreux. Elle existe cependant aussi dans l'Escaut et dans la Neth.

J'ai recueilli une variété cendré-foncé en dessus, bleuâtre en dessous.

GENRE PERCHE, *Perca* L.

5. PERCA FLUVIATILIS *L.* — Perche de rivière.

En wallon *Percô* et *Piche*.

Commune dans presque toutes nos rivières. Ce poisson préfère les eaux de source très-vives mais ne cherche pas un fond pierreux comme la Truite; aussi cette dernière ne vit pas dans le Geer, tandisque la Perche y est commune.

On trouve souvent dans la Meuse une variété *très-saupoudrée de noirâtre*; quelquefois aussi ce poisson varie par le plus ou moins de gibbosité du dos.

ORDRE III.

CYCLOIDES. — *CYCLOIDEI* Agassiz.

SOUS-ORDRE I. — *JUGULAIRES.*

Famille I. — Gadidées.

GENRE LOTTE, *LOTA* Cuv.
(*Gadus* L.)

6. LOTA VULGARIS *Jenyns.* — LOTTE COMMUNE.

Gadus Lota L.

En wallon *Boulotte.*

Assez commune dans la Meuse, l'Ourthe et l'Escaut. Elle remonte la Moselle dans les grandes crues d'eau à la fin de l'hiver d'après M. Holandre.

SOUS-ORDRE 2. — *ABDOMINAUX.*

Famille 2. — Cyprinidées.

N. B. Pour cette famille importante je m'écarterai du plan de la première partie de cet ouvrage en ajoutant dès aujourd'hui les diagnoses et descriptions des genres et des espèces qui constitueront la seconde partie de la Faune. Cet article sera donc une sorte de monographie de nos Cyprins.

Les Cyprinidées forment une famille naturelle dans la section des poissons *abdominaux* faisant partie de l'ordre des *Cycloïdes.* Voici les caractères principaux de cette famille : *Corps écailleux', pas de nageoire adipeuse ; bouche peu fendue ; machoires faibles à bord entièrement formé par les intermaxillaires ; point de dents ; os pharingiens fortement dentés ; trois rayons branchiaux ; point d'intestins cécaux.*

J'adopte cette famille telle qu'elle a été restreinte par le prince Charles Bonaparte qui en a séparé les *Pécilidées* caractérisées par la présence de dents aux machoires. La place naturelle des Cyprinidées est entre les *Gadidées* dont elles se rapprochent par le genre *Cobitis* et les *Clupéidées* auxquelles elles se lient par les genres *Aspius* et *Chela*. La famille qui fait le sujet de cet article comprend la plus grande partie des genres *Cobitis* et *Cyprinus* de Linné. Presque toutes les espèces sont propres aux eaux douces ; il y en a dans tous les continents mais chacune a en général un habitat restreint au bassin d'un fleuve et même assez souvent à un lac ou à une rivière particulière.

Les espèces varient un peu sous le rapport de la coloration selon la nature des eaux où elles vivent ; mais la plupart de celles que l'on avait cru être des variétés de forme constituent au contraire des espèces distinctes bien que très–voisines les unes des autres. Il en est de même des prétendus hybrides qui, d'après les expériences que M. le professeur Agassiz a faites sur la fécondation et qu'il compte publier, sont plus que rares.

· Je me proposais ici de me borner comme dans le reste de la 1re partie de cet ouvrage à indiquer les espèces indigènes sous la forme de catalogue raisonné sans descriptions, au moins pour les espèces bien connues, mais j'ai cru devoir ajouter une notice avec des descriptions succintes et comparatives par la raison qu'il n'existe pas de moyen facile de les déterminer ; les anciens ouvrages ichthyologiques ne pouvant plus être utiles sous ce rapport par suite de la grande négligence avec laquelle ils sont faits à l'exception de celui de Bloch et à cause de la quantité d'espèces nouvellement découvertes, tandis que les travaux que promettent MM. Heckel, Agassiz, Bonaparte et Valenciennes ne sont pas encore publiés.

Pour arriver à la détermination des espèces que j'avais distinguées et recueillies dans nos rivières je les ai soumises à l'examen de MM. Agassiz, Bonaparte et Heckel qui ont eu l'obligeance de les examiner, et j'ai cherché à établir la concordance entre eux.

Le travail synoptique admirable publié par M. Heckel dans les annales du Muséum de Vienne, avait au reste servi de point de départ à ma détermination.

Pour justifier la publication de la présente notice je ferai observer que les trente espèces que je décris comparativement l'ont été sur le vivant et la plupart sur un grand nombre d'individus , ce qui doit donner une exactitude suffisante au signalement de leurs couleurs et de leurs formes.

Je recommande sérieusement à l'attention des personnes qui voudront faire usage de ces notes les caractères suivants :

1° Le nombre de rayons aux nageoires *dorsale* et *anale*. Ce nombre peut varier d'un ou deux selon la manière de compter les rayons rudimentaires ou selon les individus; mais il est toujours d'un grand secours pour distinguer les espèces si voisines de *Leuciscus* et d'*Abramis*.

2° Le nombre des écailles, que je considère sous trois points de vue:

A. Le nombre de celles qui constituent la ligne latérale dans toute la longueur du poisson depuis le haut des opercules jusqu'à l'origine de la caudale.

B. Celui des écailles au-dessus de cette ligne vers le milieu du corps jusqu'à l'origine antérieure de la nageoire dorsale et en n'y comprenant pas la rangée unique qui forme la crête du dos.

C. Enfin les rangées qui existent au-dessous de la ligne latérale en descendant vers l'origine antérieure des nageoires ventrales . Dans ce dernier calcul comme dans le premier A , il ne faut pas faire trop d'attention à une rangée en plus ou en moins qui ne constitue pas nécessairement une différence spécifique mais quant aux rangées supérieures elles n'admettent pas de variation à moins de monstruosités fort rares ou que l'écaille qui forme la crête dorsale n'existe pas et soit remplacée par deux rangs de petites écailles ce qui donne alors aux côtés l'apparence de posséder une rangée de plus qu'à l'ordinaire et en tout cas *il n'y a variété qu'en plus.*

3° La forme de la tête et notamment la largeur de l'œil, de la bouche , le plus ou moins d'avancement relatif des machoires.

4° Le plus ou moins de hauteur du corps par rapport à sa longueur et la forme plus ou moins carénée du dos.

5° La position de la nageoire dorsale par rapport aux ventrales.

6° Le nombre et la forme des barbillons des coins de la bouche lorsqu'il en existe.

7° Quant aux couleurs lorsqu'on peut examiner un poisson frais, celle de l'œil, des flancs, et de la nageoire anale, sont les plus importantes à noter.

Je ferai d'ailleurs observer que les cinq nombres donnés dans les formules spécifiques sont si utiles qu'ils suffisent à la détermination de toutes les espèces excepté dans le genre *Cyprinus* proprement dit (1).

Le Prince Ch. Bonaparte divise cette famille en deux sous-familles qui sont pour nous des tribus.

Tribu 1re. Cyprinins *Bonap.*

CARACTÈRES.—La peau muqueuse; écailles profondément implantées et rases. Chez la plupart des barbillons aux lèvres et la nageoire dorsale plus longue que l'anale qui est courte.

GENRE I. ACANTHOPSIS. *Acanthopsis* Agass.

(*Cobitis* L. Cuv.)

Corps allongé, comprimé, première pièce sous-orbitaire à épine fourchue mobile. Dorsale et anale courtes. La caudale arrondie. Écailles petites peu distinctes. Plus de quatre barbillons aux

---

(1) Je me sers des abbréviations suivantes :

D. Nageoire dorsale.

A. Nageoire anale.

Super. — Le nombre des séries d'écailles au dessus de la ligne latérale.

Infer. — Celui des séries d'écailles au dessous de cette ligne.

Later. — Le nombre des écailles dans la longueur de cette même ligne.

Pour l'indication des dimensions en longueur, j'y comprends la nageoire candale mais pour la hauteur je ne compte que la hauteur absolue du corps dans sa partie la plus élevée.

lèvres. Ventrales situées sous la dorsale. Dents pharyngiennes
très-pointues et sur une seule rangée (1).

7. ACANTHOPSIS TÆNIA *L.* — ACANTHOPSIS RUBANNÉE.

D. 8 — A. 7. — Six barbillons.

DIMENSIONS : Longueur d'un grand individu. . . . . .   4 pouces.
        Hauteur.   . . . .   6 lignes.

Tête très-comprimée; corps un peu roussâtre, marqué en dessus de trois
séries latérales de taches verdâtres, la série inférieure composée de taches plus
larges au nombre de 14 à 16. Ventre blanc jaunâtre. Nageoires jaunâtres la
dorsale et la caudale tachetées de brun. Une petite tache d'un noir foncé à
l'origine de cette dernière au dessus de la ligne latérale.

Commune dans l'Ourthe et la Vesdre, aussi dans la Meuse et
l'Escaut; se tient sur les pierres. M. Holandre l'a observée dans
la Moselle et décrit sous le nom de *Cobitis spilura* Carlier. Ce
naturaliste en avait fait une espèce distincte sur l'avis de M. Valenciennes qui avait pensé que la petite tache noire de la base de
la nageoire caudale n'existait pas dans le véritable *Cobitis tænia*
des auteurs.

GENRE II. LOCHE *Cobitis* L. Agass.

Corps allongé, cylindrique; os sous-orbitaire sans épine. —
Dorsale et anale courtes; caudale peu échancrée. Écailles petites
peu distinctes. Corps visqueux. Plus de quatre barbillons aux
lèvres. Ventrales situées sous la dorsale. Dents pharyngiennes
taillées en biseau.

---

(1) Pour ce qui est des caractères génériques qui sont tirés des dents pharyngiennes je me suis borné à les transcrire d'après M. Agassiz, n'ayant pas eu occasion de les vérifier sur toutes les espèces.

8. COBITIS FOSSILIS *L.* — Loche d'étang.

D. 7. — A. 6. Dix barbillons.

DIMENSIONS : Longueur d'un grand individu. . . . . 6 pouces 1/2.
Hauteur. . . . . 10 lignes.

Corps presque cylindrique, la queue et la tête un peu comprimées, brun clair en dessus, jaune orangé en dessous. Des points noirâtres sur le dos; une large bande latérale dans toute la longueur du corps commençant derrière l'œil et une raie ponctuée en dessous de celle-ci noirâtres. Nageoires jaunâtres; la dorsale et la candale ponctuées de noir. Une tache noirâtre vers l'extrémité du 3ᵉ rayon de l'anale.

Se trouve dans les eaux vascuses affluentes de l'Escaut, en Flandre et en Brabant. Assez commune aux environs de Louvain. Elle se tient presque constamment enterrée sous la bourbe. Pas encore observée dans le bassin de Meuse ni dans celui de la Moselle.

9. COBITIS BARBATULA *L.* — Loche Franche.

D. 10. — A. 8. Six barbillons.

En wallon *Mosteye.*

DIMENSIONS : Longueur d'un grand individu. . . . . . . 4 pouces.
Hauteur. . . . . 6 lignes.

Entièrement cylindrique, nuagée et pointillée de brun et de verdâtre sur un fond jaunâtre à l'exception des ventrales, de l'anale et du dessous du ventre qui sont jaunâtres sans taches.

Vit dans la bourbe et les herbes aquatiques de toutes nos rivières et même dans les ruisseaux d'eau pluviale qui sont à moitié desséchés en été.

GENRE III. GOUJON *Gobio* Cuv.
(*Cyprinus* L.)

Corps allongé, fusiforme; dorsale et anale courtes. Caudale

un peu échancrée. Ecailles assez grandes, pas de rayons épineux à la dorsale. Deux barbillons. La dorsale placée en avant des ventrales. Dents pharyngiennes coniques, faiblement courbées à leur sommet, sur deux rangs.

10. GOBIO FLUVIATILIS *Ag.* — GOUJON FLUVIATILE.

D. 10 — A. 9 — Super. VI — Infer. IV — Later. 43.

En wallon *Govion.* — *Cyprinus Gobio* L.
Bloch pl. 8. (mauvaise figure).

DIMENSIONS. — Hauteur d'un individu. . . . . 6 pouces·
Hauteur. . . . . 1 pouce. 2 lignes.
Verdâtre pointillé de brun et de jaunâtre et mélangé de violet en dessus. Ventre d'un blanc rosé. Les nageoires pointillées comme le dessus excepté les ventrales et l'anale qui sont jaunâtre pâle.

Commun dans les rivières ; aussi dans les étangs. Il y en a de forte taille.

GENRE IV. BARBEAU, *Barbus* Cuv.
(*Cyprinus* L.)

Corps allongé, fusiforme ; dorsale et anale courtes. Caudale un peu fourchue. Ecailles petites· Le deuxième rayon de la dorsale épineux, quatre barbillons. Dents pharyngiennes coniques, allongées, crochues à leur sommet, disposées sur trois rangs.

11. BARBUS FLUVIATILIS *Ag.* — BARBEAU FLUVIATILE.

D. 11. — A. 8 — Super. XI — Infer. IX — Later. 60.

En wallon *Barbai* — *Cyprinus barbus* L.

DIMENSIONS. — Longueur d'un petit individu. . . . 6 pouces.
Hauteur. . . . . 1 pouce environ.
Verdâtre en dessus, blanc ou blanchâtre sur les côtés et en dessous, anale, ventrales, et pectorales jaunâtres, plus ou moins mêlées de rouge orangé. La dorsale et la caudale verdâtres mélangées de rougeâtre.

Habite la Meuse et ses affluents à fond pierreux jusque dans les ruisseaux de l'Ardenne. Aussi dans la Moselle et dans l'Escaut.

Ce poisson atteint jusqu'à deux pieds de longueur.

Variété : Le *Barbeau jaune :* tout le dessus et les côtés du corps d'un marron clair. Le ventre blanc, les nageoires rouges. — Très-rare ; observé dans l'Ourthe.

GENRE V. CYPRIN , *Cyprinus* L. Ag.

Corps épais, plus ou moins élevé ; dorsale très-longue. Anale très-courte , candale peu fourchue , écailles très-grandes. Deuxième rayon de la dorsale et de l'anale épineux. Dents pharyngiennes sur une seule rangée à couronne plate et sillonnée.

Nota. Par exception aux règles générales, le nombre des écailles et des rayons aux nageoires varie quelquefois dans les poissons de ce genre, sans que l'on doive en induire des différences spécifiques entre ces différents individus, tandis que plusieurs espèces distinctes ont à l'état normal les mêmes nombres de rayons et d'écailles et ne se distinguent qu'à la forme du corps, de la tête et des barbillons.

En adoptant comme espèces les *Cyprinus regina , elatus , striatus , moles ,* je me suis conformé à l'opinion des trois célèbres ichthyologistes que j'ai consultés et que j'ai cités plus haut.

1ᵉʳ SOUS-GENRE. *Cyprinus :* quatre barbillons.

Ces espèces ont environ 24 rayons à la dorsale.

12. CYPRINUS REGINA *Bonap.* — CYPRIN REINE.

D. 23 — A. 9 — Super. VI – Infer. V — Later. 38.

Cyprinus Hungaricus Heckel.

DIMENSIONS. — Longueur d'un individu moyen. . . . . . 1 pied.

D'un jaunâtre doré passant à l'olivâtre sur le dos. La dorsale et la caudale obscures. Cette dernière notablement fourchue et son lobe intérieur plus ou moins rouge. Les autres nageoires mêlées de rouge et de jaunâtre. Quatre barbillons longs. Bouche large à lèvres renflées. Tête un peu plus longue que la hauteur du corps qui égale le quart de la longueur du poisson qui est cylindrique. Le dos à peine renflé. Queue allongée.

Les jeunes ont la couleur des *Leuciscus Dobula* ; leur dos est un peu plus carené que chez les vieux et les points de la ligne latérale sont peu marqués.

Il se trouve dans la Meuse, car un individu que j'avais envoyé au prince Ch. Bonaparte qui a découvert cette espèce en Italie, a été reconnu par lui à sa surprise pour être de la même espèce. Cependant M. Heckel qui a reconnu notre *Regina* pour le même que son *Hungaricus* doute que ce soit le *Regina* de Bonparte, qui aurait la tête moin longue et la dorsale commençant plus en avant. C'est aussi l'espèce que j'ai trouvée établie dans les étangs en Hesbaye et dans une partie du Brabant.

Il me semble difficile de dire, si le *Cyprinus Carpio* de Bloch, pl. 16 doit être rapporté au *Carpio* ou au *Regina*.

13. CYPRINUS CARPIO *L.* — Cyprin carpe.

D. 23-24 — A. 8-9 — Super. VI. — Infer. VI. — Later. 38.

En wallon *Câpe* comme les autres espèces du genre.

DIMENSIONS. — Longueur d'un individu moyen. . . . 1 pied.
       Hauteur. . . . . 3 pouces 9 lignes.
Couleurs à peu près comme celles de la précédente, mais moins dorées ; plus noirâtre sur le dos, et les nageoires plus violâtres. Tête plus courte que la hauteur du corps qui égale à peine le tiers de la longueur totale du poisson dont le dos est légèrement élevé et bossu. Les quatre barbillons plus courts que dans le *C. regina*, la bouche plus étroite, la queue plus courte, la tête notablement moins longue, les lèvres moins renflées, l'œil peut-être plus grand.

Se trouve dans la Meuse mais en petit nombre. Très-commune dans beaucoup d'étangs où on l'élève. Elle ne se multiplie pas dans ceux d'eau de source à moins qu'ils ne soient réchauffés par des écoulements de piscines ou de champs cultivés. En Campine où l'on élève en grand ces carpes, elles mettent trois ans et demi à parvenir à la grosseur nécessaire pour être livrées à la consommation. On réserve certains étangs gras pour faire alviner les mères; l'année suivante on pêche les petits pour les distribuer dans un second étang, puis dans un troisième un an après. Dans ce dernier on ne place guère qu'une centaine de Carpes par hectare. On les pêche enfin à la quatrième année pour en faire la vente et l'on sème des céréales au fond de l'étang avant d'y établir de nouveaux poissons.

N. B. Selon M. Heckel le *C. Carpio* figuré par le **Pr.** Bonaparte pourrait être un jeune de son *Elatus.*

Variété? La carpe à grandes écailles *Cyprinus macrolepidotus* Klein, *Cyprinus specularis* Lacep (*Cyprinus rex Cyprinorum* Bloch pl. 17.) Elle a deux ou trois rangées longitudinales d'écailles énormes. Le reste de la peau nu. **21** rayons à la dorsale chez l'individu que j'ai sous les yeux. Longueur **1** pied, hauteur **3** pouces **9** lignes. On l'élève dans quelques étangs des Flandres et de la province de Namur où elle a été importée de l'Allemagne. Elle semble s'y perpétuer sans se mêler avec les autres Carpes; mais cela tient peut-être à ce que ces Carpes sont de l'espèce des *Cyprinus regina* ou *Elatus* et non du *Cyprinus Carpio.* — Je ne crois pas que la variété sans aucune écaille (*Cyprinus coriaceus* Lacep.) existe en Belgique.

14. CYPRINUS ELATUS *Bonap.* — Cyprin élevé.

D. 22 — A. 9 — Super. à peine VI — Infer. VI — Later. 37-38.

DIMENSIONS. — Longueur d'un individu moyen. . . 11 pouces.
        Hauteur. . . . . 4 pouces. 2 lignes.

Ressemble pour la couleur au *C. carpio*, mais la couleur olivâtre foncé à reflets doré envahit plus encore les côtés du corps. Tête comprise à peu près deux fois dans la hauteur du corps qui surpasse le tiers de la longueur du poisson dont le dos est élevé et notablement caréné. Les barbillons des coins de la bouche épais, beaucoup plus courts que dans les deux espèces précédentes; les deux autres barbillons presque nuls. Bouche petite à peine aussi large que chez le *Carpio*. La carène du dos s'élève de suite après la tête de manière à former un ressaut et à ce que la courbe n'est pas continue avec celle du front.

Se trouve dans l'Escaut. — On l'élève aussi dans les étangs de la Campine. — J'en possède un individu monstrueux qui manque de nageoires ventrales.

Cette espèce a de grands rapports avec le *C. Kollarii* (Heckel) mais ce dernier a les barbillons encore plus courts et sept rangs d'écailles supérieures. Au reste *l'Elatus* d'après la figure donnée par Bonaparte aurait les barbillons plus longs que nos exemplaires de Belgique.

15. CYPRINUS STRIATUS *Holandre*. — CYPRIN STRIÉ.

D. 23 — A. 8 — 9 — Super. VII — Infer VI — Later. 36.

Vulgairement *Carpe blanche* ou *batardée*.

DIMENSIONS. — Longueur d'un assez grand individu. . 10 pouces.
          Hauteur. . . . . 3 pouces. 2 lignes.

Formes du *C. Carpio*, mais le premier barbillon à peine visible et celui du coin de la bouche encore plus court que chez le *C. elatus*. Corps olivâtre en dessus; blanc nuancé de gris et de bleuâtre, et de jaune pâle sur les côtés, ventre jaunâtre. Oeil blanc teinté de rougeâtre; dorsale verdâtre la candale un peu fourchue teintée de rouge au lobe inférieur. Ventrales et anale lavées de violet et d'orangé. Sous-opercules marqués de stries élevées disposées perpendiculairement aux ciselures de l'opuscule. La tête diffère beaucoup de celle de *l'Elatus* en ce que le front est très-bombé et forme une courbe continue avec le dos bien que celui-ci soit moins élevé que chez *l'Elatus*. Cette forme existe à peu-près aussi chez le *Carpio*. La queue plus courte.

Je l'ai observé dans le Geer. Il se trouve aussi dans les étangs où les pêcheurs les regardent à tort comme un métis de Carpe et de Rosse. Ce poisson a été décrit par M. Holandre dans la Faune de la Moselle d'après des exemplaires des environs de Metz. Il a des rapports marqués avec les *Cyprinus Carpio*, L. *Elatus*, Bonap, *Kollarii*, Heckel et *Gibelio*, Bloch.

J'en possède un individu monstrueux qui manque de nageoire anale. M. Heckel qui a examiné un de mes *Striatus* trouve qu'il a en effet de grands rapports avec son *Kollarii* par ses barbillons courts, mais qu'il en est distinct par son front bombé et son dos peu élevé.

2ᵉ SOUS-GENRE. — *Cyprinopsis* Fitzinger.
Pas de barbillons.

Ces espèces n'ont ordinairement que 20 rayons à la dorsale.

N. B. C'est à ce sous-genre qu'appartient le Cyprin dorade (*Cyprinus auratus* L.) vulgairement poisson rouge, originaire de la Chine ; on l'a introduit dans les bassins de beaucoup de jardins en Belgique. Il s'y multiplie dans un état de semi-liberté. Je l'aurais admis dans cette Faune s'il était d'origine Européenne car plusieurs de nos *Cyprinus* proprement dits ne sont peut–être pas plus Belges d'origine que lui. C'est la seule espèce de poisson que l'on peut appeler domestique.

16. CYPRINUS GIBELIO *Bloch.*—Cyprin Gibèle.

D. 20-21 — A. 9 — Super. VII — Infer VI — Later 34.

Bloch pl. 12

DIMENSIONS.—Longueur d'un petit individu . . . . . 4 pouces 2 lignes.
       Hauteur . . . . 1 p.   9 l.
(Il atteint une taille double de celle-ci.)

Olivâtre pâle en-dessus ainsi que la dorsale ; blanchâtre sale en dessous. Dorsale verdâtre, caudale olivâtre mêlée de rouge aux lobes ou violacée. Tête à opercules jaunâtres. Yeux brun-clair grands ; caudale échancrée. La ligne latérale se perd souvent avant d'arriver à la queue. Tête grosse équivalent aux trois quarts de la hauteur du corps. Dos peu tranchant. Les écailles arrondies ; la hauteur du corps est le tiers de la longueur totale du poisson ou comme 4 est à 12.

Très–commune dans plusieurs étangs de la province de Liége notamment à Longchamps sur Geer ; aussi aux environs de Bruxelles. Elle se multiplie d'une manière étonnante dans les piscines et les abreuvoirs où elle semble braver très-bien les gelées en s'enfonçant dans la bourbe. On la regarde à tort comme un hybride du Carassin et de la Carpe ordinaire.

J'ai vu aux environs de Bruxelles une variété dont la coloration était d'un olivâtre doré comme celle d'une Carpe.

17. CYPRINUS MOLES *Ag.* — CYPRIN ÉPAIS.

D. 19-21 — A. 8-9 — Super VII — Infer VI — Later 34.

DIMENSIONS. — Longueur d'un individu moyen . . . 5 pouces
Hauteur . . . . 2 pouces 3 lignes.

Coloré à peu près comme le précédent mais un peu plus foncé et noirâtre sur le dos. Caudale échancrée. Tête grosse, équivalent à un peu plus de la moitié de la hauteur du corps. Dos élevé, tranchant. Yeux plus petits que dans la Gibèle. Ecailles allongées transversalement. La hauteur du corps est un peu moins que la moitié de la longueur totale ou comme 5 est à 12.

Se trouve dans les étangs vaseux. Observé à Longchamps avec le *Carassius* dont il diffère par sa grosse tête, son dos un peu moins élevé et sa caudale en demi-lune. Certains individus à dos peu arqué ressemblent tellement au *Gibelio* qu'il est difficile d'établir une ligne certaine de démarcation. Si M. Agassiz n'était si opposé à l'idée des hybrides dans cette famille j'aurais été très-tenté de donner le *C. moles* comme un produit du *Gibelio* et du *Carassius*. M. Heckel trouve aussi une différence entre les proportions de la queue dans le *Gibelio* et le *Moles* et ne doute pas de la différence spécifique.

18. CYPRINUS CARASSIUS *L.* — CYPRIN CARASSIN.

D. 18-19 — A. 8-9 — Super. VII — Infer. VI — Later 34.

Vulgairement *Carpe à la lune.*
Bloch pl. 11.

DIMENSIONS. — Longueur d'un individu moyen . . . 4 pouces 8 lignes.
Hauteur . . . . 2 pouces 6 lignes.

(Il atteint jusqu'à 9 pouces de longueur.)

Verdâtre ou gris noirâtre en dessus ainsi que la dorsale, blanchâtre teinte de jaune et de bleuâtre sur les côtés et en-dessous. Caudale grisâtre, rougeâtre inférieurement coupée presque carrément. Les autres nageoires rougeâtres noires à leur extrémité. Tête étroite, à museau un peu relevé en haut, plus courte que la moitié de la hauteur du dos qui est très-arqué et très-tranchant. Ecailles très-allongées transversalement. La hauteur du corps est la moitié de la longueur totale ou comme 6 est à 12.

On élève cette espèce dans la plupart des étangs vaseux. Rare dans les rivières. Elle est très-analogue aux deux précédentes; il est même assez difficile de classer certains individus à formes en quelque sorte intermédiaires. En admettant comme espèces séparées les *G. Gibelio*, *Moles* et *Carassius*, je me suis conformé à l'opinion de MM. Agassiz et Heckel qui les regardent comme très-distincts. La forme de la queue, de la tête et celle du dos sont les caractères sur lesquels ils recommandent de s'appuyer le plus.

GENRE VI. BOUVIÈRE, *Rhodeus* Agass.

(*Cyprinus* L. Cuv.)

Corps haut, large, comprimé par en bas, dorsale et anale moyennes presqu'égales. Caudale fourchue. Ecailles très-grandes; point de ligne latérale. 2ᵉ rayon de la dorsale et de l'anale épineux. Dents pharyngiennes taillées en biseau.

19. RHODEUS AMARUS *L.* — BOUVIÈRE AMÈRE.

D. 12.—A. 11-12—Super. et infer. réunis XI. Later. 30 environ.

En wallon *Platte Mess.*
Bloch pl. 8.

DIMENSIONS. — Longueur d'un grand individu . . . . . 2 pouces 8 lignes.
Hauteur . . . . 10 lignes.

Dos et dessus de la tête vert jaunâtre; opercules nuancés de noir; côtés et dessous du corps d'un blanc rosé et irisé. L'intervalle entre chaque écaille légèrement noirâtre. Une bande médiane d'un beau vert doré commençant sous la dorsale et se prolongeant jusqu'à l'origine de la caudale. Dorsale et caudale vert pâle. Anale rouge terminée nettement de noir ainsi que la dorsale. Ventrales lavées de rouge. Pectorales pâles. Yeux rouge-carmin vif surtout inférieurement.

Se trouve dans la Meuse et dans la Moselle. Peu commun. Les pêcheurs disent qu'elle recherche la bourbe.

Pas encore observée dans le bassin de l'Escaut.

GENRE VII, TANCHE *Tinca* Cuv.

(*Cyprinus L.*)

Corps trapu, un peu élevé, visqueux. Dorsale et anale médiocres presque égales; caudale à peine échancrée. Écailles trèspetites. Pas de rayons épineux aux nageoires. Deux barbillons très-courts. La dorsale placée en arrière des ventrales. Dents pharyngiennes en forme de massues.

20. TINCA CHRYSITIS *Ag.* — Tanche dorée.

D. 12—A. 11—Super. XXXI — Infer. XXI—Later. 95 environ.

En wallon *Tinche.* — *Cyprinus Tinca* L.
Bloch pl. 14.

DIMENSIONS. — Longueur d'un individu moyen . . . . 7 pouces.
Hauteur . . . . 2 pouces.
(Elle atteint jusqu'à 1 pied en longueur.)
D'un vert olivâtre clair sur le dos, tout le corps d'un jaune doré changeant en bleu verdâtre. Ventre jaune-violet pâle. Opercules vert-doré clair. Les nageoires d'un violet terne ainsi que les lèvres. Yeux d'un rouge de laque très-vif.

Habite en petit nombre dans presque toutes nos rivières. On l'élève dans les étangs. On ne trouve pas la variété allemande nommée par Bloch pl. 15 *Tanche dorée* (*C. Tincauratus* Lacep.) mais nos Tanches ont les couleurs très-vives et l'œil rouge brillant.

GENRE VIII, VÉRON, *Phoxinus* Ag.

(*Cyprinus L.—Leuciscus* Cuv.)

Corps cylindrique, trapu, visqueux, dorsale et anale courtes, égales. Caudale fourchue. Écailles très-petites. Pas de rayons épineux ni de barbillons. La dorsale placée en arrière des ventrales. Ces dernières et les pectorales très-arrondies. Dents pharyngiennes pointues.

21. PHOXINUS LÆVIS *Ag.* — VÉRON LISSE.

D. 10—A. 10—Super. XVII.—Infer. XIV.—Later. 88 environ.

En wallon *Grévi* — C. *Phoxinus* L.
Bloch. pl. 8.

DIMENSIONS. — Longueur d'un grand individu. . . . . 3 pouces 4 lignes.
Hauteur . . . . 9 lignes.

Ce petit poisson varie de couleur selon l'âge, le sexe, et la saison, à peu près comme l'Epinoche. Chez tous le dos est verdâtre, le ventre pâle. Il y a une tache noire sur l'opercule et une autre à la base du lobe inférieur de la queue.

Mâles à l'époque du frai : Tête couverte de petites aspérités ; dos vert foncé, ses côtés dorés entrecoupés par une quinzaine de taches perpendiculaires pointillées de noir. Un grand espace longitudinal vert brillant pointillé de noir sur les flancs borné par la ligne latérale en-dessus. Poitrine et bas du ventre blanc jaunâtre. Dessous de la queue bleu. Yeux jaunes. Gorge noire pointillée de rouge. Nageoires jaune orangé mais d'un blanc opaque à leur base.

Autres individus : Tête lisse, yeux blanchâtres, nageoires d'un vert pâle. Une seule bande dorée, entrecoupée de noir sur les côtés du dos. Tout le dessous du corps jusqu'à la ligne latérale et la gorge blanc, irisé de bleu et de rose.

Il y a encore d'autres variétés dont une ressemble à la première mais ses nageoires sont rouges et tout le dessous du corps est envahi par un pointillé noir et bleu.

Très-commun dans la Meuse, l'Ourthe, la Vesdre, la Moselle et les rivières des Ardennes. Il se tient sur les bords et ses couleurs sont d'autant plus brillantes qu'il vit au milieu d'une bourbe plus fétide.

Tribu 2 Leuciscins (*Bonap.*)

Peau non muqueuse, écailles superficielles et striées ; bouche sans barbillons, nageoire dorsale petite, plus courte que l'anale.

GENRE IX. CHONDROSTOME, *Chondrostoma* Ag.

(*Cyprinus* L. — *Leuciscus* Cuv.)

Corps allongé cylindrique ; bouche transverse tout à fait en-dessous du museau, qui est très-proéminent ; lèvres tranchan-ches, renflées. Caudale fourchue ; dorsale et anale presqu'égales, moyennes. Dents pharyngiennes très-comprimées, tronquées obliquement à leur bord intérieur, sur une seule rangée.

22. CHONDROSTOMA NASUS. *L.* — CHONDROSTOME NASE.

D. 12-13 — A 13-14 — Super. IX — Infer. VI — Later. 60.

En wallon *Hotiche*.
Bloch pl. 3.

DIMENSIONS. — Longueur d'un individu moyen. . . . . 1 pied.
Hauteur. . . . . 2 pouces 4 lignes.

Yeux jaunâtres ; lèvres et museau violacés. Dos noirâtre un peu bleuâtre sur les côtés. Dessus de la tête noirâtre. Dessous et côtés du corps blanc luisant. Dorsale enfumée, un peu rougeâtre ; caudale et pectorales rouge terne. Anale et ventrales rouge vif l'intervalle des rayons blanchâtre.

Excessivement commun au mois de mai dans la Meuse, l'Ourthe, la Vesdre, la Moselle, et autres rivières à fond de gra-vier. Aux autres saisons il est moins commun et redescend la Meuse. A Liége on le conserve dans du vinaigre sous le nom de *Scavéche*.

GENRE X. MEUNIER, *Leuciscus* Klein, Cuv.

(*Cyprinus* L.)

Corps cylindrique ou comprimé ; bouche à l'extrémité ou presqu'à l'extrémité du museau la machoire supérieure étant égale à l'inférieure ou un peu plus longue. Caudale fourchue ;

dorsale et anale petites presqu'égales. Dents pharyngiennes sub-coniques , un peu crochues à leur sommet , plus ou moins tron-quées et même dentelées à leur bord interne , disposées sur deux rangées.

Le prince Charles Bonaparte les divise en trois sous-genres d'après l'inclinaison de l'ouverture de la bouche.

1ᵉʳ SOUS-GENRE. *Leuciscus* Bonap.

Bouche horizontale , machoire supérieure un peu avancée et le museau proéminent. Corps svelte , ventre arrondi , dorsale placée au-dessus des ventrales.

Nous n'avons de cette section que la Vandoise (*Leuciscus argenteus* ou *Cyprinus Leuciscus* L.)

23. LEUCISCUS ARGENTEUS *Ag.* — Meunier argenté.

D. 10-11. — A. 11 — Super. VIII-IX — Infer. IV-V — Later. 51-55.

En wallon *Ráyon.* — *Cypr. Leuciscus* Auct.
Bloch. pl. 97.

DIMENSIONS. — Longueur d'un grand individu . . . . 8 pouces.
Hauteur . . . . 1 pouce 7 lignes.

Yeux d'un blanc jaunâtre avec une tache noirâtre en-dessus. Dessus du corps verdâtre , bleu sur les côtés du dos. Dessous et côtés du corps argentés à reflet bleu — entre les écailles se trouvent de petits points noirs sur un fond jaunâtre — ligne latérale de 50 points environ jaune-pâle avec une très-petite marque noire de chaque côté. Dorsale et caudale verdâtre clair avec un peu de rougeâtre. Ventrales , anale et pectorales d'un rouge pâle lavé de rouge orangé sur les rayons. Opercules argentés avec de très-petits points noirs et des nuances jaunâtres. Corps allongé , arrondi en-dessus , un peu comprimé en-dessous. Tête étroite ; bouche étroite ; la machoire supérieure un peu avancée. Lèvres violacées.

Le *L. Argenteus* se distingue surtout du *L. Dobula* par plus d'écailles au-dessus de la ligne latérale et par l'étroitesse de la bouche ; j'avais cru d'abord que deux espèces pourraient peut-être être distinguées ici en s'appuyant sur les variations indiquées à la formule numérique : l'une aurait la bouche moins étroite , le corps plus cylindrique , plus d'écailles en-dessus de la ligne et ressemblerait davantage pour la forme au L. *Dobula*.

L'autre que l'on pourrait nommer L. *Vulgaris* (Heckel) aurait la bouche plus étroite , le corps plus comprimé et moins d'écailles ; mais je n'ai pu jusqu'ici trouver ces caractères d'une manière constante réunis et pouvoir isoler ces races à ma satisfaction.

Commun dans les rivières d'eau vive et limpide comme l'Ourthe , la Vesdre , l'Amblève. Aussi dans la Meuse , la Moselle et les affluents de l'Escaut.

2ᵉ SOUS-GENRE. *Squalius* Bonap.

Bouche plus large , tout à fait à l'extrémité de la tête , un peu fendue vers le bas. Corps assez épais mais peu élevé. Dorsale presque toujours au-dessus des ventrales.

1ᵉʳ groupe : Corps entièrement cylindrique, dorsale en arrière des ventrales.

24. LEUCISCUS DOBULA *L*. MEUNIER CHEVANNE.

D 10–11 —A. 10–11. — Super. VII. — Infer. IV. Later. 45.

En wallon *Gvenne* et *Mouni*.
Bloch pl. 52.

DIMENSIONS. — Longueur d'un petit individu . . . . 8 pouces.
Hauteur . . . . 2 pouces.
(Il atteint jusqu'à 1 pied 8 pouces en longueur sur 4 pouces de hauteur.)

Yeux d'un jaune très-pâle avec une tache noirâtre en-dessus. Opercules argentés variés de nuances jaunes et de très-petits points noirs. Dessus du corps verdâtre ; les côtés du dos un peu bleuâtres. Dessous et côtés du corps d'un blanc brillant. L'intervalle des écailles pointillé de noir sur fond bleu ou jaunâtre. Ligne latérale de 45 points livides. Dorsale verdâtre-clair lavée de rougeâtre , en arrière des ventrales d'environ deux écailles. Caudale de même couleur mais l'extrémité des rayons noirâtre. Anale et ventrales d'un jaune orangé ; les rayons rougeâtres. Pectorales rougeâtre-pâle. Tête grosse. Bouche excessivement large.

Très-commun dans la Meuse et ses affluents mais point dans

les eaux vaseuses ni dans les étangs bien qu'on donne à tort le nom de *Meunier* aux grands individus de la Jesse. Se trouve aussi dans la Moselle et dans le haut Escaut.

Diffère surtout du *L. Argenteus* par ses sept rangées d'écailles supérieures, sa bouche très-large imitant celle d'un Crapaud et son corps plus cylindrique. M. Jenyns m'a envoyé sous le nom de *Cephalus* un exemplaire d'Angleterre qui ne diffère point des nôtres.

25. LEUCISCUS DOLABRATUS *Holandre*. — MEUNIER HACHETTE.

D. 11 — A. 14 — Super. VIII. — Infer. IV. Later. 44–45.

DIMENSIONS. — Longueur d'un grand individu . . . . 6 pouces.
Hauteur . . . . 1 pouce 2 lignes.

Yeux médiocres blanchâtres ; dessus du corps olivâtre foncé ; côtés et dessous blanc argenté ainsi que les opercules. Signe latérale de 44 points olivâtres. Dorsale et caudale verdâtre-pâle ; celle-ci fourchue. Les autres nageoires d'un blanc jaunâtre ; bouche assez large, corps élancé peu élevé ; ventre un peu comprimé.

Rare. Habite la Moselle et ses affluents. M. Holandre à qui on en doit la découverte dit qu'on le prend au printemps et en été aux environs de Metz. Il a dans son facies une certaine analogie avec *l'Aspius Alburnus* dont on le distingue au premier coup d'œil par le nombre de rayons de l'anale et la forme des machoires. Le *Leuciscus Jaculus* de Fitzinger en parait voisin. Le nombre des rayons de l'anale le distingue aussi de suite des L. *Dobula* et *Argenteus*. Sa bouche est aussi moins large que chez le premier, plus large que chez le dernier.

26. LEUCISCUS IDUS *L.* — Meunier Ide.

et 27. LEUCISCUS NEGLECTUS *Selys* — Meunier Négligé.

D. 10-11. — A. 12-13-14. — Super. VIII-IX. — Infer. IV-V. Later. 55-60.

En wallon *Ouenne*.

Yeux assez grands jaunâtre-pâle pointillés de noirâtre surtout en-dessus. Opercules nacrés nuancés de jaune et pointillés de noir; dessus du corps d'un verdâtre obscur, dessous et côtés d'un blanc jaunâtre. Ligne latérale de 59 points olivâtres. Dorsale verdâtre mêlée de rouge foncé. Caudale en grande partie rouge-laque très-échancrée en croissant; chaque lobe pointu et l'inférieur plus long que le supérieur. L'anale rouge de laque vif ainsi que les rayons des ventrales et les pectorales, mais ces dernières saupoudrées de noirâtre. Bouche large, lèvres blanches.

Commun dans les rivières des environs de Bruxelles. — Rare dans la Meuse où on le pêche au printemps et en été. Il a quelques rapports de forme avec le *Dobula* mais s'en distingue ainsi que du *Dolabratus* par le grand nombre de ses écailles.

J'avais envoyé à M. Heckel deux exemplaires de ce que je regardais comme l'*Idus*. Il m'a répondu que l'un d'eux était en effet l'*Idus* mais que le second constitue une espèce nouvelle bien différente du véritable *Idus* par *une tête allongée, un corps moins haut, une caudale plus fourchue.*

N'ayant plus sous les yeux les exemplaires qui ont été examinés récemment par M. Heckel je suis obligé de laisser l'article qui les concerne rédigé tel qu'il l'était auparavant, craignant d'embrouiller la question en donnant les différences sans une entière certitude; cependant d'après le nouvel examen que je viens de faire des exemplaires de ma collection au nombre d'une douzaine je soupçonne que l'on peut désigner les caractères suivants à ces deux espèces voisines :

1° LEUCISCUS IDUS *L.*

Cyprinus Jeses Bloch pl. 6 selon M. Heckel.

DIMENSIONS. — Longueur d'un grand individu . . . . , 1 pied 2 pouces.
Hauteur . . . . 3 pouces.

D. 11 — A. 13 (un individu en a **12** un autre 14) — Super. IX.
— Infer V. — Later. 60.

Tête plus courte — corps plus haut — bouche plus large — œil plus grand — écailles plus petites — l'exemplaire à **14** rayons à l'anale, a les opercules pointillés de vert; il vient de la Meuse; les autres les ont lisses. Je ne trouve pas la caudale moins fourchue que chez le *Neglectus*.

M. Heckel cite comme synonyme le *Jeses* de Bloch mais cette figure n'a point les nageoires colorées en rouge vif comme nos individus; quant à l'*Idus* de Bloch pl. 36 il est coloré comme les nôtres mais il est bien difficile de savoir ce que c'est car il ne lui assigne que 10 rayons à la dorsale, lui donne une bouche petite, la machoire inférieure un peu avancée, les écailles grandes et si la figure est exacte il n'y en aurait que 40 sur la ligne latérale. D'après cela ce serait plutôt le *Jeses* de Jurine sauf la dorsale. M. Holandre n'attribue aussi que 10 rayons à la dorsale de son *Rutilus*, ce qui rentrerait dans la formule de l'*Idus* de Bloch.

2° LEUCISCUS NEGLECTUS. — *Selys.*

D. 11 — A. 14 — Super. VIII. — Infer. IV–V. — Later. **55**.

Tête plus longue — corps un peu moins haut — bouche un peu plus étroite — œil plus petit — écailles plus grandes et en moins grand nombre. Caudale très-échancrée.

J'en possède quatre exemplaires que j'ai recueillis à Bruxelles avec des *Idus*. Tous ont les opercules lisses argentés. Ils sont de taille moitié moindre que leurs congénères. Il me reste quelque doute à leur égard n'ayant pas trouvé dans la forme de la queue le caractère tranché que M. Heckel indique , c'est ce qui m'a empêché d'en publier une figure que je reporterai à la seconde partie de cet ouvrage lorsque j'aurai reçu de nouveaux éclaircissements. (1)

27. LEUCISCUS SELYSII *Heckel.* — MEUNIER DE SELYS.

— D. 13 — A. 13-14 — Super. VIII. — Infer. IV. Later. 46.

DIMENSIONS. — Longueur d'un petit individu. . . . . . 5 pouces 9 lignes.
Hauteur.   . . . . · 1 pouce 3 lignes.

Espèce très-voisine des L. *Rutilus, Jeses* et *Rutiloides*, remarquable par son corps peu élevé, presque cylindrique , son œil très-grand jaune, sa tête large entre les yeux. Elle diffère de *L. Jeses* par son œil beaucoup plus grand et la grande largeur de la tête entre les yeux ; de *L. Rutilus* par son œil jaune et encore plus grand et le peu d'élévation du dos ; enfin par ses nageoires d'un rouge moins vif. De L. *Rutiloides* (si ce dernier est bien une espèce), par son dos cylindrique non élevé ni comprimé et par son grand œil.

Les opercules ne sont pas pointillés.

J'ai trouvé cette espèce dans les étangs à Longchamps-sur-Geer mêlée au *Jeses*. Tous les individus ne m'ont pas semblé avoir l'œil aussi grand les uns que les autres, ce qui m'avait fait soupçonner que ce pourrait être une sorte de *déviation* du *Jeses* ; mais M. Heckel m'a annoncé positivement que c'est une très jolie espèce nouvelle qu'il a eu la bonté de me dédier.

2ᵉ Groupe. Corps un peu comprimé ; dorsale au dessus des ventrales.

---

(1) Je me suis assuré que c'est sur une fausse indication que Cuvier a écrit que le *Leuciscus Orfus* Auct. espèce d'Allemagne se trouvait dans les rivières de la Hollande.

28. LEUCISCUS JESES *Jurine*. — MEUNIER JESSE.

D. 13 — A. 13 — Super. VII–VIII. — Infer. IV. Later. 43-45.
Cyprinus Cephalus L. Selon M. Heckel.

Vulgairement *Poisson blanc*.

DIMENSIONS. — Longueur d'un individu moyen. . . 6 pouces.
Hauteur. . . . . 1 pouce 7 lignes.

Diffère de l'espèce suivante (*L. Rutilus*) 1° en ce qu'il n'y a le plus souvent que 7 rangées d'écailles au-dessus de la ligne latérale ; 2° L'œil est plus petit et d'un jaune clair. 3° Le corps est moins élevé, plus cylindrique; 4° La couleur des nageoires ventrales et anale est d'un jaune orangé plutôt que rouge. Le dessus du corps plutôt bleu que vert et les côtés argentés à reflets bleus. La dorsale est en arrière des ventrales d'une écaille; l'intervalle des écailles est pointillé de noir.
La bouche est peut-être un peu plus large que dans le *Rutilus*.
Les opercules ne sont pas pointillés.

Très-commun dans les étangs de la Hesbaye qu'il infeste par son extrême multiplication; aussi dans la Meuse.

29. LEUCISCUS RUTILUS *L.* — MEUNIER ROSSE.

D. 13 — A. 13-14 — Super. VIII (rarement VII) — Infer IV.
— Later 45.

En wallon *Rossette*.

Bloch pl. 2.

DIMENSIONS. — Longueur d'un individu moyen. . . . 7 pouces 6 lignes.
Hauteur . . . . 2 pouces 6 lignes.

Yeux grands, rouge-aurore surtout en dessus. Une tache dorée derrière l'œil. Opercules argentés pointillés de vert et de bleu chez un individu de la Meuse, non pointillés chez les autres. Dessus du corps verdâtre. Les côtes du dos un peu bleuâtres. Ligne latérale de 45 gros points jaune-pâle. Dessous et côtés du corps blanc-argenté à reflets bleus. L'intervalle des écailles pointillé de noir. Dorsale en arrière des ventrales d'une ou deux écailles, d'un brun clair à rayons noirâtres. Caudale brun-rougeâtre, rouge aux deux lobes extérieurs. Ventrales et anale orangées à rayons lavés de rouge. Pectorales orangées. Corps assez élevé et comprimé.

Commun dans la Meuse, l'Escaut et l'Ourthe. Par son œil rouge il mériterait à plus juste titre le nom d'*Erythrophthalmus* que l'espèce à œil jaune qui le porte. M. Holandre ne donnant que dix rayons à la dorsale de son *Rutilus* je ne suis pas certain que ce soit bien cette espèce qu'il ait observée dans la Moselle.

30. LEUCISCUS RUTILOIDES *Selys*. — MEUNIER RUTILOIDE.

D. 12 — A. 13 — Super. 8 — Infer. 4. Later. 45.

DIMENSIONS. — Longueur. . . . . 5 ponces 9   lignes.
Hauteur. . . . . 1 pouce 8 $^{1}/_{2}$ lignes.

Je suis obligé d'établir cette espèce pour classer un individu unique que j'ai recueilli dans la Meuse, à Liége, et que je ne puis positivement rapporter aux deux espèces voisines *Rutilus* et *Jeses.*

Il se distingue du *Jeses* par son dos encore plus comprimé et élevé que chez le *Rutilus.*

Il diffère en outre du *Rutllus* par son œil plus petit jaune pâle et par la couleur des nageoires.

Il est surtout remarquable en ce qu'aucune des nageoires n'est colorée de rouge ni d'orangé. Ces couleurs sont remplacées par du jaune de gomme gutte terne. La dorsale et la caudale sont très-lavées de brun et de noirâtre, le jaune ne paraît qu'aux deux lobes extérieurs de la caudale. Les pectorales sont enfumées et pointillées de noir, les ventrales et l'anale d'un jaune terne, les opercules très-pointillés de noir, la bouche et la tête sont étroites. Le pêcheur qui m'a procuré cet exemplaire l'appelait *Rossette noire.*

Peut-être est-ce une variété accidentelle du *Rutilus.*

3e SOUS-GENRE *Scardinius* Bonap.

Bouche à l'extrémité du museau ; fendue tout-à-fait vers le bas. Dorsale entre les ventrales et l'anale. Corps haut, comprimé : écailles grandes, ventre saillant.

31. LEUCISCUS ERYTHROPHTHALMUS *L.* — Meunier Rotengle.

D. 11. (rarement 12) — A. 13-14-15 — Super, VII (quelquefois VIII) Infer. IV. — Later. 40-43.

En wallon *Rossette* et *Rosse di fond.*
Bloch pl. 1.

DIMENSIONS. Longueur d'un individu moyen. . . . 7 pouces.
     Hauteur. . . . . 2 pouces 2 lignes.

(Il atteint jusqu'à 10 pouces 1/2 en longueur sur 3 pouces 4 lignes en hauteur.)

Yeux petits jaunes; opercules argentés, nuancés et pointillés de jaune doré. Dessus du corps vert-noirâtre nuancé de bleuâtre sur les côtés du dos. Ligne latérale de 40 points olivâtres; dessous et côtés du corps blancs à reflets un peu irisés et cuivrés. Dorsale petite, en arrière des ventrales de 4 ou 5 écailles, verdâtre-clair lavée de brun et de rouge en avant. Caudale verdâtre, rouge vif à l'extrémité de ses deux lobes. Ventrales et anale d'un rouge de minium très-vif surtout aux rayons. Pectorales d'un blanc jaunâtre.

Se trouve à peu près dans toutes les rivières, mais se plait mieux dans celles d'eau vive; aussi dans les étangs. C'est un très-joli poisson mais mauvais à manger. Je crois qu'il varie en ce qu'il a tantôt 7 et tantôt 8 rangées d'écailles supérieures et en ce que son corps est plus ou moins élevé. Dans tous ses états il diffère du *Rutilus* par la forme de la bouche et la position de la dorsale.

M. Heckel m'écrit cependant que ce que je lui avais envoyé comme une variété, forme une seconde espèce distincte de l'*Erythrophthalmus* par ses *écailles plus petites*, par *sa tête plus pointue, par la situation de l'œil*, par *une direction bien moins verticale de la bouche*, enfin par *la courbure du dos.* N'ayant plus sous les yeux les deux spécimens sur lesquels est fondée la détermination de M. Heckel, je ne puis pour le moment en parler avec certitude, n'ayant pu trouver de caractères positifs sur ceux qui me restaient au nombre de 30 individus que j'ai cepen-

dant réexaminés avec soin. La plupart de ceux de Bruxelles
avaient 15 rayons à l'anale, ceux du Geer 14 et 15, ceux de la
Meuse 13 et 14, le nombre des séries supérieures d'écailles est
de 7 dans la plupart. Le dos est plus ou moins élevé selon les individus. J'avais d'abord cru que la seconde espèce que j'ai adressée
à M. Heckel était le *Decipiens* de M. Agassiz. J'éclaircirai cette
question dans la seconde partie de cet ouvrage. J'ai recueilli à
Bruxelles un jeune individu qui me semble une variété accidentelle, il est très-remarquable en ce qu'il a l'œil rouge vif, en ce
que tout le dessus de la tête est orangé rougeâtre et le dos olivâtre mêlé d'orange. Ses nageoires, anale et dorsale sont rouges,
les autres blanches avec les rayons rouges.

Je possède un individu qui n'a que 3 écailles en dessous de la
ligne latérale qui n'en compte que 38.

GENRE XI, ASPE, *Aspius* Ag.
(*Cyprinus* L. — *Leuciscus* Cuv.)

Corps comprimé par en bas ; dos arrondi ; machoire inférieure
plus longue que la supérieure. Lèvre supérieure comme échancrée au milieu. Caudale fourchue. Dorsale petite très en arrière
des ventrales. Anale longue. Dents pharyngiennes allongées et
peu crochues à leur sommet, sur une seule rangée.

32. ASPIUS ALBURNOIDES *Selys.* — ASPE ALBURNOÏDE.

D. 11 — A. 19-21 — Super. VIII. — Infer. IV. — Later. 50

En wallon *Ablette.*

DIMENSIONS. — Longueur d'un grand individu . . . 6 pouces.
           Hauteur. . . . . 1 pouce, 2 [illegible]

Tête allongée, yeux très-grands, d'un blanc argenté avec une [illegible]
tre en dessus. Dessus du corps verdâtre, les côtés du dos [illegible]
avec une bande longitudinale dorée selon le jour. D[illegible]
d'un blanc argenté un peu irisé. Opercule a [illegible]

noirs. Ligne latérale de 18 points d'un blanc jaunâtre. Dorsale et caudale légèrement verdâtre. Ventrales et anale blanches, pectorales d'un blanc jaunâtre.

Commun dans la Vesdre, l'Ourthe, la Moselle et les autres rivières d'eau vive à fonds caillouteux qui s'y jettent; moins commun dans la Meuse, assez rare aux environs de Bruxelles et dans l'Escaut. J'avais regardé ce poisson pour l'*Aspius Albur-nus* type, n'ayant pas d'objets de comparaison, mais M. Heckel à qui j'ai communiqué un de mes exemplaires m'écrit que c'est une espèce nouvelle qui diffère de l'*Alburnus* par son corps plus effilé, et sa tête plus longue et qu'il diffère aussi de sa nouvelle espèce, *Aspius acutus* Heckel, par son œil plus grand et par la ligne latérale qui dessine un arc de beaucoup moins concave. Il pense que l'*Alburnoïdes* existe également dans le Rhin.

M. Agassiz le regarde aussi comme une espèce distincte de l'*Alburnus*, ce dernier aurait selon lui les nageoires plus grandes, cependant l'*Alburnus* de Bloch pl. 8 les a au contraire plus courtes que l'*Alburnoïdes*.

N. B. M. Holandre indique comme variété un poisson que les pêcheurs de la Moselle appellent *Ablette-brême* et qui est plus haut que l'Able. On peut conjecturer que ce poisson serait le véritable Able, *Aspius Alburnus*. L.

33. ASPIUS BIPUNCTATUS *L.* — Aspe bipoxctué.

D. 11—A. 18-19—Super. IX-X.—Infer. IV-V. — Later. 50-52.

En wallon *Goge.*
Bloch pl. 8 (mauvaise).

DIMENSIONS. — Longueur d'un grand individu. . . . 4 pouces.
          Hauteur. . . . . 1 pouce.

Yeux très-grands, d'un blanc jaunâtre avec une tache d'un noir violet en dessus. Dessus du corps verdâtre un peu bleu sur les côtés qui sont marqués d'une ligne dorée, en dessous de laquelle existe une bande d'un violâtre foncé formée par un grand nombre de mouchetures rapprochées. L'autre moitié inférieure du corps et le dessous d'un blanc argenté. Ligne latérale de 50 points jaunâtres, bordée de chaque côté par une série de petits points noirs. Dorsale et caudale verdâtres, un peu jaunâtres à leur base. Anale et ventrales d'un blanc rougeâtre, rouges à leur base. Pectorales d'un blanc verdâtre, très-rouges à leur base. Opercules argentés avec une tache supérieure d'un noir violet.

Habite la Meuse, l'Ourthe, la Vesdre, l'Amblève et la Moselle. Il préfère les eaux vives coulant sur un fond caillouteux. Diffère surtout de l'Able par sa forme plus comprimée se rapprochant de celle des Brèmes et par la double ligne de points noirs bordant la ligne latérale. M. Agassiz croit cette espèce différente du *Bipunctatus* de la Suisse.

GENRE XII. BRÊME, *Abramis* Cuv.
(*Cyprinus* L.)

Corps comprimé, très-élevé. Le dos tranchant. Caudale très-fourchue à lobe inférieur un peu plus allongé que le supérieur. Anale très-longue, dorsale petite. Dents pharyngiennes très-comprimées, courbées en dedans, faiblement crochues, tronquées à leur bord intérieur, sur un double rang.

34. ABRAMIS BUGGENHAGII *L.* — Brême de Buggenhagen.

D. 11 — A. 18 — Super. VIII. — Infer. V. — Later. 45-46.

Bloch pl. 95.

DIMENSIONS. — Longueur d'un individu assez grand. . 7 pouces. 8 lignes.
Hauteur. . . . . 2 pouces. 10 lignes.

Vert bleuâtre en dessus; bleuâtre sur les côtés du dos, argenté en dessous et sur les côtés du corps. Ligne latérale de 45 points jaunâtres; dorsale d'un brun grisâtre; caudale et pectorales olivâtre-foncé, le lobe inférieur de la caudale lavé de rouge. Ventrales et anale orangées, cette dernière plus ou moins saupoudrée de gris noirâtre en avant. Mâchoire inférieure aussi avancée que la supérieure. Opercules argentés, pointillés de noir. Oeil grand

d'un blanc un peu jaunâtre, compris une fois un tiers entre son bord postérieur et celui de l'opercule. Corps médiocrement comprimé à peu près
comme celui du *Leuciscus Erythrophthalmus* mais le dos plus tranchant.

Habite en petit nombre les rivières des environs de Bruxelles.
Je soupçonne qu'il existe aussi dans la Meuse. M. Holandre qui
l'a observé dans la Moselle l'a nommé *Cypr. abramorutilus* pen-
sant qu'il était différent du vrai *Buggenhagii*.

Ce poisson diffère des autres Brêmes par le petit nombre de
ses écailles n'ayant que 8 rangées supérieures. On le distingue
de suite des *Leuciscus Rutilus* et *Erythrophthalmus* à ses 18
rayons de la nageoire anale.

35. ABRAMIS HECKELII *Selys*. — Brême de Heckel.

D. 13 — A. 19-20 — Super. X. (rarement XI) — Infer. V.
— Later. 48-53.

Abramis Buggenhagii ? Yarrell.

DIMENSIONS : Longueur d'un assez grand individu. . . 8 pouces 10 lignes.
Hauteur. '. . . . . 2 pouces 5 lignes.

Verdâtre en dessus, blanc en dessous et sur les côtés, ligne latérale de 48 à
52 points d'un jaune foncé. Dorsale noirâtre mêlée d'ochracé; lobes de la caudale presqu'égaux, le supérieur verdâtre-obscur, l'inférieur rouge surtout à son
extrémité, anale rouge saupoudrée de noirâtre en avant. Ventrales et pectorales lavées de rouge, ces dernières saupoudrées de noirâtre. Tête allongée à
museau gros renflé avancé, opercules argentés saupoudrés de points bleus et
dorés; œil d'un jaunâtre pâle, médiocre, compris deux fois dans l'espace
entre son bord postérieur et celui de l'opercule. Corps allongé, peu comprimé
(comparativement aux autres Brêmes) dos peu tranchant. Le profil de ce poisson
ressemble à celui du *Leuciscus Rutilus*.

Se trouve en petit nombre dans les environs de Bruxelles.
Aussi, mais très-rarement dans la Meuse où les pêcheurs le re-
gardent comme un hybride du *Blicca* et du *Rutilus*.
Je l'ai observé assez communément à Abbeville dans la Somme.
L'individu que j'ai recueilli dans la Meuse n'a pas de rouge aux

28

nageoires, elles sont seulement ochracées et très-saupoudrées de gris foncé. Il a 10 séries supérieures d'écailles.

Ce Brême a quelques rapports éloignés avec l'A. *Blicca* dont il diffère d'ailleurs beaucoup par le nombre des rayons de l'anale, de la dorsale, sa tête plus allongée, et la grandeur de l'œil. — On ne peut non-plus confondre le *Heckelii* avec le *Buggenhagii* à cause de la différence du nombre des séries supérieures d'écailles. Il me semble être le poisson figuré par M. Yarrell sous le nom de *Buggenhagii* (British fishes.)

J'avais pris cette espèce nouvelle pour l'*Abramis Leuckarti* Heckel, dont elle est en effet très-voisine, mais M. Heckel me fait observer qu'elle en diffère par un *corps plus svelte*, un *dos moins arqué* et un *nez plus charnu*. Notre espèce n'a que dix séries supérieures d'écailles (excepté des cas exceptionnels) tandis que le *Leuckarti* semble en avoir constamment onze Je m'empresse de dédier cette espèce nouvelle au savant Ichthyologiste de Vienne qui a rendu de si grands services à la connaissance des Cyprins d'Europe et qui a bien voulu m'assister de ses avis.

36. ABRAMIS BLICCA *L.* — Brême Bordelière.

D. 11 — A. 22-26 — Super. X. — Infer. V. — Later. 48-52.

En wallon *Brâme*.
Bloch. pl. 10.

DIMENSIONS. — Longueur d'un assez grand individu. . 7 pouces 10 lignes.
           Hauteur. . . . . 5 pouces.

Verdâtre en dessus, bleu sur les côtés du dos, argenté en dessous et sur les côtés du corps. Ligne latérale de 48 points jaunâtres. Dorsale noirâtre ; caudale très-saupoudrée de noirâtre. Le lobe inférieur plus long, mêlé de rougeâtre. Anale grisâtre plus ou moins mêlée de rougeâtre et très-saupoudrée de noir à son extrémité antérieure. Ventrales et pectorales d'un jaune d'ochre chez les vieux, grises chez les jeunes. Tête très-courte, opercules très-argentés avec quelques points verdâtres. Yeux argentés avec une tache verdâtre en dessus, très-grands, compris une fois et un tiers entre leur bord postérieur et celui de l'opercule. Corps court, élevé, dos très-comprimé.

Commun dans la Meuse, la Moselle, et les environs de Bruxelles. On le distingue de ses congénères en ce qu'il a de 22 à 25 rayons à l'anale, 10 séries supérieures d'écailles, l'œil très-grand et la tête très-courte.

37. ABRAMIS BRAMA *L.* — Brème ordinaire.

D. 12 — A. 27-30 — Super. XII-XIV. — Infer. VI-VIII. — Later. 53-58.

En wallon *Grande Bráme.*
Bloch pl. 13 (adulte).

DIMENSIONS : Longueur d'un petit individu . . . . 8 pouces.
     Hauteur. . . . . 5 pouces.

(Il atteint jusqu'à 1 pied 3 pouces en longueur sur 4 pouces 5 lignes en hauteur.)

Ce poisson varie beaucoup selon l'âge et les localités à moins que plusieurs espèces ne soient ici confondues parmi les individus que j'ai eu sous les yeux. Ils présentent en commun les caractères suivants qui les distinguent du *Blicca*. 1° 12 rangées au moins d'écailles supérieures, et plus de 52 sur la ligne latérale. 2° 12 rayons au moins à la dorsale. 3° l'œil petit, compris au moins deux fois entre son bord postérieur et celui de l'opercule. 4° 27 rayons au moins à l'anale.

Voici les caractères des exemplaires les plus différents de ce Brème qui est commun dans la Meuse, l'Escaut et la Moselle.

A. Individus très-grands de la Meuse et de Bruxelles à tête allongée; dos noirâtre, *le reste du corps jaunâtre doré à peu près comme la Carpe :* nageoires d'un violâtre foncé. Yeux d'un *brun jaunâtre*, très-petits, compris trois fois entre leur bord postérieur et celui de l'opercule. Corps assez allongé, très-comprimé par en bas, moins élevé et à dos moins tranchant que la plupart des individus B. C. et D. Formule : D. 12 — A. 27-30. Super. XII-XIV. — Infer. VII-VIII, — Later. 52-55.

B. Un individu un peu moins grand, de la Meuse : à tête assez allongée corps *blanc jaunâtre, très-saupoudré de noir* ainsi que les nageoires. Dos plus bossu

A. 27 — Super. XIII . le reste comme le précédent, (probablement un individu semi-adulte).

C. Individus moyens, très-communs à Bruxelles, à tête courte, opercules non pointillés *argentés ainsi que les côtés et le dessous du corps*, dos gris bleuâtre très-bossu et tranchant. Corps plus ou moins élevé. Yeux moyens *blanchâtres* compris environ deux fois entre leur bord postérieur et celui de l'opercule. Nageoires d'un gris ochracé. A 27-29 Infer. VI.—Super. XIII-XIV. Later. 56-58. On voit qu'ils ont plus d'écailles en longueur et moins en dessous de la ligne latérale. (individus d'âge moyen?)

D. Un individu de Bruxelles à œil plus grand. Taille moyenne, voisin de C par ses couleurs et son dos bossu mais son œil proportionnellement plus grand n'étant compris qu'une fois trois quarts dans l'espace entre son bord postérieur et celui de l'opercule qui en outre est saupoudré de points noirs ainsi que l'espace entre chaque écaille. La formule est à peu près la même, sauf qu'il y a 15 rayons à la dorsale sans le petit et VII rangées inférieures d'écailles. Il y en a 55 later. (Peut-être une variété accidentelle).

Les très-jeunes individus ressemblent à C mais sont encore plus argentés et l'œil un peu plus large.

Les exemplaires A sont le véritable *Brama* des auteurs.

Famille 3. Clupéidées.

GENRE ALOSE , *Alosa* Cuv.

(*Clupea* L.)

38. ALOSA VULGARIS *Cuv.* — ALOSE COMMUNE.

Clupea Alosa L.

En wallon *Aloïe* et *Abeye*.

Remonte régulièrement la Meuse et l'Escaut aux mois d'avril et de mai. A cette époque la pêche en est souvent très-abondante, même à Namur et à Dinant et à Metz dans la Moselle.

39. ALOSA FINTA *Cuv.* — ALOSE FINTE.

Remonte l'Escaut au printemps, probablement aussi la Meuse ou on l'aura confondue avec l'Alose. On en vend en grand nombre au marché de Bruxelles du 10 au 15 mai.

Un individu a été recueilli à Anvers en automne par M. Van Haesendonck.

Famille 4. Salmonidées.

GENRE SALMONE, *Salmo* L.

40. SALMO SALAR *L.* — Salmone Saumon.

En wallon *Sâmon* — *Becar* (le vieux-mâle) — *Aylon* (les jeunes).

Remonte régulièrement et en assez grand nombre la Meuse, ses affluents et l'Escaut pendant la belle saison. Redescend après avoir frayé. Les Saumons parviennent assez souvent jusque dans les forts ruisseaux qui prennent leur source dans les hautes bruyères de l'Ardenne. Assez commun dans la Moselle. Il aime les torrents. Très-rare dans les petites rivières vaseuses affluentes de l'Escaut.

41. SALMO TRUTTA *L.* — Salmone Saumonée.

En wallon *Treutte Sâmoneïe.*

Il paraît que cette espèce bien que rare chez nous existe dans la Meuse, la Vesdre et l'Amblève. Jusqu'ici je n'ai pu m'en procurer. J'ai vu il est vrai des Truites qui après avoir été cuites avaient la chair rougeâtre mais il était alors trop tard pour s'assurer de leurs caractères extérieurs ou bien encore ces caractères semblaient les mêmes que ceux du *S. Fario.* M. Holandre dit que le *Trutta* se trouve dans la Chiers et les autres petites rivières du département des Ardennes.

42. SALMO FARIO *L.* — Salmone Truite.

En wallon *Treûte* — le jeune âge : *Aylon.*

Très-commune dans tous les torrents et rivières qui descendent de l'Ardenne et du Condroz ; se trouve jusque sur les hautes fanges. Rare dans la Meuse, accidentellement dans la Moselle ; jamais dans le Geer ni dans les autres rivières à fond vaseux. Lorsqu'on transporte des Truites dans les eaux de source en Hesbaye, elles y vivent, l'eau étant limpide et froide, mais elles finissent par s'éteindre sans s'y multiplier.

α. Salmo Salmulus des Anglais. Des bandes transversales brunes sur les côtés , peu de points rouges et noirs. C'est le jeune âge de la Truite suivant M. Agassiz ; on le pêche abondamment dans l'Ourthe et l'Amblève en été. On l'y nomme *Aylon* le confondant à tort avec le jeune Saumon.

β. Salmo Sylvaticus. C'est une variété presque noire qui vit dans quelques ruisseaux ombragés et ferrugineux de l'Ardenne.

γ. Truite blanche des pêcheurs. C'est une variété plus pâle et moins tachetée. Elle est commune à la cascade de Côs dans l'Amblève.

N. B. M. Holandre a observé une seule fois à Metz dans l'été de 1835 un jeune individu du *Salmo Umbla* L. C'est une espèce alpine qui venait vraisemblablement des Vosges.

GENRE OMBRE , *Thymallus* Cuv.
(*Salmo* L.)

43. THYMALLUS VEXILLIFER *Ag.* — Ombre Chevalier.

Salmo Thymallus L.

En wallon *Ombe.*

Habite quelques petites rivières et torrents du Condroz et de l'Ardenne. Commune dans l'Amblève à Côs , dans le Hoyoux, dans l'Aine près de Bomal , dans l'Eau noire à Sᵗ-Hubert. Très-rare dans la Meuse et les ruisseaux des environs de Ciney ; accidentellement dans la Moselle. On a remarqué qu'elle diminue considérablement de nombre depuis qu'on a chaulé les terres d'une grande partie de l'Ardenne et du Condroz.

N. B. Le Corégone Lavaret (*Coregonus Oxyrhynchus* L.) se trouve vers les bouches du Wahal et de la Meuse , mais je ne

crois pas qu'il remonte dans la partie de la Meuse où l'eau n'est
point salée. Il est nommé *Houting* par les Zélandais.

Famille 5. Esocidées.

GENRE BROCHET , *Esox* L.

44. ESOX LUCIUS *L.* — BROCHET COMMUN.

En wallon *Béchet*.
Se trouve dans toutes les rivières et dans la plupart des étangs
de la Belgique. Il détruit une grande quantité de frai et de
jeunes poissons.

SOUS-ORDRE 3. — *THORACIQUES.*

Famille 6. Scombridées.

GENRE GASTEROSTE , *Gasterosteus* L.

* *Gasterosteus.*

45. GASTEROSTEUS ACULEATUS *L.* — GASTEROSTE
EPINOCHE.

En wallon *Spinette*.
Très-commun dans les ruisseaux, les sources , et les petites
rivières du Brabant et de la Hesbaye , notamment dans le Geer ;
aussi dans la Meuse. Je ne crois pas qu'il existe dans la plupart
des cours d'eau qui descendent du Condroz et de l'Ardenne.
Excepté vers leur confluent avec la Meuse. Les mâles au printemps sont souvent en-dessous et sur les côtés d'un rouge de
sang ou mélangés de bleu et de jaunâtre.
Il y a , à l'Université de Liége , deux Gastérostes qui diffèrent
de l'espèce commune par des épines d'une longueur démesurée.
Je suppose , qu'ils ne proviennent pas de la Belgique et qu'ils
sont même exotiques.

Les *Gasterosteus Aculeatus* que j'ai recueillis jusqu'ici apparr-
tiennent à la variété dont les flancs ne sont qu'en partie garnis
de plaques osseuses. (*Gasterosteus Leiurus* Cuv.) Elle est commune également dans les affluents de la Moselle. La variété à
queue armée (*G. Trachurus* Cuv.) existe aux environs de S¹-
Avold (Moselle) d'après M. Holandre. On a observé en France
et en Angleterre des individus intermédiaires. Je ne pense pas
que ces caractères indiquent plusieurs espèces comme on l'avait
cru. Les auteurs Anglais sont aussi de cet avis. Il en est de
même de la variété accidentelle à 4 épines dorsales. Le nombre
des plaques osseuses des flancs parait dépendre des eaux où habite le poisson. (Voyez à ce sujet un excellent mémoire de M.
Thompson dans les *Annals of natural history* avril 1841.)

** *Pungitius.*

46. GASTEROSTEUS PUNGITIUS *L.* — GASTEROSTE
ÉPINOCHETTE.

Commune dans le Geer ; aussi dans l'Escaut. Au printemps les
mâles sont souvent presqu'en entier d'un noir mat et profond
La plupart des auteurs ne parlent pas de cette coloration et ajou-
tent que l'Epinochette ne se trouve que vers l'embouchure des
fleuves. Or le Geer qui forme une petite rivière d'eau de source
coupée par plus de vingts moulins est loin de rentrer dans cette
catégorie. Je n'ai encore observé que la variété à queue non
armée (*Gasterosteus Lævis* Cuv.) Elle existe aussi en Lorraine
dans la haute Meuse.

SOUS-ORDRE IV. — *APODES*.

Famille 4. — Murénidées.

GENRE ANGUILLE, *Anguilla* Cuv.
(*Murœna* L.)

47. ANGUILLA ACUTIROSTRIS *Yarrel.* — Anguille a bec pointu.

Murœna Anguilla L. Ainsi que les deux espèces suivantes.
En wallon *Anweye, aweye.*

Habite les rivières et les ruisseaux ; en redescend à la fin de l'automne pour aller frayer dans la mer à l'embouchure de la Meuse et de l'Escaut. Renfermée dans les étangs l'Anguille y prend un grand accroissement mais ne s'y multiplie pas. Il faut donc avoir soin d'y faire jetter de temps en temps de jeunes Anguilles si l'on veut en rester approvisionné. A ceux qui mettraient en doute ce fait qui est maintenant reconnu par tous les Ichthyologistes je répondrais que j'ai vu pêcher entièrement à Longchamps sur Geer un étang fermé où l'on avait placé des Anguilles dix-huit ans auparavant. On les y retrouva : elles étaient toutes de même grandeur, avaient environ quatre pieds de long et vivaient fort bien. Pas une seule jeune Anguille n'existait dans l'étang. Ce poisson peut vivre quelque temps hors de l'eau en rampant sur l'herbe ; il a surtout cet instinct au moment de ses voyages lorsqu'il éprouve le besoin de gagner les rivières pour aller frayer dans l'eau salée.

48. ANGUILLA LATIROSTRIS *Yarrell.* —— Anguille Large bec.

Se trouve avec la précédente mais beaucoup moins communément. Elle en est très-distincte par la forme de sa tête qui est aussi large que le corps et dont la machoire inférieure est à peine un peu plus avancée que la supérieure. Elle parvient aussi à une forte taille.

49. ANGUILLA MEDIOROSTRIS ? *Yarrel.* --- ANGUILLE MOYEN BEC.

Commune dans l'Escaut. Les pêcheurs de Bruxelles la regardent comme un hybride des deux précédentes.

SOUS-CLASSE DES *MARSIPOBRANCHIENS.*

ORDRE 4.

CYCLOSTOMES. — *CYCLOSTOMI* Dumer.
(*Helminthoidei* Bonap.)

Famille des Pétromyzidées.

GENRE LAMPROIE, *Petromyzon* L.

50. PETROMYZON MARINUS *L.* — LAMPROIE DE MER.

Remonte assez souvent l'Escaut et la Meuse pendant les mois d'avril et de mai ; acquiert une très-forte taille. Quelquefois dans la Moselle jusqu'à Metz d'après M. Holandre.

51. PETROMYZON FLUVIATILIS *L.* — LAMPROIE DE RIVIÈRE.

En wallon *Amproïe.*

Habite la Meuse , l'Ourthe, l'Escaut et quelques autres rivières. On la pêche principalement au printemps et en été. Rare dans la Moselle.

52. PETROMYZON PLANERI *L.* — LAMPROIE DE PLANER.

En wallon *Amproïe.*

Observée par M. d'Omalius d'Halloy dans le ruisseau de Buck, près de Ciney. Cette espèce est difficile à prendre et semble particulière aux petits ruisseaux d'eau vive du Condroz. Elle s'attache aux pierres avec sa bouche à la manière des Sangsues comme les deux espèces précédentes.

GENRE LAMPRILLON , *Ammocœtes* Dumer.
(*Petromyzon* L.)

53. AMMOCÆTES BRANCHIALIS *L.* — LAMPRILLON BRANCHIAL.

En wallon *Trawepi* ou *Trawepire* (troue pied ou troue pierre.)

Habite la Meuse , ses affluents, ceux de l'Escaut et la plupart des petits ruisseaux d'eau vive du Condroz et de l'Ardenne; aussi dans la Moselle. Ce poisson l'un des animaux vertébrés les plus inférieurs ressemble beaucoup à un ver de terre. Il se tient dans la vase ce qui en rend la recherche difficile. Il ne se cramponne pas avec la bouche comme les Lamproies. Les pêcheurs s'en servent comme d'appât pour prendre les Anguilles. (Voyez sur les mœurs de cette espèce et sur celles du *Petromyzon Planeri* le mémoire publié en 1808 par M. d'Omalius d'Halloy dans le Journal de physique , de chimie et d'histoire naturelle page 349 ; travail dans lequel l'auteur prouve la nécessité de séparer les Lamprillons des Lamproies auxquelles on les avait jusque-là réunis.

APPENDIX AUX POISSONS.

POISSONS DE MER.

Je ne comprends sous ce nom que les poissons qui ne vivent que dans la mer ou dans la partie salée des rivières, comme l'Escaut à Anvers, ayant admis parmi les poissons d'eau douce ceux qui remontent les rivières dans leur partie non salée.

1° Poissons de mer qui remontent l'Escaut jusque vers Anvers ; observés la plupart par M. Van Haesendonck. J'écarte de cette liste ceux qui figurent déjà parmi les espèces d'eau douce.

Raia Batis.	Zoarcus viviparus.
— clavata.	Trachinus draco.
Squatina angelus.	Callionymus dracunculus.
Spinax acanthias.	Gadus Morrhua.
Scyllium canicula.	— Æglefinus.
Syngnathus acus.	— punctatus ?
Pleuronectes Platessa.	Merlangus vulgaris.
Rhombus maximus.	Osmerus Eperlanus.
— vulgaris.	Coregenus oxyrhynchus.
Solea vulgaris.	Clupea Harengus.
Trigla lyra.	— Sprattus ?
— hirundo.	Engraulis Encrasicolus.
Cottus scorpius.	Esox Belone.
Aspidophorus cataphractus.	Ammodytes lancea ?
Gobius minutus.	Conger vulgaris.

2° Indication de quelques autres poissons de mer de nos côtes non encore observés dans l'Escaut.

Squalus Carcharias.	Callionymus lyra.
Mustelus lævis	Merlucius vulgaris.
Chimæra monstrosa.	Merlangus carbonarius.
Hippocampus brevirostris ?	Scomber Scombrus.
Hippoglossus vulgaris.	Cyclopterus Lumpus.
Mullus surmuletus.	

Dans les indications qui suivent j'ai adopté la méthode de Bonaparte comme pour les poissons d'eau douce ; je n'ai pas voulu me permettre d'y opérer de changement si ce n'est de supprimer les sections là où il n'y en a qu'une seule dans une sous-classe. Il me semble cependant que sans changer en rien la série ni le nombre des familles adoptées par cet Ichthyologiste célèbre on pourrait réduire le nombre des ordres et des noms nouveaux ainsi qu'il suit :

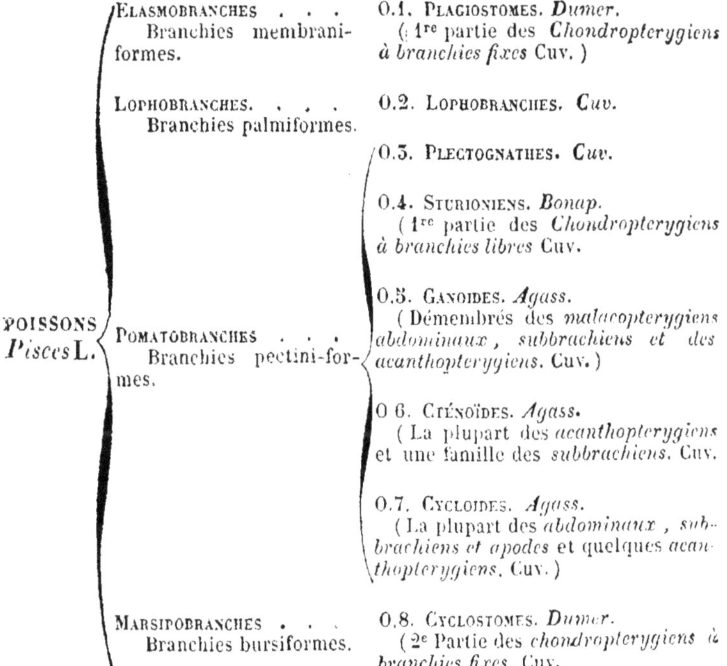

<table>
<tr><th>SOUS-CLASSES.</th><th>ORDRES.</th></tr>
</table>

POISSONS *Pisces* L.

ELASMOBRANCHES . . . Branchies membrani-formes.

O.1. PLAGIOSTOMES. *Dumer.* (1re partie des *Chondropterygiens à branchies fixes* Cuv.)

LOPHOBRANCHES. . . . Branchies palmiformes.

O.2. LOPHOBRANCHES. *Cuv.*

O.3. PLECTOGNATHES. *Cuv.*

O.4. STURIONIENS. *Bonap.* (1re partie des *Chondropterygiens à branchies libres* Cuv.

POMATOBRANCHES . . . Branchies pectini-formes.

O.5. GANOIDES. *Agass.* (Démembrés des *malacopterygiens abdominaux , subbrachiens et des acanthopterygiens.* Cuv.)

O 6. CTÉNOÏDES. *Agass.* (La plupart des *acanthopterygiens* et une famille des *subbrachiens.* Cuv.

O.7. CYCLOIDES. *Agass.* (La plupart des *abdominaux , sub-brachiens et apodes* et quelques *acanthopterygiens.* Cuv.)

MARSIPOBRANCHES . . . Branchies bursiformes.

O.8. CYCLOSTOMES. *Dumer.* (2e Partie des *chondropterygiens à branchies fixes.* Cuv.

Dans ce tableau les *Gymnodontes* et les *Sclérodermes* de Bonaparte restent réunis en un seul ordre sous le nom de *Plectogna-thes.* — L'ordre des *Holocéphales* composé du seul genre *Chimæra*

étant regardé comme une forme de transition est laissé provi-
soirement de côté et serait peut-être réuni aux *Plagiostomes*
qui répondent ainsi aux *Sélaciens* et aux *Holocéphales*. Le nom
de *Cyclostomes* est restitué aux *Helminthoides* ; enfin les six sections (*Plagiostomi* , *Syngnathi* , *Plectognathi* , *Micrognathi* , *Té-
leostomi* et *Cyclostomi*) que le Prince Bonaparte a établies sont
supprimées pour simplifier la classification , ces divisions secondaires étant presque aussi nombreuses que les tertiaires. En effet
sa méthode comprend 4 sous-classes, 6 sections et 10 ordres :
la 4me sous-classe par exemple ne comprend qu'une seule section qui elle-même ne se divise (si je puis parler ainsi) qu'en
un seul ordre. Il en est de même de la 2e sous-classe etc. Il
semble que ces divisions compliquent trop la Méthode pour que
la symétrie qu'on obtient par leur moyen compense ce désa-
vantage.

POISSONS DE MER.

SOUS-CLASSE 1re *Elasmobranches.*

(*Playiostomes.*)

ORDRE I.

SELAGIENS, *SELACHA* Bonap.

1re Partie des *Chondroptérygiens à branchies fixes*, Cuv.

Famille 1. Raïdées.

GENRE RAIE, *Raia* L.

1. RAIA BATIS *L.* — RAIE BATIS.

Vulgairement *Raie blanche.*
Commune sur nos côtes. — Indiquée dans l'Escaut par MM.
Dekin et Van Haesendonck.

2· RAIA CLAVATA *L.* — RAIE BOUCLÉE.

Se trouve dans les mêmes localités que la précédente.

Famille 2. Squalidées.

GENRE SQUATINE, *Squatina* Dumer.
(*Squalus* L.)

3. SQUATINA ANGELUS *Dumer.* SQUATINE ANGE.

Squalus Squatina. L.
M. Van Haesendonck en a recueilli deux individus en Automne dans l'Escaut — plus fréquent sur nos côtes.

GENRE AIGUILLAT , *Spinax* Cuv.
(*Squalus* L.)

4. SPINAX ACANTHIAS *L.* — AIGUILLAT ÉPINEUX.

Observé dans l'Escaut par MM. Dekin et Van Haesendonck. Assez commun sur nos côtes.

GENRE ROUSSET , *Scyllium* Cuv. (*)
(*Squalus* L.)

5. SCYLLIUM CANICULA *L.* — ROUSSET CHIEN-DE-MER.

M. Van Haesendonck , l'a observé quelquefois en automne dans l'Escaut. Commun dit-on sur nos côtes.

GENRE SQUALE , *Squalus* L.
(*Carcharias* Cuv.)

6. SQUALUS CARCHARIAS *L.* — SQUALE REQUIN.

Se trouve accidentellement sur nos côtes. Il a été pris plusieurs fois dit-on à Blankenberg.

GENRE EMISSOLE , *Mustelus* Cuv
(*Squalus* L.)

7 MUSTELUS LÆVIS *Cuv.* — EMISSOLE LISSE

Squalus Mustelus L.
Accidentellement sur nos côtes en automne.

(*) *N. B.* J'écris *Rousset* , au lieu *Roussette* , parce qu'il existe déjà parmi les Cheiroptères un genre *Roussette*.

ORDRE II.

HOLOCÉPHALES , — *HOLOCEPHALA* Bonap.

(2° Partie des *Chondroptérygiens à branchies libres* Cuv.)

Famille des Chiméridées.

GENRE CHIMÈRE , *Chimœra* L.

8. CHIMÆRA MONSTRUOSA *L.* — Chimère Monstrueuse.

Vulgairement *Roi des Harengs*.

Il y a quelques années un exemplaire de ce singulier poisson a été indiqué dans les journaux comme ayant été pris à Ostende. Selon Cuvier on le pêche ordinairement à la suite des poissons voyageurs.

SOUS-CLASSE 2°. *Lophobranches*.

(*Syngnathes.*)

ORDRE III.

OSTÉODERMES , — *OSTEODERMI* Bonap. (*)

(*Lophobranches* Cuv.)

Famille des Syngnathidées.

GENRE SYNGNATHE , *Syngnathus* L.

9. SYNGNATHUS ACUS *L.* — Syngnathe Aiguille.

Vulgairement *Aiguille de mer*.

Très-rare dans l'Escaut. M. Van Haesendonck l'y a recueilli au commencement du printemps.

(*) L'ordre des Ostéodermes étant le même que celui des Lophobranches de Cuvier il eût été préférable de ne pas créer un nouveau nom.

GENRE HIPPOCAMPE , *Hippocampus* Cuv.
(*Syngnathus* L.)

10. HIPPOCAMPUS BREVIROSTRIS ? — HIPPOCAMPE A MUSEAU COURT.

Vulgairement *Cheval marin.*

N'ayant pas la certitude que les exemplaires de ce poisson que je possède ayent été pris sur nos côtes j'ai quelques doutes sur la détermination de l'espèce mais il n'en reste pas moins positif que ce genre singulier existe dans nos mers.

SOUS-CLASSE 3ᵉ *Pomatobranches.*

SECTION I. PLECTOGNATHES. (*)

ORDRE VI.

SCLÉRODERMES , — *SCLERODERMI* Bonap.

(2ᵉ Partie des *Plectognathes*, Famille des *Sclérodermes* , Cuv.

Nous ne possédons pas encore de poissons de cet ordre qui est composé de la Famille des Balistidées (Genres Baliste et Ostracion.)

ORDRE V.

GYMNODONTES , — *GYMNODONTES* Bonap.

1ʳᵉ Partie des *Plectognathes*, Famille des *Gymnodontes* , Cuv.

Je ne possède pas encore de poissons de cet ordre pêchés en Belgique. Il

---

(*) *N. B.* Les deux ordres Sclérodermes et Gymnodontes de Bonaparte, comprennent celui des Plectognathes de Cuvier que j'aurais conservé intact si je n'avais voulu donner une idée générale de la méthode du Prince Bonaparte.

est très-probable cependant qu'on y trouvera l'Orthagorisque Mole , *Orthagoriscus mola* L. type de la famille des Orthagoriscidées.

SECTION 2. MICROGNATHES.

ORDRE VI.

STURIONIENS , — *STURIONES* Bonap.

(I^{ra} Partie des *Chondroptérygiens à branchies libres* , Cuv.)

Famille des Acipenséridées.

(Voyez les poissons d'eau douce page.)

SECTION 3. TÉLÉOSTOMES.

ORDRE VII.

GANOIDES , — *GANOIDEI* , Agass. Bonap.

(Partie des *Malacoptérygiens abdominaux* et *Subbrachiens* et des *Acanthoptérygiens.* Cuv.

Nous n'avons encore observé aucun poisson de cet ordre en Belgique. Cuvier dit que la Silure Glanis, *Silurus Glanis* L. existe dans le lac de Harlem.

ORDRE VIII.

CTÉNOIDES , — *CTENOIDEI* Agass. Bonap.

(La plupart des *Acanthoptérygiens* et une famille des *Malacoptéryg. Subbrachiens* Cuv.)

Famille 1.— Pleuronectidées.

GENRE SOLE , *Solea* Cuv.
(*Pleuronectes* L.)

11. SOLEA VULGARIS *Cuv.* — SOLE COMMUNE.

Pleuronectes Solea L.
Vulgairement *Sole.*
Très-commune sur nos côtes. Rare dans l'Escaut en été selon M. Van Haesendonck. Le nombre des rayons des nageoires varie selon les individus.

GENRE TURBOT , *Rhombus* Cuv.
(*Pleuronectes* L.)

12. RHOMBUS MAXIMUS *L.* — TURBOT TRÈS-GRAND.

Vulgairement *Turbot.*
Se trouve sur nos côtes et dans l'Escaut au printemps ; peu commun.

13. RHOMBUS VULGARIS *Cuv.* — TURBOT COMMUN.

Pleuronectes Rhombus. L.
M. Van Haesendonck l'a observé dans l'Escaut en Automne ; plus commun sur nos côtes.

GENRE FLÉTAN , *Hippoglossus* Cuv.
(*Pleuronectes* L.)

14. HIPPOGLOSSUS VULGARIS *Cuv.* — FLÉTAN COMMUN.

Pleuronectes Hippoglossus. L.
Vulgairement *Hélibotte*.
Commun en hiver sur nos côtes. Ce poisson devient énorme ;
on en consomme une grande quantité.

GENRE PLEURONECTE , *Pleuronectes* L.
(*Platessa* Cuv.)

(Voyez l'espèce d'eau douce , page 186.)

15. PLEURONECTES PLATESSA *L.* — PLEURONECTE PLIE.

Vulgairement *Plie*.
Commune sur nos côtes et dans l'Escaut surtout en hiver.
N. B. On trouve probablement aussi sur nos côtes la Pleu-
ronecte Limande *Pleuronectes Limanda* L.

N. B. Ce serait ici la place de la famille des Sparidées dont le type est le
genre Sparre, *Sparus* L. ; mais pour l'instant je ne possède pas encore d'espèce
de ce groupe trouvée sur nos côtes.

Famille 2. Percidées

(Voyez les poissons d'eau douce , page 187.)

Famille 3. Mullidées.

GENRE MULLE , *Mullus* L.

16. MULLUS SURMULETUS *L.* — MULLE SURMULET.

Vulgairement *Rouget*.
On le dit commun dans la Mer du Nord et sur nos côtes.

Famille 4. Triglidées.

GENRE TRIGLE , *Trigla* L.

17. TRIGLA LYRA *L.* — Trigle Lyre.

Observé près de Lillo en 1840 par M. Van Haesendonck.

18. TRIGLA HIRUNDO *L.* — Trigle Hirondelle.

Observé dans l'Escaut par M. le professeur Dekin. Commun sur les côtes.

GENRE CHABOT , *Cottus* L.

(Voyez l'espèce d'eau douce page , 186.)

19. COTTUS SCORPIUS *L.* — Chabot Scorpion.

Commun dans l'Escaut à Anvers surtout au printemps selon M. Van Haesendonck.

GENRE ASPIDOPHORE , *Aspidophorus* Lacep.
(*Cottus* L.)

20. ASPIDOPHORUS CATAPHRACTUS *L.* — Aspidore cuirassé.

Observé dans l'Escaut près de Bats et de Lillo par M. Van Haesendonck.

Famille 5. Gobidées.

GENRE GOBIE , *Gobius* L.

21. GOBIUS MINUTUS *L.* — Gobie petite.

Observée par M. Van Haesendonck dans l'Escaut et dans les fossés qui y communiquent au printemps. Commun également sur nos côtes.

N. B. Ce poisson ressemble assez pour la coloration au *Gobius bipunctatus* de Yarrell mais notre espèce ayant 20 rayons aux pectorales je dois le rapporter au *Minutus* le *Bipunctatus* n'en ayant que 15 selon l'auteur Anglais.

ORDRE IX.

CYCLOIDES — *CYCLOIDEI*, Agassiz, Bonap.

(La plupart des *Malacoptérygiens abdominaux*, *subbrachiens*, *apodes* et quelques *Acanthoptérygiens*, Cuv.).

Famille 1. Cycloptéridées.

GENRE CYCLOPTÈRE, *Cyclopterus* L.

22. CYCLOPTERUS LUMPUS *L.* — Cycloptère Lump.

Se trouve sur les côtes maritimes. Rare.

Famille 2. Blennidées.

GENRE ZOARCÈS, *Zoarcus* Cuv.
(*Blennius*, Bloch.)

23. ZOARCUS VIVIPARUS *Bloch.* — Zoarcès Vivipare.

M. Van Haesendonck l'a observé communément dans l'Escaut au printemps aux environs d'Anvers, aussi sur nos côtes maritimes.

Famille 3. Callionymidées.

GENRE CALLIONYME, *Callionymus* L.

24. CALLIONYMUS DRACUNCULUS *L.* — Callionyme Dragonneau.

Observé dans l'Escaut à Lillo par M. Van Haesendonck en juillet 1840. Cuvier n'est pas certain que ce ne soit pas la femelle de l'espèce suivante.

25. CALLIONYMUS LYRA *L.* — CALLIONYME LYRE.

Se trouve, dit-on, sur nos côtes.

Famille 4. Gadidées.

(Voyez les Poissons d'eau douce page 188).

GENRE GADE, *Gadus* L.
(*Morrhua*, Cuv.)

26. GADUS MORRHUA *L.* — GADE MORUE.

Vulgairement *Morue* (salé) *Cabéliau* (frais) *Stockfisch* (sec).
Commun sur nos côtes. Remonte parfois l'Escaut jusque vers
Anvers.

27. GADUS ÆGLEFINUS *L.* — GADE EGREFIN.

Vulgairement *Rivet* et *Schelvisch.*
Très-commun sur nos côtes surtout en hiver et au printemps.
Se trouve aussi dans l'Escaut.

28. GADUS PUNCTATUS? Turton et Yarrell. — GADE PONCTUÉ.

Observé dans l'Escaut à Anvers par M. Van Haesendonck.
Rare.
Je ne suis pas certain de la détermination. Ce poisson me semble cependant plus voisin du *Punctatus* (Yarrell) que du *Cal-
larias* (L.)

GENRE MERLAN, *Merlangus* Cuv.
(*Gadus* L.)

29. MERLANGUS VULGARIS *L.* — MERLAN COMMUN.

Gadus Merlangus L.
Commun sur nos côtes et dans l'Escaut jusqu'à Anvers au
printemps d'après MM. Dekin et Van Haesendonck.

31

30. **MERLANGUS CARBONARIUS** *L.* — Merlan Char-
donnier.

Se trouve sur nos côtes et à l'embouchure de l'Escaut au printemps. Rare.

GENRE MERLUCHE, *Merlucius* Cuv.
(*Gadus* L.)

31. **MERLUCIUS VULGARIS** *L.* — Merluche commune.

Gadus merlucius L.
Vulgairement *Stockfisch.* (sec) ; on le confond alors avec la
morue sèche.
On fait une grande consommation de ce poisson à l'état sec en
Belgique, mais ces cargaisons nous viennent du nord. Je ne sais
même pas si ce poisson est commun sur nos côtes.

Famille 5. Cyprinidées.

(Voyez les Poissons d'eau douce page 188).

N. B. Ensuite se placerait la famille des *Labridées* dont je n'ai pas encore
reconnu d'espèces chez nous.
Puis celle des *Mugilidées* qui n'a pas mieux été observée jusqu'ici sur nos
côtes.

Famille 6. Clupéidées.

(Voyez les Poissons d'eau douce page 220).

GENRE CLUPE, *Clupea* L.

32. **CLUPEA HARENGUS** *L.* — Clupe Hareng.

Vulgairement *Hareng.*
Très-commun sur nos côtes en hiver. MM. Dekin et Van
Haesendonck disent qu'il remonte l'Escaut jusqu'à Anvers.

33. CLUPEA SPRATTUS? *Bloch*. — CLUPE ESPROT.

Se trouverait dans l'Escaut selon M. Van Haesendonck, mais je ne suis pas certain de sa détermination.

GENRE ANCHOIS, *Engraulis* Cuv.
(*Clupea* L.)

34. ENGRAULIS ENCRASICOLUS *L*. — ANCHOIS ORDINAIRE.

Commun sur nos côtes. Observé près d'Anvers dans l'Escaut par M. Van Haesendonck.

Famille 7. Salmonidées.

(Voyez les Poissons d'eau douce page 121).

GENRE ÉPERLAN, *Osmerus* Artedi.
(*Salmo*, L.)

35. OSMERUS EPERLANUS *L*. — EPERLAN ORDINAIRE.

Commun dans l'Escaut et dans les étangs près de la coupure de la tête de Flandre à Anvers aussi sur nos côtes et à l'embouchure de la Meuse.

GENRE LAVARET, *Coregonus* Cuv.
(*Salmo*, L.)

36. COREGONUS OXYRHYNCHUS *L*. LAVARET OXYRHYNQUE.

Houting ou *Hautin* en Belgique selon Cuvier.

Arrive de temps en temps sur la côte de Blankenberg. Cuvier dit qu'on le trouve dans l'Escaut. Il le dit aussi du lac de Harlem, mais en Hollande on m'a assuré qu'on ne le prend qu'à l'embouchure du Wahal et M. Van Haesendonck ne l'a pas observé à Anvers.

Famille 8. Esocidées.

(Voyez les Poissons d'eau douce page 223.)

GENRE ORPHIE, *Belone* Cuv.
(*Esox* , L.)

37. BELONE VULGARIS *Cuv.* ORPHIE COMMUNE.

Se trouve quelquefois dans l'Escaut au printemps ; assez rare. Ses arrêtes sont vertes.

Famille 9. Trachinidées.

GENRE VIVE, *Trachinus* L.

38. TRACHINUS DRACO *L.* — VIVE DRAGON.

Observée dans l'Escaut près d'Anvers à la fin du printemps et au commencement de l'été par M. Van Haesendonck ; elle se tient dans le sable. On redoute la piqûre des aiguillons de sa dorsale.

Famille 10. Gastérostéidées.

(Voyez les Poissons d'eau douce page 223).

Famille 11. Scombridées.

GENRE MAQUEREAU, *Scomber* L.

39. SCOMBER SCOMBRUS *L.* — MAQUEREAU SCOMBRE.

Se trouve sur la côte de Blankenberg au printemps.

Famille 12. Ophidiidées.

GENRE AMMODYTE, *Ammodytes* L.

40. AMMODYTES LANCEA *L.* — AMMODYTE LANÇON.

Très-commune le long de la mer dans le sable d'où on la voit sauter avant même que la marée n'ait recouvert le rivage. M. Van Haesendonck l'a observé en été dans l'Escaut près de Lillo.

Elle a 29 rayons à l'anale comme l'*Ammodytes Tobianus*, mais la dorsale commençant avant la fin des pectorales je la regarde comme la *Lancea* bien que Yarrell n'attribue à cette dernière espèce que 25 rayons à l'anale.

Famille 13. Murénidées.

(Voyez les Poissons d'eau douce page 225).

GENRE CONGRE, *Conger* Cuv.
(*Murœna*, L.)

41. CONGER VULGARIS, *Cuv.* — CONGRE COMMUN.

Murœna Conger L.
Vulgairement *Anguille de mer*.
Commun sur nos côtes et dans l'Escaut jusqu'à Anvers et même un peu plus haut.

___

SOUS-CLASSE 4e *MARSIPOBRANCHES* (*Cyclostomes.*)

ORDRE X.

HELMINTHOIDES, *HELMINTHOIDEI* Bonap.

(2e partie des *Chondroptérygiens à branchies fixes* Cuv.)

Famille des Pétromyzonidées.

(Voyez les Poissons d'eau douce page 226.)

PIÈCES
RELATIVES A LA CLASSIFICATION

DES

ANIMAUX VERTÉBRÉS.

NOTE

SUR LA CLASSIFICATION DES MAMMIFÈRES

proposée par le Prince Ch. Bonaparte.

Aucune méthode présentant les Mammifères sur une seule ligne continue ne peut être entièrement satisfaisante parce qu'ils forment plusieurs séries parallèles et non continues. J'avais à choisir entre les méthodes de Cuvier, Duvernoy, Waterhouse, de Blainville et Bonaparte. Celle de Cuvier a l'inconvénient d'éloigner les Phoques des Cétacés, de donner un rang trop surnuméraire aux Marsupiaux et aux Monotrêmes et d'éloigner l'un de l'autre ces deux derniers groupes. Celle de M. Duvernoy a été à peu près la mienne dans le catalogue des Mammifères d'Europe que j'ai publié à la suite des études de Micromammalogie; elle diffère peu de celle de Cuvier en 1795, sauf que les Marsupiaux sout placés à la fin de la classe à la suite des Cétacés. Celle de M. de Blainville a l'inconvénient comme celle de Duvernoy d'éloigner les Marsupiaux des Rongeurs et des Insectivores sans avoir en compensation l'avantage de rapprocher les Cétacés des Phoques. M. Waterhouse dispose ainsi les Mammifères : Primates, Cheiroptères, Insectivores, Carnassiers, Pinnipèdes, Cétacés, Pachydermes, Ruminants, Rongeurs, Edentés, Marsupiaux et Monotrêmes.

Cette méthode est certainement assez satisfaisante, mais lorsqu'on s'est décidé à disloquer une partie des Placentaires Onguiculés (Rongeurs et Edentés) pour les rejetter à la fin de la sous-classe, joignant les Marsupiaux en raison de leur affinité avec eux

32

on est bien près de leur adjoindre encore les Cheiroptères et les Insectivores, ordres inséparables, inférieurs aux Primates et aux Carnassiers sous le rapport de l'intelligence comme sous celui de la force et dont le dernier offre une si fidèle reproduction de tous les Types des Rongeurs et des Marsupiaux. C'est ce qu'a fait le prince Ch. Bonaparte en fondant sa division sur l'imperfection du cerveau (signalée chez les Onguiculés de ces quatre ordres par le Professeur Jourdan de Lyon) et il a nommé *Ineducabilia*, cette section de Mammifères placentaires onguiculés à cerveau unilobé comparable à celui des oiseaux et semblable à celui des Ovovivipares marsupiaux, qui les précédent, réservant le nom d'*Educabilia* aux Mammifères Placentaires supérieurs dont le cerveau est à plusieurs lobes compliqués. J'ai adopté pour ces derniers trois subdivisions : les Onguiculés, les Pinnés, les Ongulés qu'on me permettra d'ajouter à la méthode Bonaparte comme on me permettra aussi de ne citer les sous-familles que lorsqu'une famille en renferme plusieurs et de m'en abstenir dans le cas contraire. Exemple : pour la famille des *Manatidæ* qui ne comprend que la sous-famille des *Manatina*.

RESUMÉ

DE LA CLASSIFICATION DES MAMMIFÈRES.

SUBCLASSIS 1. Placentalia.

SERIES 1. Educabilia.

DIVISIO 1. UNGUICULATA.

ORDO 1. Primates.

BIMANA — Fam. Hominidæ.

QUADRUMANA — Fam. Simidæ (*Simina*, *Cebina*, *Hepalina*) — Galeopithecidæ — Chiromyidæ.

ORDO 2. Feræ.

Fam. Cercoleptididæ—Ursidæ (*Ursina , Melina*) — Felidæ (*Viverrina , Canina , Felina , Mustelina , Lutrina.)*

DIVISIO 2. PINNATA.

ORDO 3. Pinnipedia.

Fam. Phocidæ *(Otarina , Phocina)* — Trichechidæ.

ORDO 4. Sirenia.

Fam. Manatidæ.

ORDO 5. Cetæ.

Fam. Delphinidæ *(Delphinina , Monodontina)* — Physeteridæ — Balænidæ.

DIVISIO 3. UNGULATA.

ORDO 6. Belluæ.

ELEPHANTIA — Fam. Dinotheridæ — Elephantidæ — Hippopotamidæ *(Rhino · cerontina , Hippopotamina.)*

FISSIPEDIA — Fam. Suidæ (*Tapirina , Suina , Anoplotherina)* — Hyracidæ.
SOLIPEDIA — Fam. Equidæ.

ORDO 7. Pecora.

Fam. Camelidæ ,—Cervidæ (*Moschina , Cervina)*—Camelopardalidæ — Bovidæ.

SERIES 2. Ineducabilia.

ORDO 8. Bruta.

EDENTATA — Fam. Orycteropodidæ — Myrmecophagidæ — Manididæ — — Dasypodidæ,

TARDIGRADA — Fam. Bradypodidæ.

---

(1) J'ai ajouté à l'exemple de Cuvier lorsqu'il y a lieu quelques sections ou sous-ordres comme pour les oiseaux lorsque plusieurs familles ont en commun des caractères assez marqués pour qu'on eut été tenté d'en former un ordre distinct. Le pr. Bonaparte n'a pas proposé ce genre de division.

ORDO 9. Chiroptera.

Fam. Pteropodidæ — Vespertilionidæ (*Vespertilionina* — *Rhinolophina*) —
— Vampyridæ.

ORDO 10. Bestiæ.

Fam. Talpidæ—Soricidæ (*Myogalina*, *Soricina*, *Macroscelidina*, *Cladobatina*)
— Erinaceidæ (*Erinaceina*, *Centetina*).

ORDO 11. Glires.

Fam. Muridæ (*Sciurina, Arctomydina, Dipodina, Murina, Cricetina*)—Casto-
ridæ (*Castorina, Arvicolina, Aspalacina*) — Bathyergidæ (*Bathyergina,
Echymidina*)—Hystricidæ (*Hystricina, Erethizontina*)—Cavidæ (*Dasyproc-
tina, Cavina*) — Lagostomidæ — Leporidæ.

SUBCLASSIS 2. Ovovivipara.
(*Ineducabilia*).

ORDO 12. Marsupialia.

GLIRIFORMIA — Fam. Phascolomyidæ. — Macropodidæ.
BESTIÆFORMIA — Fam. Phalangistidæ — Didelphidæ — Peramelidæ —
Myrmecobiidæ.

FERIFORMIA — Fam. Dasyuridæ.

ORDO 13. Monotremata.

BRUTIFORMIA (FOSSORIA) — Fam. Echidnidæ.
ANATIFORMIA (NATANTIA) — Fam. Ornithorhynchidæ.

—

50 familles y compris les Galeopithecidæ — les Orycteropodidæ — les Ma-
nidæ — les Phalangistidæ — les Peramelidæ et les Myrmecobiidæ qui ne
sont regardées que comme sous-familles par le Prince Bonaparte.

—

J'ai cru devoir adopter , cette méthode mais avec la réserve
que je ne regarde pas les *Ineducabilia* ni les *Ovovivipara* comme
faisant suite aux *Educabilia* mais comme leur étant parallèles
et reproduisant leurs principaux types. Il faudrait même six et
non trois séries plus ou moins parallèles dont cinq partant *directement* des Primates pour figurer convenablement les relations
principales des Mammifères entre eux.

Ainsi :

La 1ʳᵃ série *Educables Onguiculés*, part des Makis , passe aux Carnassiers par les Kinkajous et les Ours. Vers la fin des Carnassiers elle semble rencontrer les Marsupiaux Carnivores. Alors commence la série suivante des mammifères *Educables Pinnés* , les Loutres se liant aux Phoques qui les commencent. Ceux-ci passent aux Siréniens par les Morses et les Dugongs entre ces deux genres au point de séparation des Pinnés *Quadrupèdes* ou onguicules et des Pinnés *Bipèdes* ou Cetacés; cette série se divise en deux l'une comme nous venons de le dire s'abaissant de plus en plus dans l'échelle forme les Siréniens puis les Cétacés pisciformes où elle finit non cependant sans une analogie éloignée avec les Marsupiaux anatiformes et en simulant plus ou moins par ses formes extérieures celles des premiers poissons Sélaciens (Squales) — l'autre branche *Educables Ongulés* , redevient au contraire terrestre et constitue une série intermédiaire ainsi qu'il suit en partant des premiers Siréniens : Dinotherium-Elephant-Pachydermes-Solipèdes-Ruminants. Ces animaux ne sont pas sans une certaine analogie avec les Marsupiaux Herbivores (Kanguro), qui eux-mêmes ont rapport à quelques Rongeurs et Edentés.

La 2ᵉ série , *Inéducables Zoophages* (ou Entomophages) part également des Makis mais par les Galéopithèques, passe aux Chéiroptères , de ceux-ci aux Insectivores, puis se confond avec la série des Marsupiaux par ceux qui sont Insectivores ou Bestiéformes , (Didelphis-Myrmecobius) tandis qu'elle a quelques rapports ascendants avec les Educables Carnassiers Plantigrades par les Tenrecs les Gymmures et les Kinkajous.

La 3ᵉ série : *Inéducables Phytophages* (*) part des Makis par les Aye-ayes, passe aux Rongeurs par les Pteromys et les Ecureuils et abouti à la série des Marsupiaux par ceux qui sont Racémivores

______

(*) Ce mot est pris en opposition avec celui de *Zoophages*. Les Phytophages se nourrissent soit de feuilles , soit d'herbes , soit de fruits, soit de graines, soit enfin de racines.

tandis qu'elle a par les Cabiais certains rapports ascendants avec les Educables Ongulés.

La 4ᵉ série : *Inéducables Edentés* part des Primates par les Tardigrades (Paresseux), passe aux Edentés ordinaires par les Tatous et finit en rejoignant la série des Marsupiaux par ceux qui sont Brutiformes et Formicivores (Echidné). Les rapports ascendants des Edentés avec les Ongulés ne sont peut-être pas aussi prononcés qu'on le dit généralement.

La 5ᵉ série : *Inéducables Marsupiaux* part aussi des Primates par les Pédimanes Frugivores des genres Phascolarctos et Phalanger puis elle rentre dans les trois séries d'*Inéducables* Placentaires en ce sens que ces trois séries finissent ou viennent aboutir parmi des Marsupiaux après avoir pour point de départ des Primates. Ainsi les Marsupiaux *Frugivores* partent des Quadrumanes directement. On peut même dire que les Marsupiaux Carnivores (Thylacinus, Dasyurus) terminent les Educables Onguiculés terrestres. Les Marsupiaux *Insectivores* (Didelphis, Myrmecobius) terminent les Placentaires Insectivores. Les Marsupiaux *Herbivores* (Macropus) représentent bien la série intermédiaire des Educables Ongulés qui y tient peut-être plus qu'on ne l'a pensé et qui pourrait bien s'y terminer. Les Marsupiaux *Racémivores* (Phascolomys), font suite aux Rongeurs ; enfin les Marsupiaux *Fouisseurs* (Echidna) terminent la série des Edentés. Ainsi les Marsupiaux terminent les six séries de Mammifères terrestres et le seul genre connu de Marsupiaux édentés *aquatiques* (Ornithorhynchus) qui suit l'Echidné indiquerait en quelque sorte le passage des Mammifères Educables Pinnés (Phoca, Manatus, Balæna) vers les Oiseaux.

Cette 7ᵉ série (Aquatiques) et la 6ᵉ (Ongulés) prennent comme on l'a vu naissance ensemble la suite des Educables onguiculés terrestres.

Dans le tableau qui suit j'ai essayé de donner une idée de la disposition des diverses séries de Mammifères dont je viens de parler.

PROJET

DE CLASSIFICATION DES OISEAUX

PAR EDM. DE SELYS LONGCHAMPS.

1842.

———⋙◇◆◇⋘———

Dans ce projet je n'ai pas indiqué tous les genres que l'on peut admettre dans la Classe des Oiseaux; je me suis borné à citer les principaux et parmi les secondaires ceux dont la place est bien fixée, qui servent à indiquer le passage d'une forme à une autre, et quelques autres *incertæ sedis* trop remarquables pour être passés sous silence et qui doivent de nouveau être étudiés.

Aujourd'hui je n'ai pas ajouté les caractères des Ordres et des Familles parce que je ne considère pas comme définitif ce projet auquel j'espère faire subir encore bien des améliorations surtout dans les ordres des Passereaux et des Grimpeurs. Il faut laisser murir le système proposé pour la distinction de ces deux ordres par Nitsch et adopté par MM. le comte Keyzerling et le professeur Blasius, système, il faut le dire, qui me paraît devoir opérer une révolution salutaire dans la classification. Je ne veux pas pousser plus loin ces remarques. On en trouvera quelques autres intercalées à leur place pour indiquer les caractères de quelques familles nouvelles ou réformées, pour justifier la place que j'assigne à plusieurs groupes et pour signaler les analogies multiples de quelques genres avec d'autres analogies, auxquelles on ne peut pas toujours satisfaire dans une classification forcément continue et linéaire, alors que la création semble souvent former plusieurs séries parallèles et ramifiées ou même un réseau compliqué.

DIVISIO I.

INSESSORES *Bonap.*

ORDO I.

INERTES *Tem.* (1)

(Gallinæ) *L.* — Struthiones *Lath..* — Raptatores *Dumer.*)

FAMILIA **1.**

DIDIDÆ — G. **Dronte**, *Didus* L.
(Iles Maurice et Bourbon.)

———

ORDO II.

ACCIPITRES *L.*

(Raptatores *Illig.*)

SECTIO **1.**   FAMILIA **1.**

DIURNI, Cuv. **VULTURIDÆ.** — G. Gypaète, *Gypaetos* Storr.
(Des deux mondes excepté dans la n^lle Hollande.)
Percnoptère, *Neophron* Sav.
Catharte, *Cathartes* Illig.
Sarcoramphe, *Sarcoramphus* Dumer.
Vautour, *Vultur* L.
Recama, *Recama* Gray.

---

(1) La place de ce singulier genre dont l'espèce unique *Didus ineptus* L.. est maintenant détruite me paraît être ici. Son bec que j'ai examiné en Angleterre rappelle celui des Cathartes. Son pied ressemble à celui d'un Gallinacé mais il en est de même de celui de plusieurs *Vulturidæ*. D'autre part la nature de son plumage et la nullité de ses ailes se retrouvent chez les *Struthiones*. La tête et les pieds n'ont du reste aucune analogie avec ceux de l'*Apteryx* que M. Temminck lui adjoint dans son ordre des *Inertes*; on ne peut concevoir comment M. Lesson peut penser que le Dronte est simplement le Casoar des iles de la Sonde tandis qu'il existe une tête et un pied qui ne se rapportent ni au Casoar

FAMILIA **2.**

SERPENTARIDÆ — G. Sécretaire, *Serpentarius* Lacép.
(Afrique méridionale.)

FAMILIA **3.**

FALCONIDÆ. —G . Caracara , *Polyborus* Vieill.
(Des deux mondes.) Faucon, *Falco* L.
Autour , *Astur* Bechst.
Aigle , *Aquila* Briss.
Buse , *Buteo* Bechst.
Bondrée , *Pernis* Cuv.
Couhïet, *Elanus* Savigny.
Milan , *Milvus* Lacép.
Busard , *Circus* Bechst.

SECTIO II.　　FAMILIA **4.**

NOCTURNI , Cuv. STRIGIDÆ – G. Chouette , *Strix* L.
(Des deux mondes.)

ORDO III.

CHELIDONES Tem. (2).

(Passeres *L.* — Scansores et Oscines *Keyz.* et *Blas.*)

Passeres Fissirostres Cuv.

FAMILIA **1.**

CAPRIMULGIDÆ — G. Guacharo , *Steatornis* Humb.
(Des deux mondes ,　　Podarge, *Podargus* Cuv.
surtout les zones chaudes.)　Ibijau , *Nyctibius* Vieill.
Engoulevent, *Caprimulgus*L.
Hydropsalie , *Hydropsalia*
Wagl.
Scotornis , *Scotornis* Sw.

---

ni à aucun genre d'oiseau connu. En les comparant soit à un bec d'Albatros
soit à une tête de Pingouin et le pied à une patte de Manchot non palmée , il
prouve qu'il n'a pris aucun renseignement en Angleterre sur ces pièces uniques.

(2) MM. Keyzerling et Blasius d'après la considération de la couverture pos-
térieure des tarses placent les *Caprimulgus* et les *Cypselus* en tête de leurs

FAM. **2.**

<table>
<tr><td>

HIRUNDINIDÆ – G.
(Des deux mondes, sur
tout les zones chau-
des.)

</td><td>

Martinet, *Cypselus* Illig.
Acanthylis, *Acanthylis* Boie
Hirondelle, *Hirundo* L.

</td></tr>
</table>

ORDO IV.

PASSERES *L.* Cuv.

(Oscines *Meyer* — Ambulatores *Illig.* — Passeres et Pici *L.* — Omnivori— Insectivori. — Granivori — et Anisodactyli *Tem.*)

<table>
<tr><td>

SECTIO **1.**
DEPRESSIROS-
TRES (3).
(*Dentirostres* Cuv.
Insectivori Tem.
Crenirostres Du-
mer. *Latirostres*
Latr).

</td><td>

FAMILIA **1.**
BOMBYCIPHO-
RIDÆ (4).
(Çà et là dans les deux
mondes)

</td><td>

G. Procné, *Procnias* Illig.
Jaseur, *Bombyciphora* Mey.
Hypothyme , *Hypothymis*
Less.

</td></tr>
</table>

Grimpeurs et comme nous à la suite des *Strix*, mais ils rejettent les *Hirundo* à la fin des Passereaux entre les *Muscicapa* et les *Columba*. Je crois qu'il est impossible d'éloigner naturellement les Martinets des Hirondelles et j'échappe à la nécessité de le faire en adoptant l'ordre des Chélidons de M. Temminck qui répond aux Passereaux Fissirostres de Cuvier et qui se place fort avantageusement entre les Rapaces Nocturnes et les Passereaux Dépressirostres. Cet ordre est d'ailleurs suffisamment caractérisé par ses pieds très-courts, son bec très-court, très-fendu, ses ailes très-longues.

(5) A le juger dans son ensemble le groupe nombreux des *Muscicapa*, type de cette section et le plus insectivore de tous les Passereaux, ne me paraît pas voisin des *Sylvia*, ainsi qu'on l'admet généralement. Ils se rapprochent beaucoup des Hirondelles d'une part par leur bec et passent insensiblement par les Tyrans au Laniadées qui conduisent évidemment aux Corvidées. M. Latreille a proposé le premier je crois de classer ainsi les *Muscicapa* entre les *Hirundo* et les *Lanius* et d'en former une tribu à bec déprimé, large (Latirostres) distincte des autres Passereaux. Il commence d'ailleurs l'ordre et ce groupe de la même manière que nous, en plaçant en tête les *Caprimulgus* qui font suite aux *Strix*.

(4) Je change forcément le nom d'Ampélidées en celui de Bombyciphoridées, parce que je ne sais pas encore positivement si les *Ampelis*, les *Pipra*, les *Coracina* et les *Eurylaimus* qu'on y rapporte appartiennent aux Passereaux ou aux Grimpeurs.

	FAMILIA 2.	
	MUSCICAPIDÆ – G.	Gobemouche, *Muscicapa* L.
	(Des deux mondes, surtout les zones chaudes.)	Moucherolle, *Muscipeta* Cuv.
		Platyrhynque, *Platyrhynchos* Desm.
		Tyran, *Tyrannus* Lacep.
		Milaneau, *Milvulus* Sw.
SECTIO 2.	FAM. 1	
COMPRESSIROSTRES (5).	EDOLIDÆ – G.	Drongo, *Edolius* Cuv.
(*Omnivori* Tem. *Conirostres* et *Dentirostres* Cuv. *Plenirostres* et *Crenirostres* Dumer.)	(Sud de l'ancien monde.)	Irène, *Irena* Horsf.
	FAM. 2.	
	LANIADÆ (6)-G.	Bagadiai, *Prionops* Vieill.
	(Des deux mondes.)	Piegrièche, *Lanius* L.
		Falconelle, *Falcunculus* Vieill.
		Thamnophile, *Thamnophilus* Vieill.
		Vanga, *Vanga* Cuv.
		Cassican, *Cracticus* Vieill.

---

(5) Il est certain que les Corbeaux qui forment le type de ce groupe ne sont pas bien classés parmi les Conirostres Granivores et ne peuvent prendre place parmi les Dentirostres de Cuvier. Ils sont d'ailleurs intimement liés d'une part avec les Piesgrièches et d'autre part avec les Etourneaux. Les Compressirostres, qui répondent à peu près aux Omnivores de Temminck me semblent de toute nécessité dans le système. Ce sont les plus forts de tous les Passereaux. Leur nourriture est très variée.

Je crois que c'est entre les Edolius et les Lanius qu'il faut placer les genres Turdoide (*Ixos* Tem.) Echenilleur (*Ceblepyris* Cuv.) et Choucari (*Graucalus* L.) Ils forment un petit groupe habitant les parties chaudes de l'ancien monde.

(6) Outre que le bec de la plupart des Laniadées est trop fort pour permettre de les classer soit avec les Gobemouches soit avec les Merles, plusieurs genres exotiques, les Cassicans notamment, sont tellement rapprochés des Corbeaux qu'on ne sait trop où les placer. Cela indique suffisamment que les Laniadées ne peuvent être éloignées des Corvidées.

FAM. 3.

EURYCERIDÆ-G. Eurycère, *Euryceros* Less.
(7)
(Madagascar.),

FAM. 4.

CORVIDÆ – G. Glaucope, *Glaucopis* Forst.
(Des deux mondes.)

Témia, *Crypsirina* Vieill.

Dendrocitta , *Dendrocitta* Gould.

Geai, *Garrulus* Briss.

Pie, *Pica* Briss.

Corbeau, *Corcus* L.

Cassenoix, *Nucifraga* Briss.

Crave, *Fregilus* Cuv.

Choquard *Pyrrhocorax* Tem.

Myiophone , *Myiophonus* Tem.

Piroll , *Ptilonorhynchus* Kuhl.

FAM 5.

STURNIDÆ (8) – G. Piquebœuf, *Buphaga* L.
(Des deux mondes).

Mainate, *Gracula* L.

Mino, *Mino* Less.

Martin, *Acridotheres* Ranz.

Dilophe, *Dilophus* Vieill.

Etourneau, *Sturnus* L.

---

(7) M. Lesson regarde l'*Euryceros* comme tenant des *Eurylaimus* et des *Buceros*. S'il avait les pieds grimpeurs, c'est près des *Crotophaga* qu'il eût fallu le placer mais c'est un Passereau dans toute la force du terme. Ses pieds sont ceux d'un Cassican (*Cracticus*) genre auquel il ressemble encore par la plaque élargie de l'arête du bec sur le front, par la nature du plumage et l'échancrure du bec. Je suis donc disposé jusqu'à preuve contraire à le regarder comme une forme *aberrante* des Cassicans et des Compressirostres en général. Cet oiseau n'est pas le seul de l'Afrique qui nous offre des exagérations dans la forme du bec sans qu'on ait pensé à éloigner de leur type naturel les oiseaux qui les présentaient; témoins les *Corvultur*, les *Bucorvus*, les *Paganias* et les *Musophaga* qu'on a laissé près des *Corvus*, des *Tukus* , des *Bucco* et des *Corythaix*.

(8) Nos Sturnidées sont une sorte de magazin où nous avons réuni les genres de Compressirostres qui ne pouvaient prendre place ni parmi les Laniadées ni parmi les Corvidées. Il y aura lieu à en faire une révision. Je sais qu'on a l'habi-

Sturnelle, *Sturnella* Vieill.
Stourne, *Lamprotornis* Tem.
Astrapie, *Astrapia* Vieill.
Séricule, *Sericulus* Sw.
Mimète, *Mimeta* King.
Loriot, *Oriolus* L.
Troupiàle, *Icterus* Briss.
Cassique, *Cassicus* Briss.
Baltimore, *Xanthornus* Bris.
Leïste, *Leïstes* Vig.
Dolichonyx , *Dolichonyx* Sw.

SECTIO 3.   FAM. 1.
CONIROSTRES, FRINGILLIDÆ- G.   Alecto, *Alecto* Less.
(9) Dum.   (Des deux mondes.)   Tisserin, *Ploceus* Cuv.
(*Granivori* Tem. —   Orite, *Orites* Keyz et Bl.
Conirostres Cuv.)   Fringille, *Fringilla* L.
Grosbec , *Coccothraustes* , Briss.
Beccroisé, *Loxia* L.
Bouvreuil, *Pyrrhula* Briss.
Moineau, *Pyrgita* Cuv.
Euspiza, *Euspiza* Bonap.
Bruant, *Emberiza* L.
Plectrophane, *Plectrophanes* Meyer.

FAM. 2.
ARTAMIDÆ - G.   Langraïen *Artamus* Vieill.
(10)
(Inde et Océanie).

---

tude de classer les Loriots près des Grives. En les replaçant près des Troupiales et des Stournes , je suis guidé par la considération de leur facies, de leur stature , leur nidification, leur chant. Je suis heureux de pouvoir m'appuyer ici de l'avis de Linné et de Temminck.

(9) Les Conirostres sont restreints ici à ceux de Duméril ou aux Granivores de Temminck. Ces oiseaux sont tout différents des Compressirostres. Par les *Alauda* et les *Anthus* ils passent insensiblement aux Subulirostres.

(10) On place généralement ce genre près des *Lanius*. Il faudrait connaître précisément le genre de vie et l'anatomie de ces oiseaux pour leur assigner un

FAM. 3.
TANAGRIDÆ-G. Arrémon, *Arremon* Vieill.
(11) Pyranga, *Pyranga* Vieill.
(Amérique chaude) Jacapa, *Ramphopsis* Vieill.
Tangara, *Tanagra* L.
Habia, *Saltator* Vieill.
Tachyphone, *Tachyphonus* Vieill.
Euphone, *Euphone* Desm.

FAM. 4.
ALAUDIDÆ, – G. Calandre, *Melanocorypha* Boie.
(Des deux mondes mais surtout de l'ancien.)
Alouette, *Alauda* L.
Sirli, *Certhilauda* Sw.

SECTIO 4. FAM. 5.
SUBULIROSTRES- TURDIDÆ (13)-G. Farlouse, *Anthus* Bechst.
(12) Dum. (Des deux mondes) Hochequeue, *Motacilla* L.
(*Insectivori et Granivori* Tem. *Dentirostres et Conirostres* Cuv.)
Enicure, *Enicurus* Horsf.
Mérion, *Malurus* Vieill.
Cysticole, *Cysticola* Less.
Timalie, *Timalia* Horsf.

rang certain dans la série, mais en attendant, et à ne les juger que d'après leurs caractères extérieurs ils me semblent appartenir aux Conirostres. Ils ressemblent assez à quelques *Tangara* et à plusieurs *Fringilla*.

(11) Comme pour la place assignée aux *Oriolus* je m'appuierai ici de l'opinion de Linné et de Temminck pour laisser les *Tanagra* parmi les Conirostres Granivores, je conviens cependant qu'ils s'écartent un peu du type de cette section pour se rapprocher sous quelques rapports des Pipridées et des Ampélidées famille qui sont aussi presque restreintes à l'Amérique méridionale.

(12) Il me semble positif que ces oiseaux insectivores et vermivores à bec pointu en alène ne peuvent être assimilés ni aux Compressirostres Omnivores à bec fort ni aux Dépressirostres à bec très-large, très-fendu, bien que quelques *Turdus* à bec fort se rapprochent des *Laniadæ* et que quelques *Myiothera* et *Saxicola* à bec large avoisinent les *Muscicapidæ*. En tous cas le passage des *Alaudidæ* aux *Turdidæ*, de celles-ci aux *Paridæ*, et des *Paridæ* aux *Tenuirostres* est indiqué ici d'une manière insensible et irrécusable.

(13) Cette famille sera probablement subdivisée. Les *Motacilla*, les *Myiothera*, les *Saxicola* et les *Turdus* nous offrent quatre types assez différents. Malheureusement beaucoup de genres exotiques ne sont pas assez bien connus.

Brève, *Pitta* Tem.
Fourmillier, *Myiothera* Illig.
Cincle, *Cinclus* Bechst.
Grive, *Turdus* L.
Pétrocincle, *Petrocincla* Vig.
Traquet, *Saxicola* Bechst.
Rubiette, *Ruticilla* Briss.
Accenteur, *Accentor* Bechst.
Cinclosome, *Cinclosoma* Vig.
Fauvette, *Sylvia* Lath.
Hippolaïs, *Hippolaïs* Brehm.
Pouillot , *Phyllopneuste* Meyer.
Rousserolle , *Calamoherpe* Brehm.
Sylvicole, *Sylvicola* Bonap.

FAM. 2.
PARIDÆ (14)-G.
(Des deux mondes)

Roitelet, *Regulus* Cuv.
Remiz, *Ægythalus* Vig.
Calamophile, *Calamophilus* Leach.
Mécisture, *Mecistura* Leach.
Mésange, *Parus* L.
Oxyrhynque, *Oxyrhynchus* Tem.
Certhimésange, *Certhiparus* La Frayn

SECTIO 5.
TENUIROSTRES— (15) Dumer.
(*Tenuirostres* Cuv. *Anisodactyli* Tem.)

FAM. 1.
SITTIDÆ (16)-G.
(Des deux mondes)

Sittelle, *Sitta* L.
Sittine, *Xenops* Illig.

_____

(14) Par ses mœurs et son organisation, cette famille est intermédiaire entre les *Sylvia* et les *Sitta*. Ce n'est que par une analogie tout-à-fait forcée qu'on a pu la reléguer dans les Conirostres Granivores entre les *Emberiza* et les *Alauda*.

(15) Il ne faut pas prendre dans une acception trop rigoureuse ce nom de *Ténuirostres*, car on devrait alors exclure de cette section plusieurs genres de *Sittidæ*, de *Certhiadæ*, de *Tichodromidæ* de *Meliphagidæ* et de *Paradisæidæ*

FAM. 2.

CERTHIADÆ (17)—G. Sylviette, *Sittasomus* Sw.
(Des deux mondes, mais surtout de l'Amérique méridionale).

Grimpart, *Anabates* Tem.

Onguiculé, *Orthonyx* Tem.

Picucule , *Dendrocolaptes* Herm.

Grimpereau , *Certhia* L.

FAM. 3.

TICHODROMIDÆ (18) — G. Tichodrome , *Tichodroma* Illig.
(Des deux mondes).

Echelet, *Climacteris* Tem.

Thriothore , *Tthriothorus* Vieil.

Troglodyte, *Troglodytes* Cuv.

Grimphuppe , *Upupucerthia* Is. Geoff.

Fournier , *Furnarius* Vieill.

FAM. 4.

EPIMACHIDÆ—G. Epimaque, *Epimachus* Cuv.
(19).

Ptiloris, *Ptiloris* Sw.
(N^lle Hollande.)

---

qui ont un bec de Conirostre de Compressirostre ou de Subulirostre bien qu'on ne puisse les séparer des genres voisins à bec normal long delié arqué. Pour ces genres anomaux quant au bec c'est tantôt la forme allongée du pouce, tantôt les rectrices usées de la queue, tantôt la langue pénicillée qui nous indiquent que leur place est ici. Chez les Ténuirostres comme chez les Grimpeurs la forme de la langue me paraît être un caractère qui doit primer tous les autres dans l'organisation des familles. Combiné avec la forme de la queue et du doigt postérieur il indique le genre de vie qui n'est pas toujours en rapport avec la forme du bec.

(16) Caractère : Bec assez fort non arqué — langue tronquée — queue ordinaire — oiseaux Grimpeurs, vivent d'insectes et de très-petites graines. Font le passage des *Parus* aux *Tenuirostres*.

(17) Caract. : Bec souvent long délié arqué — langue pointue — queue usée —oiseaux Grimpeurs, vivent d'insectes. On pourra séparer ceux à bec droit, fort court *(Orthonycidæ)* qui font le passage des *Sitta* aux *Certhia*.

(18) Caract. : Comme ceux des *Certhiadæ* mais queue molle ordinaire. Les Troglodytes ont quelques rapports avec les *Myiothera*— la place des *Furnarius* et des *Upupucerthia* est encore douteuse.

(19) Caract. : Bec très-long , arqué et comprimé — des ornements extraordinaires dans le plumage. Pieds longs , forts. Oiseaux non grimpeurs qui se lient aux *Paradiscæa*. Leur bec ressemble à celui des *Upupa*.

FAM. 5.
PARADISÆIDÆ   (20)—G. Paradisier, *Paradisœa*   L.
(Nouvelle Guinée.)

FAM. 6.
MELIPHAGIDÆ-G. Manorhine , *Manorhina*
(21).   Vieill.
(Océanie.)   Corbicalao , *Tropidorhyn-*
           chus Vig.
           Philanthe, *Anthochœra* Vig.
           Phyllorne , *Phyllornis* Boie.
           Philédon , *Meliphaga* Lewin.
           Myzomèle , *Myzomela* Vig.

FAM. 7.
CYNNIRIDÆ—A.
(22)   G. Héorotaire ? *Drepanis* Tem.
         Arachnothère ? *Arachnothe-*
         ra Tem.
    B. Souïmanga, *Cynniris* Cuv.
      Dicée , *Dicœum*   Cuv.
    C. Pitpit, *Dacnis* Cuv.
      Guitguit, *Cœreba*   Briss.

---

(20) Caract. : Bec médiocre, comprimé, peu arqué. Narines couvertes de soies veloutées. Des ornements extraordinaires dans le plumage. Pieds longs à pouce fort. Oiseaux frugivores qui se lient aux *Corvidœ*, aux *Sturnidœ*, aux *Meliphagidœ* et aux *Epimachidœ*. En les plaçant ici, je suis l'exemple de la plupart des naturalistes anglais qui se sont laissé guider ici par le facies, l'habitat et les mœurs des *Paradisœa*.

(21) Caract. : Bec médiocre variable — langue pénicillée — doigt postérieur très fort. Oiseaux mélivores. — Les genres à bec fort court, ressemblent aux *Sturnidœ* et aux *Turdus* au point que la connaissance de la langue et l'examen attentif du doigt postérieur sont les seuls caractères diagnostiques. Les Philédons à bec arqué du genre *Myzomela* passent aux *Cynniridœ*.

(22) Caract. : Bec fin arqué—langue très-extensible plus ou moins bifide. Oiseaux mélivores — Ceux du nouveau continent, (les *Cœreba*) ont des rapports extérieurs avec les *Sylvia*. Ceux de l'ancien, (les *Cynniris*) ressemblent davantage aux *Trochilus* de l'ordre suivant.

ORDO V.

PICI L. (23).

(Scansores *Keyz* et *Bl.* — Scansores et Passeres (pars) *Cuv.* — Prehensores et Passeres (pars) *Bonap.*—Zygodactyli—Alcyones-Anisodactyli (pars) et Omnivori (pars) *Tem.*).

§. 1.

PICI MELIVORI.

SECTIO 1.	FAMILIA 1.	
TUBULILINGUES (24).	TROCHILIDÆ-G. (Amérique chaude.)	Colibri, *Trochilus* L.
(Suspensores).		Phætornis, *Phætornis* Sw.
Suspensi Illig.		Lampornis, *Lampornis* Sw.
Tenuirostres Cuv.		

---

(23) J'adopte la manière de voir de Nitzch, Keyzerling et Blasius, qui ont fondé la distinction des Passereaux d'avec les Grimpeurs sur la couverture du derrière des tarses qui est ici composée de petites écailles plus nombreuses qu'en avant ; tandis que les Passereaux l'ont garni en grande partie d'une seule pièce cornée en arrière. — Cette méthode a l'avantage de ne plus classer en différents ordres des oiseaux différents *quant à la direction* des doigts mais voisins *quant à leur organisation générale*, comme les *Gabula* et les *Alcedo* — les *Momotus* et les *Coracias* — les *Ramphastos* et les *Buceros* etc.

Dans le cours de la Faune belge qui a d'ailleurs été longtemps sous presse, j'avais conservé l'ordre des *Alcyones* distinct de celui des Grimpeurs parce que cette division n'offrait pas d'inconvénients graves *quant aux oiseaux d'Europe.*

(24) Langue tubuleuse extensible, bec long très-fin. Ailes très-longues. Pieds très-courts. Ces oiseaux sont melivores et prennent leur nourriture en planant sur les fleurs, par leurs ailes et leurs pieds, *mais par cela seulement* ils tiennent un peu des *Cypselus.* Leur plumage et leur bec les rapprochent des Cynniridées et des Galbulidées entre lesquelles nous les plaçons.

§ 2.

PICI INSECTIVORI.

SECTIO **2.**
BREVILINGUES
(25)
(Gressores.)
Passeres Syndactyli
sauf les Buceros et
partie des *Scan-*
sores et des *Pas-*
seres Cuv.

FAM. **2.**
GALBULIDÆ (26)
(Amérique tropicale).

G. Jacamaralcyon *Jacamaral-*
cyon Less.
Jacamar, *Galbula* L.
Jacamérops, *Jacamerops*.
Less.

---

(25) Langue ordinairement très-courte—bec variable, à comissure en général très-fendue. Ailes variables. Pieds très-courts ou médiocres.—Cette section est une sorte de magazin où j'ai dû réunir tous les Grimpeurs *Insectivores* à langue simple. Plus tard on pourra peut-être la subdiviser, mais dans l'état de nos connaissances, j'ai cru agir plus sûrement en la présentant telle qu'elle est ici, et en isolant les petites familles et les grands genres linnéens qui s'y rapportent. Beaucoup de genres ont la langue très-courte et triangulaire comme les *Gabula*, les *Alcedo*, les *Merops*, les *Upupa*. Les *Momotus* et les *Coracias* l'ont ciliée et comme frangée. C'est probablement à la section des Brévilingues que se rapportent deux familles qui avaient été laissées parmi les Passereaux mais dont les tarses ressemblent beaucoup par leur couverture à ceux des Grimpeurs. Je veux parler des *Ampelidæ* et des *Eurylaimidæ*. Voici leurs principaux genres.

FAM.
AMPELIDÆ — G. Cotinga, *Ampelis*, L.
(Amérique tropicale.) Bécarde, *Psaris*, Cuv.
Phibalura, *Phibalura*, Vieill.
Gymnocéphale, *Gymnocephalus*, Geoff.
Cephaloptère, *Cephalopterus*, Geoff.
Coracine, *Coracina*, Tem.
Averano, *Casmarhynchos*, Wied.

FAM.
EURYLAIMIDÆ—G. Eurylaime, *Eurylaimus*, Horst.
(Australasie). Cymbirhynque, *Cymbirhynchus*, Vigors.
Psarisome, *Psarisomus*, Sw.

Plus une troisième famille dont la place est plus équivoque encore : celle des :

PIPRIDÆ—G. Coq de roche, *Rupicola*, Briss.
(Amérique tropicale.) Calyptomène, *Calyptomeina*, Raffle.
Sauf une espèce de Manakin, *Pipra*, L.
l'Australasie.

FAM. 3.

TROGONIDÆ (27)-G. Apaloderme, *Apaloderma* Sw.
(Zone tropicale des   Calure, *Calurus* Sw.
deux mondes.)   Couroucou, *Trogon* L.

FAM. 4.

CORACIADIDÆ--G. Rolle, *Eurystomus* Vieill.
(Parties chaudes de   Rollier, *Coracias* L.
l'ancien monde.)

FAM. 5.

MOMOTIDÆ—G. Crypticus, *Crypticus* Sw.
(Amérique tropicale.)   Momot, *Momotus* Briss.

FAM. 6.

MEROPIDÆ —G. Nyctiornis, *Nyctiornis* Sw.
(Parties chaudes de   Guépier, *Merops* L.
l'ancien monde.)

Au moment de l'impression de cet ouvrage, le temps m'a manqué pour étudier en détail, les tarses de tous les genres de ces trois familles. Ceux qui seront reconnus pour de vrais Passereaux, devront passer parmi les Dépressirostres, près des *Bombyciphoridæ*. Les autres qui sont réellement Grimpeurs, se placeront sans doute soit près des *Todidæ*, soit près des *Cuculidæ*, des *Bucconidæ*, ou même des *Trogonidæ*.

Les *Ampelis* ont quelque chose des *Bombyciphora* et des *Muscicapa* ainsi que les *Phibalura*. Les *Psaris* imitent les *Lanius*, les *Gymnocephalus* ressemblent aux *Corvus*, les *Casmarhynchos* aux *Procnias*, les *Eurylaimus* aux *Podargus* et aux *Eurystomus*, et un peu aux *Pogonias* dans la stature. Les *Rupicola* ont quelques rapports artificiels avec les *Trogon*, et même les *Corythaix*; les *Pipra* ont été rapprochés des *Tanagra* par le prince Bonaparte.

Nonobstant ces ressemblances qui ne sont la plupart que superficielles, je pense que les vraies Ampélidées, les Eurylaimidées et les Pipradées ne seront pas éloignées les unes des autres et feront partie de l'ordre des Grimpeurs, section des Brévilingues. Ce serait un rameau isolé partant des Todidées.

(26) Voisins des *Merops* et des *Alcedo*. Ils sont cependant bien placés ici.

(27) Les Trogon se lient très-bien avec la famille suivante (Coracias) par leur bec, qui est tout différent de celui de la précédente (Galbula), mais ils sont cependant bien placés à la suite de celle-ci, ayant presque la même forme de pieds, de langue, la même nature de plumage et le même habitat.

FAM. 7.
UPUPIDÆ (28)-G. Promérops, *Promerops* Briss.
(Parties chaudes de   (*irrisor* Less.)
l'ancien monde.)   Huppe , *Upupa* L.
              Falculie , *Falculia* J. Geoff.

FAM. 8.
TODIDÆ (29)-G. Todier , *Todus* L.
(Amérique tropicale.)

FAM. 9.
ACEDINIDÆ—G. Todiramphe , *Todiramphus*
(Des deux mondes sur-   Less.
, tout les zones tropi-   Alcyon , *Alcedo*   L.
cales.)   Ceyx , *Ceyx.*   Lacep.
              Tanysiptère, *Tanysiptera* Vig.
              Symé , *Syma*   Less.
              Martin chasseur, *Dacelo.* Vig.

FAM. 10.
CAPITONIDÆ (30)-G. Tamatia, *Capito* Vieill.
(Amérique mérid.)   Barbacou, *Monasa* Vieill.

FAM. 11.
CUCULIDÆ— G. Indicateur, *Indicator* Vieill.
(Parties chaudes des   Tacco , *Saurothera*   Vieill.
deux mondes.)   Coucal , *Centropus*   Illig.
              Coua , *Coccyzus*   Vieill.
              Coucou , *Cuculus*   L.
              Courol , *Leptosomus*   Vieill.
              Malcoha , *Phœnicophaus*
              Vieill.

---

(28) Cette famille se lie intimement d'une part aux *Merops*, mais d'autre part elle tient de plusieurs Passereaux Tenuirostres de la famille des Epimachidées. Il en résulte qu'elle interrompt les rapports qui existent entre les *Momotus*, les *Coracias*, les *Merops*, et les *Alcedo.*

(29) Les *Todus* ressemblent aux *Alcedo* , mais tiennent aux *Platyrhynchos* , de la famille des Muscicapidées. Même observation que pour la famille des Upupidées.

(30) Les *Capito* font suite évidemment aux *Dacelo* et passent aux Cuculidées par les *Monasa*. Ils ont aussi des rapports avec les Bucconidées, dont les Cuculidées les séparent.

FAM. 12.

CROTOPHAGIDÆ—G. Ani, *Crotophaga* L.
(Amérique méridio-
nale.)

FAM. 13.

BUCCONIDÆ—G. Barbican, *Pogonias* Illig.
(Afrique et Asie tropi- Barbu, *Bucco* L.
cales.) Barbion, *Micropogon* T.

SECTIO 3. FAM. 14.
SAGITTILINGUES PICIDÆ — G. Picumne, *Picumnus* T.
Illig. (31) (Des deux mondes.) Colaptes, *Colaptes* Sw.
(Scansores) Pic, *Picus* L.
 Torcol, *Yunx* L.

§ 3.

PICI FRUGIVORI.

SECTIO 4. FAM. 15.
GRANDIROSTRES SCYTHROPIDÆ
(32).
 G. Scythrops, *Scythrops* Lath.
(Nlle-Hollande.)

---

(31) Langue vermiforme très-extensible — bec robuste droit anguleux. Ailes
courtes, pieds courts propres à grimper. Vivent d'insectes et de larves qu'ils
saisissent avec leur langue; grimpent le long du tronc des arbres. Je ne comprends pas comment on a pu vouloir joindre les *Bucco* à cette famille. Ils s'en
rapprochent il est vrai, par la forme du bec, mais la langue des Picidées est
toute différente et sans analogue parmi les Grimpeurs.

(32) Langue variable, simple chez les uns, barbelée chez les autres. — Bec
énorme celluleux, arqué, aussi gros et plus long que la tête. Pieds variables.
Vivent principalement de fruits. Ici commence la série des Grimpeurs frugivores qui comprennent trois sections, les *Grandirostres*, les *Oncirostres* et les
Gallirostres. Ces trois sections ont des caractères très-distincts et n'offrent pas
de passage insensible de l'une à l'autre. Si je n'avais eu égard qu'à la forme du
bec, j'aurais pu combler quelques-unes de ces lacunes en disloquant quelques
genres des *Bucconidæ*, *Crotophagidæ*, etc., pour les placer entre les *Picus* et
les *Scythrops*, mais j'ai cru qu'il était plus rationnel de diviser en grandes sections naturelles cet ordre des Grimpeurs, prétendûment indisciplinable, quitte
à laisser quelques hiatus entre ces sections.

FAM. 16.
BUCERIDÆ — G. Naciba, *Bucorvus* Less.
(Asie et Afrique tropi-   Calao, *Buceros* L.
cales.)

FAM. 17.
RAMPHASTIDÆ—G Toucan, *Ramphastos* L.
(Amérique tropicale.)   Araçari, *Pteroglossus* Illig.

SECTIO 5.   **FAM. 18.**
UNCIROSTRES **PSITTACIDÆ—G.** Ara, *Macrocercus* Vieill.
(33) (Prehensores.)   (Parties] chaudes des Perroquet, *Psittacus* L.
deux mondes.)   Cacatua, *Plyctolophus* Vieill.
Nestor, *Nestor* Wagl.
Pézopore, *Pezoporus* Illig.

SECTIO 6.   **FAM. 19.**
GALLIROSTRES **PHYTOTOMIDÆ**
(34).   **—G.** Phytotome, *Phytotoma* Mo-
(Ambulatores.)   (Chili.)   lina.

---

(33) Langue cornée, très-courte, simple.—Bec très-fort, très-crochu, muni
à la base d'une sorte de cire. Pieds propres à grimper et préhenseurs.—Vivent
principalement de fruits. Plusieurs zoologistes entr'autres Blainville et Bonaparte proposent d'en faire un ordre distinct qu'ils placent en tête des Oiseaux
le comparant aux Primates parmi les Mammifères. Mais il faudrait alors faire
également un ordre pour les *Picus* et les *Ramphastos* qui diffèrent autant des
Brévilingues et aussi des Tubulilingues que les *Psittacus* diffèrent des Grimpeurs en général. Par leur coloration, leur facies, leur nourriture et leur habitat c'est entre les Grandirostres et les Gallirostres qu'ils me semblent devoir
rester.

(34) Langue courte, cartilagineuse.—Bec court, fort convexe, un peu crochu
souvent dentelé. Ailes courtes, pieds assez longs, à doigts assez longs non préhenseurs ni Grimpeurs. Cette section comprend les Grimpeurs qui ressemblent
aux Gallinacés. Peut-être les *Colius* et les *Phytotoma* ne sont-ils ici qu'artifi-
ciellement placés, cependant ils y figurent mieux en tous cas que parmi les
Fringilla où on les avait relégués sans tenir compte de la réticulation de leurs
tarses. Si les *Mænura* ne sont pas des Alectorides c'est à la suite des *Opisthocomus* qu'il faudrait les classer.

FAM. **20.**

COLIIDÆ — **G.** Coliou, *Colius* L.
(Afrique et Asie tro-
picales.)

FAM. **21.**

MUSOPHAGIDÆ

G. Touraco, *Corythaix* Illig.
(Afrique et Asie tropi-
cales.)
Musophage , *Musophaga*
Isert.
Chizérhis, *Chizærhis* Wagl.

FAM. **22.**

OPISTHOCOMIDÆ **G.** Hoazin, *Opisthocomus* Hoffm.
(Amérique méridionale
tropicale.)

ORDO VI.

COLUMBÆ Lath. Tem. Bonap. (55).

(Passeres *L.* — Gallinæ *Cuv.* — Passerigallæ *Latr.*)

FAM.

COLUMBIDÆ-**G.** Colombar , *Vinago* Cuv.
(Des deux mondes.)
Colombe, *Columba* L.
Colombigalline , *Lophyrus*
Vieill.

---

(55) Cet ordre est généralement reconnu nécessaire dans le système; il unit les derniers *Insessores* aux Gallinacés qui commencent les *Grallatores*. La liaison qui existe entre les *Pici Gallirostres* des deux dernières familles, et les *Vinago*, les *Columba*, les *Lophyrus* avec les *Penelopidæ* rend satisfaisante cette partie de la méthode.

DIVISIO II.

GRALLATORES *Bonap.*

ORDO VII.

GALLINÆ *L.* et Auct.

SECTIO I.	FAM. 1.	
LONGICAUDÆ,	PENELOPIDÆ—G.	Parraqua, *Ortalida* Merr.
Blainv.	(Amérique tropicale.)	Marail, *Penelope* L.
(Ambulatores.)		

FAM. 2.
CRACIDÆ — G. Hocco, *Crax* L.
(Amérique tropicale.) Pauxi, *Ourax* Cuv.

FAM. 3.
MELEAGRIDÆ (36)—G. Dindon, *Meleagris* L.
(Amér. septentrionale.)

FAM. 4.
PHASIANIDÆ—G. Eperonnier, *Polyplectron*
(Asie.) Tem.
Paon, *Pavo* L.
Argus, *Argus* Tem.
Faisan, *Phasianus* L.
Lophophore, *Lophophorus*
Tem.
Coq, *Gallus* Briss.
Tragopan, *Tragopan* Cuv.

FAM. 5.
NUMIMIDÆ—G. Peintade, *Numida* L. (37).
(Afrique.)

---

(36) En isolant les *Meleagris* des *Phasianus* on obtient des limites géographiques pour ces deux familles dont la première se place à la suite des Cracidées qui sont aussi américaines.

(37) J'ai divisé en trois familles géographiques les Phasianidées des Anglais. Les *Numida* passent aux Gallinacés brévicaudes coureurs.

SECTIO. 2.
BREVICAUDÆ , Blainv.
(Cursores.)

FAM. 6.
PERDICIDÆ—G.
(Des deux mondes.)

Francolin, *Francolinus* Bris.
Perdrix , *Perdix* Lath.
Caille , *Coturnix* Briss.
Roulroul , *Cryptonyx* Tem.
Colin , *Ortyx* Steph.
Tocro , *Odontophorus* Vieill.
Gallotétras , *Tetraogallus* F. E. Gray.

FAM. 7.
TETRAONIDÆ—G.
(Nord des deux mondes.)

Tetras, *Tetrao* L.
Lagopède , *Lagopus* Briss.

FAM. 8.
PTEROCLIDÆ
(38)-G.
(Parties chaudes de l'ancien monde.)

Ganga , *Pterocles* Tem.
Syrrhapte , *Syrrhaptes* Illig.

FAM. 9.
TINAMIDÆ(39)-G.
(Parties chaudes des deux mondes.)

Turnix, *Turnix* Bonnaterre.
Eudromié , *Eudromia* d'Orbigny.
Tinamou , *Tinamus* Lath.
Nothera , *Nothera* Wagl.
Rynchote , *Rhynchotus* Spix.

---

(38) Cette famille étant organisée pour le vol s'écarte du reste des Gallinacés comme les Trochilus des Grimpeurs. Elle a par là quelques rapports avec les Pigeons et les Chionididées.

(39) Les Turnix tiennent à la fois des *Coturnix* et des Otididées ; les dernières Tinamidées passent aux Rallidées par leurs mœurs et leur facies. Toute cette famille a aussi la plus grande analogie avec les premiers genres des Echassiers.

ORDO VIII.

ALECTORIDES Tem. (40).

(Alectorides et Grallæ (pars) *T*. — Grallæ *L. Bonap.*)

Grallæ Macrodactylæ Cuv.

FAM. 1. **RALLIDÆ—G.** (Des deux mondes.)	Râle, *Rallus* L. Crex, *Crex* Bechst. Poule d'eau, *Gallinula* Briss. Foulque, *Fulica* L. Tribonyx, *Tribonyx* Dubus. Porphyrion, *Porphyrio* Briss.
FAM. 2. **MEGAPODIDÆ—G.** (41) (Océanie.)	Talégalle, *Talegalla* Less. Megapode, *Megapodius* Quoy. Ménure, *Mœnura* Shaw.
FAM. 3. **PARRIDÆ—G.** (Parties tropicales des deux mondes.)	Hydralector, *Hydralector* Wagl. Jacana, *Parra* L.

---

(40) Les Echassiers Macrodactyles de Cuvier me semblent en quelque sorte des Gallinacées aquatiques qui ne peuvent être éloignés des espèces terrestres et rompent entièrement l'homogénéité de l'ordre des Echassiers. J'ai donc adopté le groupe des Alectorides proposé par M. Temminck mais j'ai cru l'améliorer en n'y admettant que les genres à bec convexe et à doigts très-longs tandis que je rapporte aux Echassiers les *Glareola*, les *Psophia* et les *Cariama* qui les ont courts. J'y ai aussi ajouté les *Rallidæ* à l'exemple de Cuvier.

(41) La place des *Megapodius* semble être ici. Les *Mœnura* ont les pieds si semblables à ceux des *Megapodius* qu'il me paraît impossible de les en séparer et surtout de les placer près des *Turdus* parmi les Passereaux; si les *Mœnura* ne sont pas des Alectorides, c'est parmi les Grimpeurs (après les *Opisthocomus*) qu'il faudra les classer.

FAM. 4.
PALAMEDEIDÆ-G Kamichi, *Palamedea* L.
(42) Chaïa, *Chauna* Illig.
(Amérique méridion.)

ORDO IX.

STRUTHIONES Lath. (43).

(Cursores *Illig. Tem.* — Gallinæ *L.*)

Grallæ Brevipennes Cuv.

FAM. 1.
APTERYGIDÆ-G. Apteryx, *Apteryx* Shaw.
(Nouvelle Zélande.)

FAM. 2.
STRUTHIONIDÆ-G. Nandou, *Rhea* Briss.
(Parties chaudes des Emeu, *Dromæus* Vieill.
deux mondes.) Casoar, *Casuarius* Briss.
Autruche, *Struthio* L.

(42. Par la nature des plumes le genre *Chauna* est peut-être celui de tous les Alectorides qui se rapproche le plus des Struthiones. Les pieds des *Palamedeidæ* sont si différents de ceux des *Psophidæ* que je ne trouve que des rapports assez éloignés entre ces deux familles.

(43) A partir des Gallinacés les Oiseaux semblent former deux séries parallèles, les uns ont les doigts longs et le pouce bien développé, ils partent des *Phasianus*; ce sont les *Megapodius* et les autres Alectorides, les *Palamedea*; ils conduisent aux Echassiers marcheurs Cultrirostres de la famille des *Ardea*, et finissent dans celle des *Tantalidæ.* — L'autre série part des *Perdix*; ce sont les *Coturnix*, les *Turnix* et les *Tinamus* ou Gallinacés coureurs à pouce nul ou presque nul et à doigts courts. L'ordre des *Autruches* en est une dérivation qui passe aux Echassiers coureurs Pressirostres par les *Otis*, les *Cursorius*, les *Charadriadæ* pour finir dans les *Longirostres* ou *Scolopacidæ* qui passent aux *Tantalidæ* qui appartiennent à la première série. Un autre point de jonction existe par les *Psophidæ*, les *Gruidæ* et les *Ciconidæ*, familles qui tiennent à l'une des séries par leurs pieds et rappellent l'autre par leurs mœurs et la forme du bec, c'est ce qui rend impossible une classification satisfaisante de ces familles sur une seule ligne.

ORDO X.

GRALLÆ *L.* Cuv. Bonap.

§. 1.

Cursores (44).

SECTIO 1. PRESSIROSTRES (45) Cuv. (Gallinograllæ.)	FAM. 1. OTIDIDÆ (46)—G. (Ancien monde.)	Outarde, *Otis* L. Courrevite, *Cursorius* Lath.
	FAM. 2. GLAREOLIDÆ—G. (Ancien monde.)	Glaréole, *Glareola* Briss.
	FAM. 3. PSOPHIDÆ—G. (Amérique tropicale.)	Cariama, *Cariama* Briss. Agami, *Psophia* L.
	FAM. 4. GRUIDÆ (47)—G. (Des deux mondes.)	Antropoïde, *Antropoïdes* Vieill. Grue, *Grus* Pallas.
	FAM. 5. DROMADIDÆ--G. (48) (Mer rouge.)	Drome, *Dromas*, Paykull.

---

(44) Pieds à doigts courts, le pouce nul ou surmonté dans presque tous les genres. Ces oiseaux sont essentiellement coureurs.

(45) Bec plus court que la tête ou de sa longueur, plus ou moins convexe en dessus et fléchi à la pointe. Par leur tête ces oiseaux rappellent les Alectorides.

(46) La brièveté et la force des doigts de pieds indique les rapports très-grands, qui existent entre ces oiseaux et les *Struthionidæ*, ils se lient d'autre part aux *Charadriadæ*, mais les *Gruidæ* les *Psophidæ* et les *Dromadidæ* viennent interrompre forcément cette liaison.

(47) — Comme nous l'avons dit cette famille fait le passage des Pressirostres aux Cultrirostres, elle a les mœurs de ces derniers, mais ne peut guère être éloignée des Psophidées.

(48) Rappelle les *Recurvirostra* par sa stature et son plumage, mais le bec empêche l'en rapprocher.

FAM. 6.
CHARADRIADÆ
— G. Edicnême, *Ædicnemus* Tem.
(Des deux mondes) Pluvier, *Charadrius* L.
Squatarole, *Squatarola* Cuv.
Vanneau, *Vanellus* Briss.
Tournepierre, *Strepsilas* Illig.

FAM. 7.
CHIONIDIDÆ—G. Thinocore, *Thinocorus* Eschz.
(49) Attagis, *Attagis* J. Geoff.
(Terres antarctiques et Chili.) Chionis, *Chionis* Forster.

SECTIO 2.
LONGIROSTRES FAM. 8.
(50) Cuv. HÆMATOPIDÆ
(Limicolæ.) (51) —G. Huitrier, *Hæmatopus* L.
(Des deux mondes.)

FAM. 9.
RECURVIROS-
TRIDÆ (52) —G. Echasse, *Himantopus* Briss.
(Des deux mondes). Cladorhynque, *Cladorhyn-chus* Gray.
Avocette, *Recurvirostra* L.

---

(49) Lesson fait de cette famille des Gallinacés aquatiques. D'autre part M. de Blainville dit que les *Chionis* ont dans leur Ostéologie les plus grands rapports avec les *Hæmatopus*. D'après les formes extérieures on est assez embarrassé de se prononcer car si les *Attagis* ressemblent beaucoup aux *Pterocles* il n'en est pas de même des *Chionis* qui réellement ne ressemblent à aucun autre genre et quant aux *Thinocorus*, je leur trouve une certaine analogie avec les *Strepsilas*. Ici encore il faut attendre des renseignements précis sur les mœurs et sur l'anatomie.

(50) Bec en général très-faible et beaucoup plus long que la tête, droit ou courbé soit en haut soit en bas à pointe peu ou point fléchie.

(51) Ce genre est le seul qui ait le bec fort parmi les Longirostres. Il a quelque rapport avec les *Strepsilas*. C'est un Pressirostre à bec long.

(52) Ce n'est que très-artificiellement qu'on avait rapproché les *Recurvirostra* des *Phœnicopterus* et les *Platalœa*. La découverte du genre *Cladorhynchus* par M. B. Dubus a prouvé qu'on ne peut les séparer des *Himantopus*.

FAM. 10.
PHALAROPIDÆ-G. Lobipède, *Lobipes* Cuv.
(53)
(Nord des deux mon-
des.)
Holopode, *Holopodius*
Bonap.
Phalarope, *Phalaropus* Briss.

FAM. 11.
SCOLOPACIDÆ-G. Eurynorhynque, *Euryno-*
(Des deux mondes.)
rhynchus Nils. (54).
Sanderling, *Calidris* Illig.
Bécasseau, *Tringa* L.
Combattant, *Machetes* Cuv.
Chevalier, *Totanus* Bechst.
Barge, *Limosa* Briss.
Bécassine, *Gallinago* Bris-
son.
Bécasse, *Scolopax* L.
Rhynchée, *Rhynchœa* Cuv.
Caural, *Eurypyga* (55) Illig.
Courlis, *Numenius* Lath.
Ibidorhynque, *Ibidorhyn-*
cha (56) Gould.

---

(53) L'ordre des Pinnatipèdes fondé sur les genres *Fulica*, *Phalaropus*, *He-liornis* et *Podiceps* n'offrait qu'un assemblage hétérogène de genres apparte-nant d'une manière évidente à des familles très-éloignées les unes des autres. De même que dans presque tous les ordres il y a des oiseaux à ailes très-longues, organisés pour un vol soutenu et presque continuel, de même il y a dans les Alectorides, les Échassiers et les Palmipèdes, quelques oiseaux à doigts lobés organisés pour la natation. Les *Phalaropidœ* se rapprochent un peu des *Recurvirostra* par leur plumage serré, leur bec et leurs pieds, mais tiennent de plus près aux *Scolopacidœ* par leur stature, l'ensemble de leur organisation et leur changement de plumage.

(54) Ce genre remarquable me semble bien placé ici comme lien entre les *Phalaropes* à bec applati et les *Tringa*.

(55) — Genre difficile à classer. Il a le plumage et le facies des *Rhynchœa*, mais le pouce des *Ardea*.

(56) Ce genre d'après son facies et sa coloration pourrait bien être placé entre les *Hœmatopus* et les *Himantopus* plutôt que près des *Numenius* et des *Ibis*.

§ 2.

AMBULATORES (57).

SECTIO 3.
CULTRIROSTRES Cuv. (58).

FAM. 1.
TANTALIDÆ – G. Ibis, *Ibis* Briss.
(Des deux mondes.) Tantale, *Tantalus* L.

FAM. 2.
CICONIDÆ — G. Jabiru, *Mycteria* L.
(59). Cigogne, *Ciconia* Briss.
(Des deux mondes.) Bec-ouvert, *Hians* La-
cep. (60).

FAM. 3.
ARDEIDÆ — G. Héron, *Ardea* L.
(Des deux mondes.) Bihoreau, *Nycticorax* Tem.
Courlan, *Aramus* Vieill.
Ombrette, *Scopus* L.

SECTIO 4.
LATIROSTRES (61).
(Cultrirostres (*pars*) Cuv.)

FAM. 1.
CANCROMIDÆ-G. Savacou, *Cancroma* L.

FAM. 2.
PLATALÆIDÆ—G. Spatule, *Platalœa* L.

---

(57) Pieds à pouce bien développé peu surmonté dans la plupart des genres. Ces oiseaux marchent avec gravité; courent peu.

(58) Bec en général très-fort, coupant, plus long que la tête.

Les Ibis forment le passage naturel des Longirostres aux Cultrirostres.

(59) Les *Ciconia* ont les habitudes et la forme de bec de cette section au plus haut degré, mais s'en éloignent par leur pouce petit un peu surmonté.

(60) Genre remarquable par les lamelles qui garnissent la partie entr'ouverte du bec, peut-être faudrait-il en faire une famille distincte et la placer entre les *Platalœa* et les *Phœnicopterus*, ces derniers ayant également le bec garni de lamelles.

(61) Bec assez fort, extrêmement large et aplati, plus long que la tête.

Les *Cancroma* diffèrent notablement des *Platalœa* et se rapprochent des Cultrirostres.

§ 3.

HYGROBATES (62).

SECTIO 5. PYXIDIROSTRES (63) Latr.	FAM. PHŒNICOPTE- RIDÆ — G. (Régions chaudes des deux mondes)	Flammant, *Phœnicopterus*. L.

ORDO XI.

ANSERES *L.*

(Palmipèdes *Lath*. — Natatores *Illig.*)

SECTIO 1. LAMELLIROSTRES (64) Cuv. (Natatores.)	FAMILIA. ANATIDÆ —G. (Des deux mondes)	Cygne, *Cygnus* Briss. Oie, *Anser* Briss. Céréopse, *Cereopsis* Lath. Canard, *Anas* L. Souchet, *Rhynchaspis* Leach. Microptère, *Micropterus* Less. Morillon, *Fuligula* Bonap. Harle, *Mergus* L.

---

(62) Pieds très-longs à pouce très-petit, les doigts antérieurs entièrement palmés.

(63) Bec fort, court, épais, comme brisé au milieu, garni de lamelles dentelées. Ces oiseaux ne sont point nageurs, mais en examinant leur bec et leur langue il semble impossible de ne pas reconnaître qu'ils se rapprochent beaucoup des Palmipèdes Lamellirostres et notamment des Cygnes. Leurs pieds très-longs en font cependant de vrais Échassiers, mais ces pieds sont palmés et d'une manière bien plus complète que ceux des *Recurvirostra* et des *Dromas* où les membranes sont plus ou moins fendues.

(64) Les Échassiers finissant par les *Phœnicopterus*, il était nécessaire de commencer les Palmipèdes par les Lamellirostres. Cette manière de voir reçoit une nouvelle sanction de la considération des trois autres sections naturelles que renferment les Palmipèdes : en effet, on ne pouvait placer à la suite des

SECTIO 2   FAM. 1.
TOTIPALMÆ Cuv. PELECANIDÆ—G. Cormoran, *Phalacrocorax*
(Insessores.)   (Des deux mondes.)   Briss.
                                             Pélican, *Pelecanus* L.
                                             Fou, *Sula* Briss.
                                             Frégate, *Fregata* Lacep

               FAM. 2.
          PLOTIDÆ —G.   Anhinga, *Plotus* L.
          (Parties tropicales des
             deux mondes.)

               FAM. 3.
    HELIORNIDÆ--G. Héliorne, *Heliornis* Vieill.
    (Parties tropicales des   (65).
       deux mondes.)
                      Grébifoulque, *Podoa* Illig.

               FAM. 4.
    PHAETONTIDÆ--G. Paille-en-queue, *Phaeton* L.
    (Parties tropicales des   (66).
       deux mondes.)

Lamellirostres les Longipennes — restaient les Totipalmes et les Brevipennes. Ces derniers, doivent terminer la classe des oiseaux comme étant les plus aquatiques et les plus mal organisés pour la marche et le vol, et aucun genre de cette section ne se rapproche des *Anatidæ*. Les Totipalmes au contraire figurent très-convenablement ici. Le bec de la plupart a un onglet comme celui des Lamellirostres, et s'ils sont moins nageurs qu'eux, ils le sont plus que les Longipennes auxquels ils se lient par la grandeur et la force de leurs ailes et par leurs habitudes. Les Longipennes d'ailleurs finissent par le genre *Pelecanoides* (*Puffinuria* Carnot), qui indique d'une manière frappante le passage des Longipennes aux Brevipennes ou Plongeurs, dont il a toutes les habitudes et une partie de l'organisation avec le bec des *Procellaria*.

(65) C'est peut-être le genre le plus aberrant des Palmipèdes. Ses pieds res semblent singulièrement à ceux d'une *Fulica* par leurs festons membraneux, leurs ongles, et la longueur du pouce. Cependant ce genre étant très-voisin du G. *Podoa*, quoique ce dernier ait des pieds de Grèbe à pouce court, on ne peut l'en séparer, et l'ensemble de l'organisation du *Podoa*, son bec, sa queue, ses ailes sont ceux d'un *Plotus*. Il est à remarquer aussi que les *Plotus* ont le pouce assez long. Il en résulte que cette famille quoique disparate au premier abord sous le rapport des membranes des pieds doit rester ici. Les *Podoa* sont le passage des *Plotidæ* aux *Podiceps*.

(66) Ces oiseaux grands voiliers sont sur la limite des Totipalmes et des Longipennes. Ils participent des mœurs et de l'organisation de ces deux sections

SECTIO 3.	FAM. 1.	
LONGIPENNES Cuv. (Volitores)	LARIDÆ—G. (Des deux mondes.)	Pélécanopode, *Pelecanopus* Wagler. Noddi, *Megalopterus*, Boie. Hirondelle de mer, *Sterna* L. Bec-en-ciseau, *Rhynchops* L. (67). Mouette, *Larus* L. Stercoraire, *Stercorarius* Briss.
	FAM. 2. PROCELLA—G. RIDÆ. (Des deux mondes)	Albatros, *Diomedea* L. Pétrel, *Procellaria* L. Puffin, *Puffinus* Briss. Thalassidrome, *Thalassidroma* Leach. Prion, *Prion* Lacep. (68). Pelecanoide, *Pelecanoides* Lacep. (69).
SECTIO 4. BREVIPENNES. (Urinatores.) Plongeurs *Cuv.*	FAM. 1. ALCIDÆ (70)—G. (Terres arctiques des deux mondes.)	Starique, *Phaleris* Tem. Cératorhynque, *Ceratorhyncha* Bonap.

---

(67) Ce genre a quelque chose qui rappelle les *Hæmatopus.*

(68) Groupe très-remarquable par son bec lamellé qui lui donne quelqu'analogie avec les Lamellirostres.

(69) C'est une vraie Procellaridée par son bec, mais organisée pour plonger. Si ce genre qui se lie aux Brévipennes, n'était pas connu, on n'aurait jamais pensé à placer les Brévipennes à la suite des Longipennes et la véritable série des Palmipèdes n'eût pas été trouvée.

(70) Je commence les Brévipennes par les *Alcidæ* parce que c'est dans cette famille que se trouvent les genres qui se lient au dernier des Longipennes, et que les pieds des *Alcidæ*, qui se rapprochent de ceux des *Procellaria* par la nullité du pouce, sont très-différents de ceux des *Aptenodytes*, près desquels on les a classés jusqu'ici en se guidant d'après la nullité des ailes d'une seule espèce (*l'Alca Impennis*), caractère trompeur qui forcerait si on l'acceptait dans un sens absolu à rapprocher plusieurs genres ou espèces de familles et même d'ordres tous différents, comme les Inertes,—les Struthiones, — l'Anas Brachypterus.)

Macareux, *Fratercula* Briss.
Pingouin, *Alca* L.
Guillemot, *Uria* Briss.

FAM. 2.
COLYMBIDÆ—G. Plongeon, *Colymbus* L.
(71)
(Terres arctiques des
deux mondes.)

FAM. 3.
PODICIPIDÆ—G. Grèbe, *Podiceps* Lath.
(72)
(Des deux mondes.)

FAM. 4.
SPHENISCIDÆ—G. Manchot, *Aptenodytes* Forst.
(73) Gorfou, *Catarractes* Briss.
(Terres antarctiques Sphénisque, *Spheniscus*
des deux mondes.) Briss.

---

(71) Les *Colymbidæ* font suite aux *Uria*, mais leurs pieds prennent déjà
une tendance différente, par l'existence d'un pouce *bien développé*, mais presque dirigé en avant, ce qui se voit également dans les deux familles suivantes :
(*Podiceps* et *Spheniscus*). Les Colymbidæ ne peuvent nullement se tenir en
équilibre sur leurs jambes, et sont sous ce rapport bien plus imparfaites que
les *Alcidæ*; ce sont véritablement les derniers des Palmipèdes à pieds normaux.

(72) Cette famille est voisine des *Colymbus*, mais différente par ses pieds
lobés et des ongles qui ne se voyent chez aucun autre oiseau; les plumes sont
bien plus modifiées que dans les précédents et la queue est nulle. Ce sont certainement les derniers des Palmipèdes, ceux qui s'écartent le plus du type normal
dans les contrées où il n'existe pas de *Spheniscidæ*, c'est pourquoi je les ai
placés ici, et cette place se justifie encore parce qu'ils ont dans leur coloration
et la nature de leurs plumes soyeuses, quelque chose qui se rapproche beaucoup
des *Aptenodytes*. Leur habitat est aussi intermédiaire entre celui des Brevipennes des mers arctiques et ceux des mers antarctiques.

(73) Ici les ailes n'ont pas des pennes plus ou moins courtes et impropres au
vol comme celles des *Alca*; elles n'en ont pas du tout et ressemblent à
des nageoires. Le pouce est bien développé comme chez les Podiceps, et tourné
en avant. Les pieds courts, très robustes, ne ressemblent guère à ceux des
Alca. (Voyez les notes 70-71-72.)

RÉSUMÉ

DIVISIO 1. INSESSORES.

ORDO 1. Inertes.

Fam. Dididæ.

ORDO 2. Accipitres.

DIURNI. Fam. Vulturidæ — Serpentaridæ — Falconidæ.
NOCTURNI. Fam. Strigidæ.

ORDO 3. Chelidones.

Fam. Caprimulgidæ — Hirundinidæ.

ORDO 4. Passeres.

DEPRESSIROSTRES. Fam. Bombyciphoridæ — Muscicapidæ.
COMPRESSIROSTRES. Fam. Edolidæ — Laniadæ — Euryceridæ — Corvidæ
— Sturnidæ.
CONIROSTRES. Fam. Fringillidæ — Artamidæ — Tanagridæ — Alaudidæ.
SUBULIROSTRES. Fam. Turdidæ — Paridæ.
TENUIROSTRES. Fam. Sittidæ — Certhiadæ — Tichodromidæ — Epimachidæ.
— Paradisæidæ — Meliphagidæ — Cynniridæ.

ORDO 5. Pici.

A. Melivori. TUBULILINGUES. Fam. Trochilidæ.
B. Insectivori. BREVILINGUES. Fam. Galbulidæ — Trogonidæ — Coraciadidæ
— Momotidæ — Meropidæ — Upupidæ — Todidæ — Alcedinidæ
— Capitonidæ — Cuculidæ — Crotophagidæ — Bucconidæ. [ ]
SAGITTILINGUES. — Fam. Picidæ.
C. Frugivori. GRANDIROSTRES. Fam. Scythropidæ — Buceridæ — Ram-
phastidæ.
UNCIROSTRES. Fam. Psittacidæ.
GALLIROSTRES. Fam. Phytotomidæ — Colidæ — Musopha-
gidæ — Opisthocomidæ.

ORDO 6. Columbæ.

Fam. Columbidæ.

---

d. INCERTÆ SEDIS. Fam. Ampelidæ — Pipridæ — Eurylaimidæ.

DIVISIO 2. GRALLATORES.

ORDO 7. GALLINÆ.

Fam. Penelopidæ — Cracidæ — Meleagridæ — Phasianidæ — Numididæ —Perdicidæ — Tetraonidæ — Pteroclidæ — Tinamidæ.

ORDO 8. ALECTORIDES.

Fam. Rallidæ — Megapodidæ — Parridæ — Palamedeidæ.

ORDO 9. STRUTHIONES.

Fam. Apterygidæ — Struthionidæ

ORDO 10. GRALLÆ.

A. Cursores PRESSIROSTRES Fam. Otididæ — Glareolidæ — Psophidæ — Gruidæ — Dromadidæ — Charadriadæ — Chionididæ. LONGIROSTRES. Fam. Hæmatopidæ — Recurvirostridæ — Phalaropidæ — Scolopacidæ.

B. Ambulatores CULTRIROSTRES. Fam. Tantalidæ — Ciconidæ — Ardeidæ LATIROSTRES. Fam. Cancromidæ — Platalæidæ.

C. Hygrobates PYXIDIROSTRES. Fam. Phœnicopteridæ.

ORDO 11. ANSERES.

LAMELLIROSTRES. Fam. Anatidæ.
TOTIPALMÆ. Fam. Pelecanidæ — Plotidæ — Heliornidæ — Phaetontidæ
LONGIPENNES. Fam. Laridæ — Procellaridæ.
BREVIPENNES. Fam. Alcidæ — Colymbidæ — Podicipidæ — Spheniscidæ.

95 Familles.

RÉSUMÉ

DE LA CLASSIFICATION DES REPTILES

du Pr. Ch. Bonaparte.

SUBCLASSIS 1. MONOPNOA.

SECTIO 1. Rhizodonta (*Loricata*).

ORDO 1. ORNITHOSAURII.

Fam. Pterodactylidæ.

ORDO II. EMIDOSAURII.

Fam. Crocodilidæ (*Crocodilina—Teleosaurina*).

ORDO III. ENALIOSAURII.

Fam. Plesiosauridæ — Ichthyosauridæ.

SECTIO 2. Testudinata.

ORDO IV. CHELONII.

Fam. Cheloniidæ (*Chelonidina — Sphargidina.*)
— Trionycidæ — Testudinidæ (*Chelidina — Hydraspidina — Emydina— Testudinina.*)

SECTIO 3. Reptilia (*Squamata*)

ORDO V. SAURII.

Fam. Gekkonidæ (*Platydactylina — Gymnodactylina*) Stellionidæ (*Agamina Stellionina.*)
— Iguanidæ (*Iguanina — Draconina*) — Chamæleontidæ.
— Varanidæ — Helodermatidæ — Ameividæ (*Crocodilurina — Ameivina.*)
— Lacertidæ (*Tachydromina — Lacertina — Psammodromina*)
— Ophiosauridæ (*Chamæsaurina — Ophiosaurina*) — Anguidæ (*Gymnophthalmina — Scincina — Anguina — Typhlinina*) — Typhlopidæ.

ORDO VI. Ophidii.

Fam. — Erycidæ *(Erycina — Calamarina)* — Boidæ *(Boina — Pythonina*
— Ochrochordidæ — Colubridæ *(Colubrina — Dipsadina — Dendrophilina*
— *Natricina.)*
— Hydridæ — Najidæ *(Bungarina — Najina*
— Viperidæ *(Crotalina — Viperina).*

ORDO VII. Saurophidii.

Fam. — Chirotidæ — Amphisbænidæ *(Amphisbænina — Trogonophina*

SUBCLASSIS 2. Dipnoa.

SECTIO 4. Batrachia (*Nuda.*)

ORDO VIII. Batracophidii.

Fam. Cæcilidæ.

ORDO IX. Batrachii (Ranæ *Bonap.*)

Fam. Ranidæ *(Pipina — Ranina — Hyladina — Bufonina* — Salamandrida
(Pleurodelina — Salamandrina — Andriadina.)

ORDO X. Ichthyoidei.

Fam. Amphiumidæ *(Protonopsidina - Amphiumina* Sirenidæ *Hypochtho-
nina — Sirenina)*

Total 52 familles.

RÉSUMÉ

DE LA CLASSIFICATION DES POISSONS

du Prince Ch. Bonaparte.

———◆◆◆———

SUBCLASSIS 1. Elasmobranchii.

SECTIO 1. Plagiostomi.

ORDO 1. Selachia.

Fam. Rajidæ (*Cephalopterini — Myliobatini — Anacanthini — Trygonini — Rajini — Torpedinini — Rhinobatini — Pristidini.*)
— Squalidæ (*Squatinini — Spinacini — Scymnini — Notidanini — Triglochidini — Lamnini — Alopiadini — Squalini — Mustelini — Cestraciontini — Triænodontini — Scyllini.*)

ORDO II. Holocephala.

Fam. Chimeridæ.

SUBCLASSIS 2. Lophobranchii.

SECTIO 2. Syngnathi.

ORDO III. Osteodermi.

Fam. Syngnathidæ (*Pegasini — Syngnathini.*)

SUBCLASSIS 3. Pomatobranchii.

SECTIO 3. Plectognathi.

ORDO IV. Sclerodermi.

Fam. Balistidæ (*Balistidini — Ostraciontini.*)

ORDO V. Gymnodontes

Fam. Tetraodontidæ (*Tetraodontini — Diodontini.*)
— Orthagoriscidæ.

SECTIO 4. Micrognathi.

ORDO VI. Sturiones.

Fam. Polyodontidæ —Acipenseridæ.

SECTIO 5. Teleostomi.

ORDO VII. Ganoidei.

Fam. Loricaridæ *(Loricarini — Callichthini.)*
— Siluridæ *(Pimelodini — Silurini)* — Lepidosteidæ *(Lepidosteini — Po lypterini)* Tetragonuridæ — Macrouridæ.

ORDO VIII. Ctenoidei.

Fam. Pleuronectidæ *(Soleini — Pleuronectini)* — Chætodontidæ *(Pimelopterini Chætodontini)* — Anabantidæ—Fistularidæ *(Caproidini— Centriscini —Fistularini.)*—Mænidæ *(Mænini—Cæsionini)*—Sparidæ *(Obladini— Cantharini — Lethrinini — Denticini — Sparini)* — Chromididæ — *(Chromidini — Cychlini)* — Sciænidæ *(Pomacentrini — Sciænini)* — Triglidæ *(Cottini— Scorpænini — Triglini)* —Mugilidæ —Mullidæ — Percidæ *(Polynemini — Holocentrini — Percini)* — Gobidæ.

ORDO IX. Cycloidei.

Fam. Cyclopteridæ — Blennidæ —Callionymidæ—Lophiidæ *(Lophini —Batra chini)* — Gadidæ *(Ranicepini — Gadini —Lotini)* —Cyprinidæ *(Ana bleptini— Cyprinini — Leuciscini)* — Pœcilidæ. — Labridæ *(Labrini — Scarini)*—Trachinidæ *(Trachinini—Uranoscopini)*—Atherinidæ. — —Ophiocephalidæ—Amidæ — Clupeidæ *(Erythrichthini — Clupeini)* Salmonidæ *(Scopelini — Salmonini —Aulopodini — Miletidini — Hy drocyonini)*—Esocidæ—*(Esocini—Belonini—Exocetini)* — Sphyrænidæ — Teuthydidæ — Echeneididæ— Mormyridæ — Gasterosteidæ —Scom bridæ *(Centronotini—Scombrini—Trichiurini—Carangini—Bramini — Vomerini — Zeini — Coryphænini — Stromateini)* — Xiphiadidæ Cepolidæ —OphidIdæ *(Ophidini — Ammodytini)*— Lepidosirenidæ — Murenidæ *(Murænini—Gymnotini—Apterichtini—Symbranchini.)*

SUBCLASSIS 4. Marsipobranchii.

SECTIO 6. Cyclostomi.

ORDO X. Helminthoidei.

Fam. Petromyzonidæ *(Petromyzonini — Gastrobranchini.)*

Total 54 familles.

EXPLICATION DES PLANCHES.

PLANCHE 1. *(Grandeur naturelle.)*

Oreille et pied postérieur de toutes les espèces de Chauve-souris de Belgique, dessinées sur le vivant.

Fig. 1. Chauv. Dasycnème.
    2.   —   de Daubenton.
    3.   —   Moustac.
    4.   —   Échancrée (l'oreille non dépliée).
    5.   —   de Natterer.
    6.   —   Murin.
    7.   —   de Bechstein.
    8.   —   Oreillard.
    9.   —   Barbastelle,
  10.   —   Sérotine.
  11.   —   Pipistrelle.
  12.   —   Noctule,

Au moyen de ces deux caractères réunis, on peut déterminer toutes nos Chauve-souris. Peut-être pourra-t-on adopter les genres *Chauve souris—Oreillard—Barbastelle—Minioptère* (Vesp. Schreibersii *Kuhl.*) *Pipistrelle*, proposés par MM. Keyzerling et Blasius, mais si l'on trouve ces coupes trop peu circonscrites et que l'on parte de cela pour proposer encore d'autres genres, alors je trouverai préférable de conserver le G. *Vespertilio*, tel qu'il est adopté par M. Temminck.

PLANCHE 2. *(Grandeur naturelle).*

Fig 1. Rhinolophe fer à cheval. } tête et pied,
    2.   —   hippocrèpe. }

3. Musaraigne Pygmée.
4. — Carrelet (tête vue en dessus).
5. Campagnol des champs.

J'ai figuré nos deux Rhinolophes pour compléter les figures diag
nostiques de nos Cheiroptères , ces deux espèces diffèrent surtout par
la taille et les feuilles en fer de lance du nez.

J'ai représenté la Musaraigne Pygmée, d'après un individu frais
parceque les figures de cet animal rare , sont en général très-mauvai-
ses. La tête de la Musaraigne Carrelet placée ici pour la comparaison ,
offre de grandes différences dans les proportions du museau et des yeux.
Enfin j'ai cru devoir donner une figure exacte du Campagnol des champs,
parceque celle que j'ai donnée dans l'*Essai* monographique sur les Campagnols des environs de Liége , a été totalement manquée par le des-
sinateur et par le coloriste. Celle-ci a été reproduite aussi pour être
comparée à l'espèce voisine (le Campagnol agreste) , confondue jusqu'ici
avec le C. des champs et figurée pl. 3. Je ne puis d'ailleurs citer
aucune figure exacte du C. des champs.

PLANCHE 3. *(Grandeur naturelle).*

Le Campagnol agreste.
Cet animal ainsi que tous les autres représentés ici , (excepté le
Bruant à sourcils jaunes) , a été dessiné frais avant l'empaillage.

PLANCHE 4. *(Grandeur naturelle).*

Fig. 1. Bruant à sourcils jaunes, dessiné d'après nature sur l'exemplaire du Muséum de Lille.
2. Beccroisé à deux bandes. } tête vue de profil et en dessus,
3. — Leucoptère. }

Je ne connais pas de figure de l'*Emberiza Chrysophris* , j'ai cru utile
de l'éditer bien que l'exemplaire du Muséum de Lille , ne soit pas en
bon état de conservation.

N. B. que la planche a été tirée un peu trop obscure vers les ailes.

La tête du Beccroisé Bifascié d'Europe , et celle du Beccroisé Leucoptère d'Amérique , sert à rendre sensible les différences de proportion dans le bec de ces deux espèces voisines.

PLANCHE 5. *(Grandeur naturelle).*

Fig. 1. Triton Palmipède mâle.
    2.   —   id. femelle.
    3. Triton Ponctué mâle.   adultes au moment des amours.
    4.   —   id. femelle.
    5. Meunier Hachette.

Ces Tritons ont été recueillis par moi-même en grand nombre, à la même époque et dans les mêmes eaux. J'ai représenté ces deux espèces parce que quelques personnes les ont confondues, soit en prenant pour le Palmipède des variétés en noces du Ponctué, soit en appelant *Vittatus*, ce même Ponctué dans son état parfait de noces.

Le Ponctué n'a jamais les pieds entièrement palmés comme le mâle du Palmipède, ni la queue nettement terminée par un fil. La taille de ces deux espèces est aussi très-différente.

Il n'existe aucune représentation du Meunier Hachette, j'ai fait figurer un exemplaire que j'ai reçu de M. Holandre lui-même.

PLANCHE 6. *(Grandeur naturelle.*)

Fig. 1. — Meunier de Sélys.   (Avec la tête vue en dessus et la coupe du corps.)

    2.   —   Jesse.   (Tête de profil et en dessus et coupe du corps.)

Ces deux espèces telles qu'elles sont figurées ici d'après nature sont bien différentes quant à la proportion de l'œil et de la tête et cependant malgré l'opinion de M. Heckel sur leur diversité, je soupçonne toujours que le *L. Selysii* n'est qu'un état différent de la Jesse ; peut être ce Poisson au moment du frai, car j'ai trouvé dans les étangs à Longchamps sur Geer beaucoup d'individus que je ne sais à laquelle de ces deux espèces rapporter. Tous deux ont la même formule et les yeux jaunes. (Voyez plus bas.)

PLANCHE 7. *(Grandeur naturelle.*)

Fig. 1. Meunier Rutiloïde (avec la tête vue en dessus et la coupe du corps.)

    2.   —   Rosse (tête de profil et en dessus et coupe du corps.)

Le *Rutilus* (fig. 2) si commun aux environs de Bruxelles est décidément différent de la Jesse quoiqu'extrêmement voisin. Il est remarquable par ses yeux d'un rouge aurore vif.

Le *Rutiloïdes* dont je n'ai recueilli que le seul individu représenté ici, ressemble à la Jesse par ses formules et sa couleur, mais les nageoires sont encore moins rouges et d'autre part il a le corps plus élevé que le *Rutilus* et qu'aucune autre espèce de cette section. En résumé peut-être n'existe-t-il que deux espèces le *Jeses* et le *Rutilus* dont le *Selysii* et le *Rutiloïdes* seraient des variétés.

PLANCHE 8. (1/2 *grandeur.*)

Brême de Heckel. (Un individu de la Meuse à 10 rangées supérieures d'écailles , avec la coupe du corps.)
Nouvelle espèce non encore figurée.

PLANCHE 9. (1/2 *grandeur.*)

Cyprin strié , du Geer (avec la coupe du corps).
Espèce non encore figurée décrite par M. Holandre.

NOTE

SUR LE TABLEAU DES SÉRIES NATURELLES DES MAMMIFÈRES.

Dans l'hypothèse où les Edentés se relieraient réellement à la série des Ongulés et aux Herbivores en général (*colorés en vert*) on pourrait améliorer mon tableau , en plaçant le genre *Megatherium* à la partie inférieure des Tardigrades à l'extrémité du prolongement *vert* des Ongulés et en rejettant au dessous de cette intersection les Edentés ordinaires (*Dasypus — Orycteropus — Myrmecophaga — Manis*) — C'est ce que j'ai cherché à exprimer dans le second tableau des séries. Seulement il a été nécessaire d'ajouter l'ordre des Tardigrades (*Bruta* L.) séparé de celui des Edentés (*Edentata*).

Le reste du tableau n'éprouve pas de changement, les séries Carnivores restant en rouge , les Insectivores en laque , les Frugivores en violet , les Granivores en jaune et les Pisciformes et Anatiformes en bleu.

ABREVIATIONS.

Nota. Je n'ai cité avec détail que les ouvrages où se trouvent le plus grand nombre de documents ayant rapport à notre travail.

AG. et AGASS. — Agassiz. Mémoires sur les Poissons dans ceux de la soc. d'hist. nat. de Neufchâtel.

BAILL. — Baillon. Catalogue des animaux vertébrés de l'arrondissement d'Abbeville, (Soc. d'Émulation d'Abbeville).

BECHST. — Bechstein. Oiseaux et Quadrupèdes de l'Allemagne. (en allemand.)

BONNAT. — L'abbé Bonnaterre. Encyclopédie méthodique (*Cétacés*)

BOIE. — Ses travaux sur la classification des oiseaux.

BLAINV. — De Blainville. Ses différents mémoires.

BL. et BLOCH. — Bloch. Histoire naturelle des Poissons.

BONAP. — Charles Lucien Bonaparte, Prince de Canino — *Iconografia, della Fauna Italica* — *A comparative list of birds of Europe, and north America.*

BRANDT. — Brandt. Ses travaux sur les Oiseaux.

BREHM. — Ses différents ouvrages Ornithologiques. (en Allemand)

BRISS. — Règne animal (Mammifères) — Ornithologie.

BRONGN. — Essai d'une classification des Reptiles.

BRUNN. — *Ornithologia Borealis.*

BUFF. — Buffon. Edit. de Sonnini (Mammifères et Oiseaux.)

CUV. — Georges Cuvier. Règne Animal 2e édit. — Tableau Elém. des animaux. — Recherches sur les ossements fossiles. — Histoire nat. des Poissons avec M. Valenciennes.

FR. CUV. — Frédéric Cuvier. Histoire naturelle des Mammifères avec figures. — Cétacés (dans les suites à Buffon.)

DAUD. — Daudin. Reptiles — Ornithologie.

DEGL. — Le Dr Degland. Catalogue des oiseaux d'Europe, (Société des sciences de Lille.)

DEHNE. — Dr Dehne. Note sur le genre *Micromys* (En Allemand)

DESM. — Desmarest. Encyclopédie (Mammifères.)

DUVERN.   — Professeur Duvernoy. Classification des Mammifères publiée par M. Lereboullet.
ERXL.   — Erxleben. *Syst. Regni Animalis* (Mammifères.)
FABER.   — Faber. Prodrome des oiseaux d'Islande.
FABR.   — Otho Fabricius. *Fauna Groenlandica*, (Mammifères et Oiseaux.)
FISCH.   — J.-B. Fischer. *Synopsis Mammalium*.
FITZ.   — Fitzinger. Mémoires sur les Reptiles.
FORST.   — J. R. Forster, travaux Ornithologiques.
FLÉM.   — Dr Fleming, travaux Ornithologiques.
GEOFF.   — Geoffroy St-Hilaire père.   } Mémoires dans les annales
IS. GEOFF.   — Isidore Geoffroy St-Hilaire.   } du Muséum.
GM. et GMEL.   — J. Fr. Gmelin, 13e édition du *Systema Naturæ* de Linné.
GOULD.   — *Birds of Europe*. Notices Ornithologiques etc.
GRAY.   — George Robert Gray. *List of the Genera of Birds*.
J. E. GRAY.   — John Edward Gray. Travaux sur les Vertébrés.
HECK.   — Heckel. Mémoires sur les Cyprins. (en allemand).
HERM.   — Hermann. *Observationes Zoologicæ*.
HOL.   — J. Holandre. Faune de la Moselle.
HORSF.   — Dr Horsfield. Travaux Ornithologiques.
ILLIG.   — Illiger. *Prodromus Mammalium* et *Avium*.
JEN.   — Jenyns. Manuel des Vertébrés d'Angleterre et mémoires dans les *Annals of natural history*. (En Anglais.)
KEYZ et BLAS. — Cte Keyzerling et Professeur Blasius. *Die Wirbelthiere Europa's* (Vertébrés d'Europe.)
KUHL.   — Kuhl. Chauvesouris d'Allemagne (En Allemand.)
LACEP.   — Lacépède. Histoire des Cétacés et des Poissons.
LAUR.   — Laurenti *Synopsis Reptilium* etc.
LATH.   — Latham. *Synopsis of Birds* — *Index Ornithologicus*.
LEISL.   — Leisler—Supplément aux Oiseaux d'Allemagne de Beichstein
LESS.   — R. P. Lesson. Manuel de Mammalogie — Id. d'Ornithologie — Traité d'Ornithologie.
LEACH.   — Leach. — Ses divers travaux sur les Oiseaux.
LICHT.   — Lichteinstein — Ses travaux sur les Oiseaux.
L. et LINN.   — Linné. *Fauna succica* — *Systema Naturæ* Ed. 12. etc.
MERR.   — Merrem. Travaux sur les Reptiles.
MEY.   — Meyer et Wolff. Oiseaux d'Allemagne.
MULL.   — Otho Frid. Müller. *Prodromus Zoologiæ Danicæ*.
PENN.   — Pennant. Ses ouvrages sur les Oiseaux et les Mammifères
RAY.   — Ray. Système d'Ornithologie.
RICHARDS.   — Richardson. Mémoires Ornithologiques. (en anglais.)
SAVI.   — Paolo Savi. *Ornitologia Toscana* — *Memorie Scientifiche*

SAV.   — Savigni. Oiseaux d'Egypte.
SCHINZ.   — Schinz. *Europaïsche Fauna* (Vertébrés.)
SCREB.   — Schreber. Die Saugthiere (Mammifères.)
SH.   — Shaw. — Ses travaux sur les Oiseaux.
SELYS.   — E. De Selys Lonchamps. Etudes de Micromammalogie 1839.
                — Essai Monographique sur les campagnols 1836. — Catalogue
                des Oiseaux du pays de Liége 1831. (Dans le Dict. Geogr. de
                M. Vandermaelen.)
SPARM.   — Sparmann. *Museum Carlsonianum.*
SW.   — Swainson. Ses travaux Ornithologiques.
STORR.   — Storr. Travaux de Classification des Oiseaux.
T. et TEM.   — Temminck. Manuel des Oiseaux d'Europe. — Planches colo-
                riées des Oiseaux — Monographies de Mammalogie.
VIELL.   — Vieillot. Ses ouvrages Ornithologiques.
VIG.   — Vigors. Ses ouvrages Ornithologiques.
WAGL.   — Wagler. Ses ouvrages sur les Vertébrés.
WATERH.   — Waterhouse. Ses divers mémoires sur les Mammifères.
YARR.   — Yarrell. Oiseaux et Poissons d'Angleterre. (En Anglais,)

ADDITIONS.

Page 1. *Myoxus nitela*. Dans le cours de l'ouvrage j'ai préféré
pour cette espèce le nom de *Quercinus* qui est plus
ancien.

7. M. Baillon lui-même est maintenant d'avis que le *Canis
Lycaon* de Picardie est une variété accidentelle du
Loup.

9. M. le professeur Van Beneden qui a recueilli une
grande quantité de *Mustela Putorius* aux environs de
Louvain croit qu'il en existe deux races distinctes
dont l'une serait plus petite et vivrait de poissons
sur le bord des eaux, tandis que l'autre plus forte et
à ongles moins pointus habiterait les granges.

12. M. Baillon m'a prévenu qu'il ne faut pas attacher trop
d'importance aux *Phoca Vitulina*, *Discolor*, et *Leporina* de Fréd. Cuvier, car c'est lui qui les lui a fournis
et ils étaient trop jeunes pour que l'on pût établir des
différences spécifiques. Ces animaux sont encore à
étudier; il est fort difficile de s'en procurer des individus adultes bien qu'ils se propagent dans la baie
de la Somme.

16. M. Baillon a observé cette année (1842) un nouvel exemplaire du *Balænoptera Boops* échoué sur la côte de Picardie.

20. La section ** du G. *Vespertilio* forme le genre *Selysius* du **Pr.** Bonaparte.

Relativement au *Vesp. Emarginatus*, MM. Keyzerling et Blasius sont tombées dans trois erreurs assez notables. (On sait qu'ils n'admettent pas cette espèce.)

1° Ils croient que celui de Jenyns serait le *Daubentoni*.

2° Ils supposent que celui de Geoffroy serait le *Mystacinus*.

3° Ils pensent que celui de Temminck serait un calque un peu changé de la figure donnée par Geoffroy.

4° Ils semblent soupçonner que ce serait légèrement que M. Temminck aurait annoncé que l'espèce existe en Hollande.

J'ai la preuve matérielle que ces quatre assertions sont inexactes. L'*Emarginatus* est aussi distinct de nos autres Vespertilio que l'Arv. *subterraneus* l'est de nos autres Campagnols.

Page 31. J'ai examiné le *Vesp. Brachyotos* de M. Baillon, c'est une variété accidentelle de la Pipistrelle comme je le pensais et de plus c'est un exemplaire dont les oreilles externes ont été détruites.

31. Le *Falco subbuteo* niche quelquefois dans les bois des environs de Louvain.

64. Brisson n'a pas établi de genre *Bombycilla* ; il plaçait le Jaseur parmi les Grives. C'est Meyer qui a créé le genre sous le nom de *Bombyciphora* qu'il faut adopter.

83. Ajoutez comme synonyme à l'Al. *Alpestris* : Alouette à hausse-col Buff.

90. Aj. comme synonyme au *Cincl. Aquaticus : Sturnus Cinclus* Lin.

94. Aj. à la Gorge bleue : en wallon *Chieux.*

95. Aj. comme synonyme à l'*Acc. Alpinus :* le Pégot ou Fauvette bretonne *Buff.*

140. Le Pr. Bonaparte annonce que l'*Anas Purpureoviridis* est un hybride de l'*A. Boschas* sauvage et de l'*A. Moschata* et que cet hybride a été tué sur le lac Trasimène aussi bien qu'en Amérique.

154. Plusieurs Mouettes blanches de la forme de l'*Argentatus,* ont été tués dans le nord de la France. On les a regardés comme des variétés accidentelles. Ne serait-ce pas une espèce Polaire distincte ?

208. Voyez sur les *L. Selysii* et *Rutiloides* l'explication des planches.

214. Dans la dernière livraison de la *Fauna Italica* du Pr. Bonaparte que j'ai reçue récemment il a figuré l'*Aspius Alburnus* du nord de l'Italie et propose dans le cas où il formerait une espèce distincte de le nommer *Aspius Arborella.* J'ai recueilli à Turin la même espèce qui est très-différente de notre *Aspius Alburnoides* par sa taille très-petite, sa tête courte, et son œil petit. — Je ne possède pas l'espèce du centre de l'Europe à laquelle il faudra laisser le nom d'*Alburnus* proprement dit. Je figurerai l'Alburnoide dans la seconde partie de cette Faune.

Dans la même livraison le Pr. Bonaparte propose de placer les Blaireaux parmi les Mustélidées et la Lyre parmi les Troglodytidées. (Nos Climactéridées.)

CORRECTIONS.

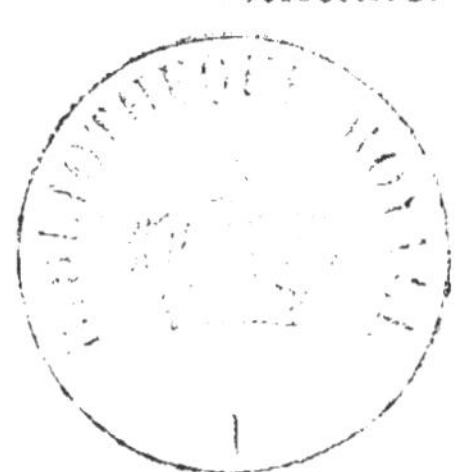

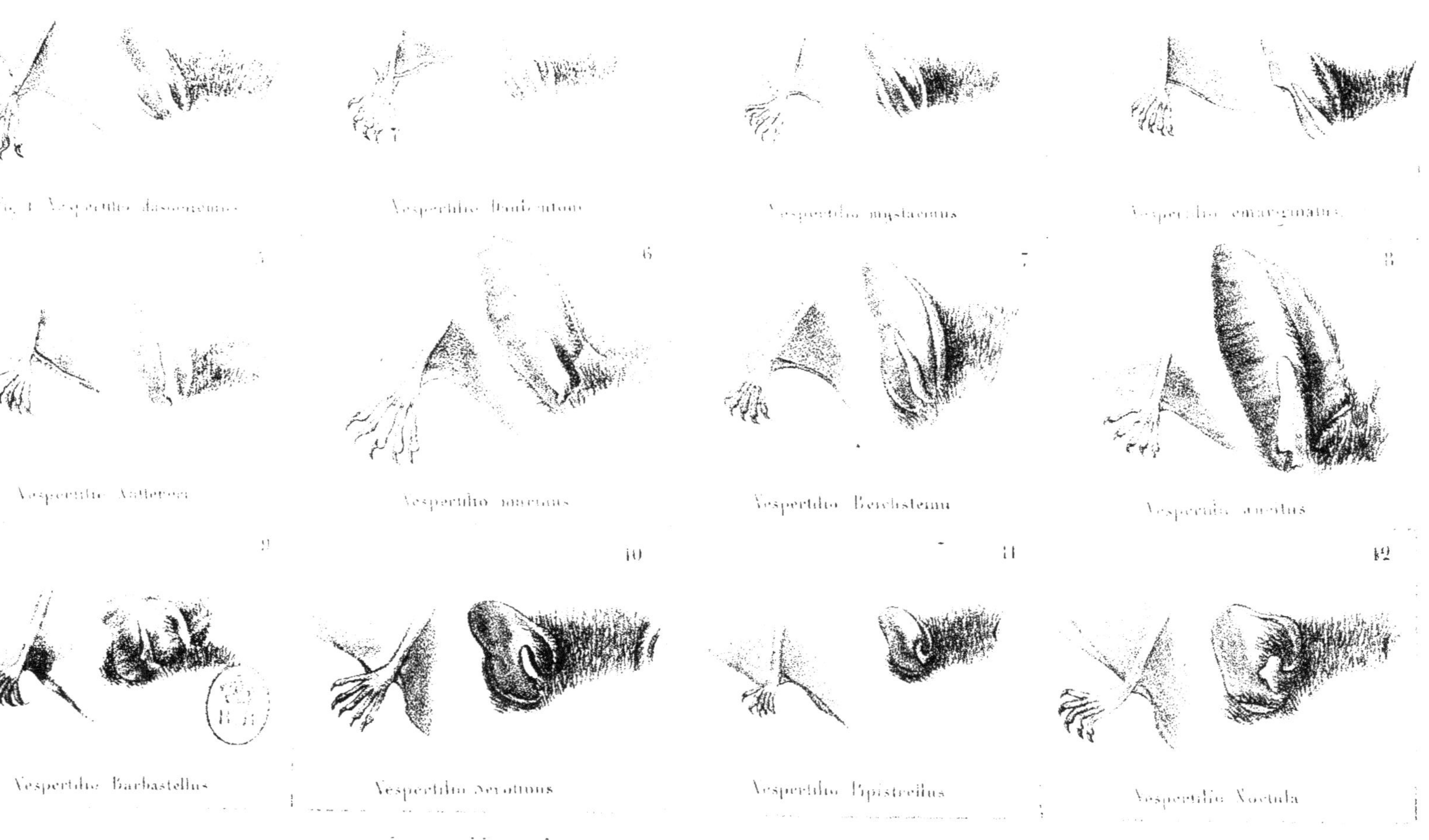
Fig. 1 Vespertilio dasycneme
Vespertilio Daubentoni
Vespertilio mystacinus
Vespertilio emarginatus
Vespertilio Nattereri
Vespertilio murinus
Vespertilio Bechsteini
Vespertilio auritus
Vespertilio Barbastellus
Vespertilio Serotinus
Vespertilio Pipistrellus
Vespertilio Noctula

Fig. 1

1 Rhinolophus ferrum-equinum .   4 Sorex tetragonurus *(tête vue en dessus)*
2 Rhinolophus Hippocrepis.   5 Arvicola Arvalis

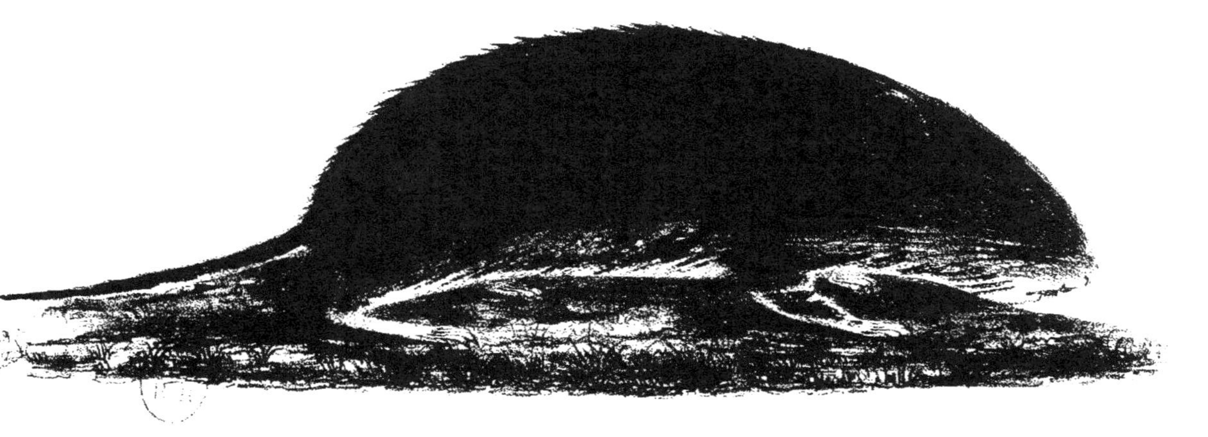

Arvicola agrestis

1 Emberiza chrysophris
2 Loxia bifasciata (*Bec de profil et en dessus.*)
3 Loxia leucoptera (*Bec de profil et en dessus.*)

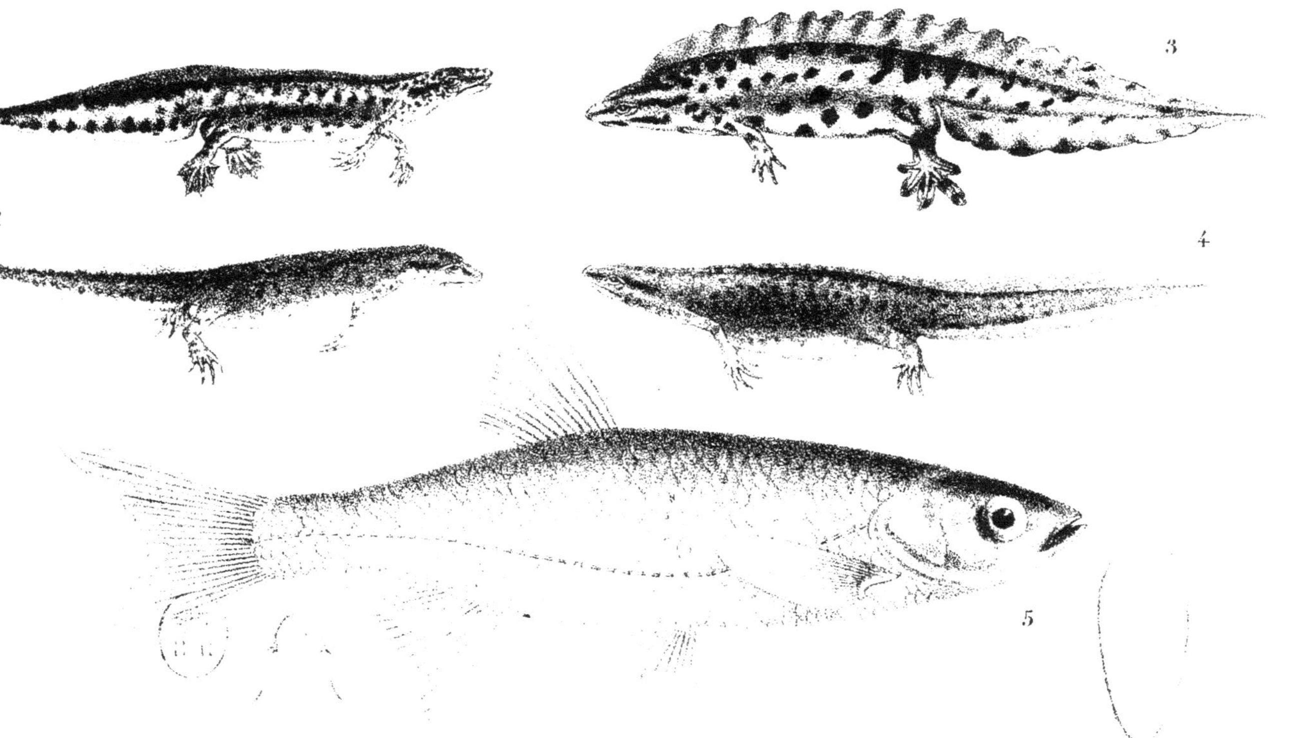

1 Triton palmatus, mâle au printemps
2   id   id   femelle   idem
3 Triton punctatus, mâle au printemps
4 Triton punctatus   mâle idem
5 Lacerta Islabrains, l'Acineta avec la tête vue en
    dessous et le côté du corps

1 Leuciscus Selysii (*Heckel*), avec la coupe du corps
et la tête vue en dessus.

2 Leuciscus Jeses (*Jurine*) coupe du corps et tête vue
de profil et en dessus.

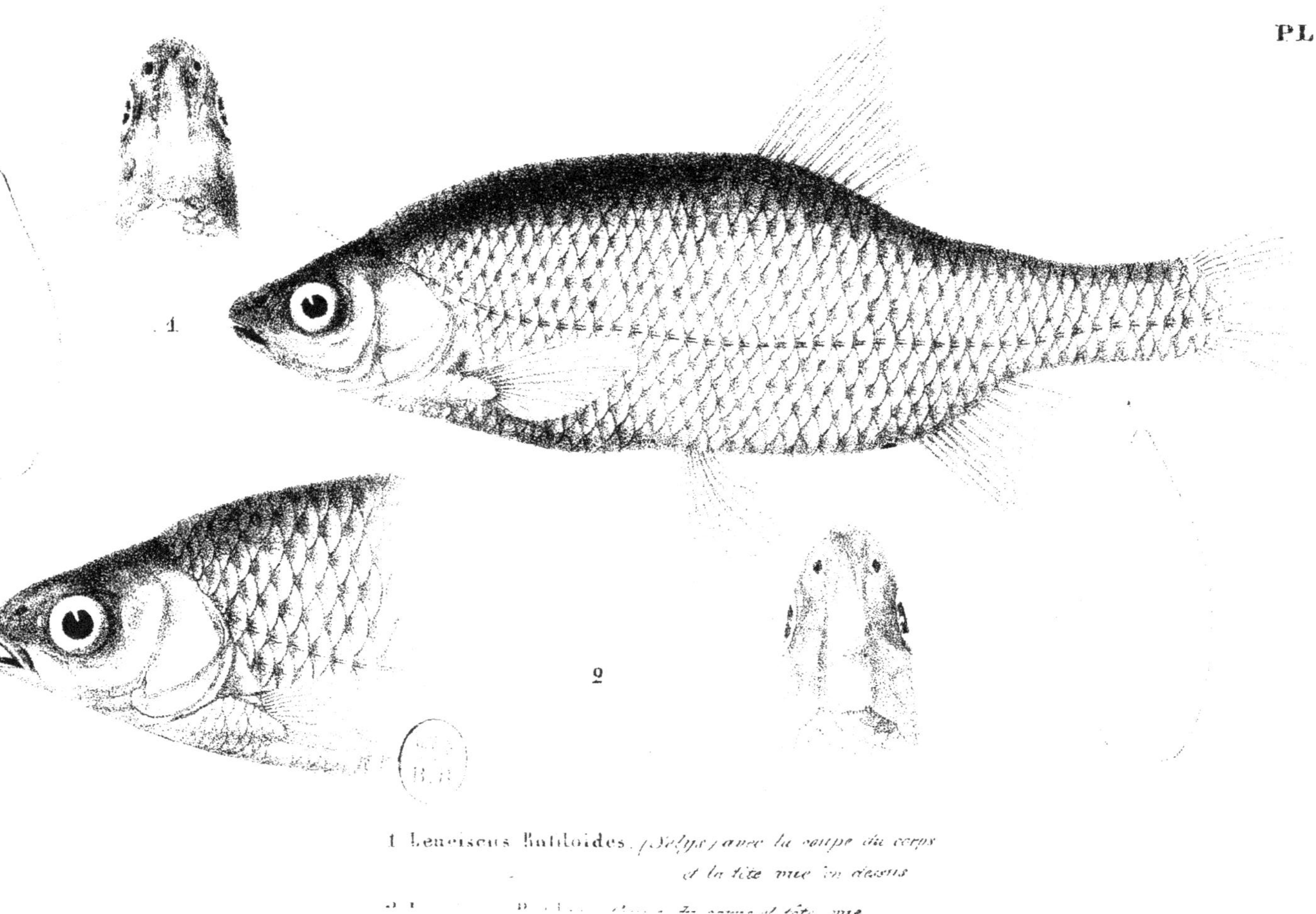

1 Leuciscus Rutiloides. (Selys) avec la coupe du corps
et la tête vue en dessus

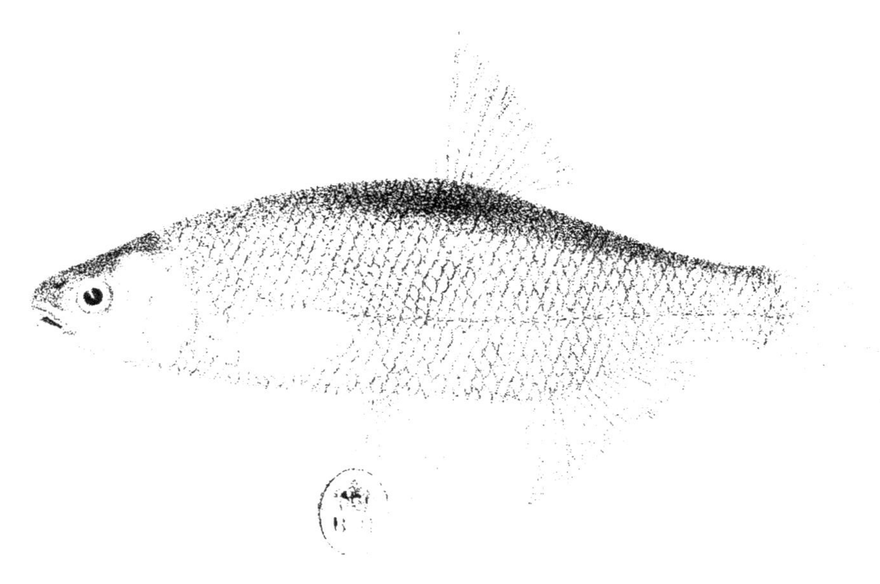

Abramis Heckelii (Selys) avec la coupe du corps
réduit de moitié

Cyprinus striatus (Holandre) avec la coupe du corps

Réduit de moitié